Michael King hat das Leben übel mitgespielt. So übel, dass er es eigentlich nur mit Alkohol aushält. Einen festen Wohnsitz hat er nicht mehr, sein stetiger Begleiter sind Sonne und Wind auf den Straßen Portlands. Doch in einer regnerischen Nacht findet er eine Katze, die hungrig und durchgefroren nach Unterschlupf sucht. Und es ist Tabor, die Katze, die diesen gebrochenen Mann rettet und ihm in den folgenden zehn Monaten, die die beiden gemeinsam auf der Straße verbringen, Hoffnung und Lebensfreude zurückgibt.

Die Journalistin *Britt Collins* hat ein Herz für Vierbeiner. Viele ihrer Artikel für den *Guardian* oder die *Sunday Times* beschäftigen sich mit den Rechten von Tieren, aber auch privat engagiert sich Collins für bedrohte Arten und kämpft gegen Tierversuche. In ihrem Haus in London haben bereits unzählige Streuner Unterschlupf gefunden.

Weitere Informationen finden Sie auf www.fischerverlage.de

BRITT COLLINS

die kleine Straßenkatze

Aus dem Amerikanischen
von Johanna Wais

FISCHER Taschenbuch

Erschienen bei FISCHER Taschenbuch
Frankfurt am Main, November 2018

Die amerikanische Originalausgabe erschien
unter dem Titel ›Strays‹ bei Atria Books,
einem Imprint von Simon & Schuster, New York.
Copyright © 2017 by Britt Collins

Für die deutschsprachige Ausgabe:
© 2018 S. Fischer Verlag GmbH,
Hedderichstr. 114, D-60596 Frankfurt am Main

Satz: Pinkuin Satz und Datentechnik, Berlin
Druck und Bindung: CPI books GmbH, Leck
Printed in Germany
ISBN 978-3-596-03665-3

*Für Bobby Seale, mein wunderbares
rotgetigertes Mädchen, das immer in
meinem Herzen sein wird. Und für alle, die
je eine Katze geliebt und verloren haben.*

INHALT

Zu den glücklichsten Momenten in meinem Leben zählen
die mitternächtlichen Spaziergänge an unserem Strand in
Auckland, Neuseeland. Unser Haus, umgeben vom Meer
und subtropischem Regenwald, lag nur eine Viertelstunde von der Innenstadt entfernt, aber es hätten genauso
gut Hunderte Meilen sein können. Zu unserer Siedlung
aus zehn Häusern führte keine Straße, also gab es dort
auch keine Autos: Man erreichte sie nur, indem man zu
Fuß einen Wald durchquerte. Als wir dieses Stück Land
fanden, war mein erster Gedanke: *Dies ist ein idealer Ort
für Katzen.* Wir hatten zu dieser Zeit fünf Katzen und unseren Hund Benjy (über den ich *The Dog Who Couldn't
Stop Loving* geschrieben habe), und für die Katzen war
es das Größte, wenn draußen niemand mehr unterwegs
war und ich mit ihnen und Benjy den letzten Spaziergang
am Meer machte. Besonders herrlich war es in Voll-
mondnächten, wenn die Wellen sanft ans Ufer schlugen
und biolumineszierende Fischwesen das Wasser erleuchteten. Die fünf Katzen – Yossie, Minna, Miki, Moko und
Megala – fanden es unglaublich lustig, vorzurennen, sich
hinter einer Düne zu verstecken und dann hervorzusprin-
gen und Benjy zu überfallen. Der spielte immer mit, tat
völlig überrascht und flippte schier aus: Er rannte über
den Sand ins warme Meer, verfolgt von den fünf Katzen.
Sie hatten einen Riesenspaß dabei. Der Hund liebte es.
Und ich auch. Unser Ziel waren ein paar Pōhutukawas,

gewaltige feuerrote Bäume, die Hunderte Jahre alt waren und am besten am Salzwasser gediehen. Die Katzen rasten die Bäume hinauf, hoch in die Kronen, bis weit über das Wasser, und miauten dann kläglich, als wüssten sie nicht, wie sie wieder herunterkommen sollten. Wenn ich nachsehen ging und vorgab, ihnen hinterherklettern zu wollen, sausten sie den Stamm hinab und sprangen in den Sand. Sie waren wie im Rausch. Anschließend standen wir zu siebt still am Strand und sahen hinaus zu den kleinen Inseln in Ufernähe, und ich wusste, dass die sechs Tiere dieselbe Ruhe empfanden wie ich, dasselbe Gefühl, dass alles in Ordnung ist mit der Welt, selbst wenn das keineswegs stimmt. In diesen intensiven Glücksmomenten verstand ich, was die Leute mit dem Klischee meinen, Tiere würden im Hier und Jetzt leben und sich keine Gedanken machen über das, was geschehen ist oder geschehen wird, sondern einfach diesen Augenblick tiefsten Friedens genießen.

Es gab einen weiteren Grund für mein intensives Glück: das Wissen, dass die Katzen, der Hund und ich dies zusammen erlebten und auf ähnliche Weise wahrnahmen. Damals wurde mir auch klar, dass der manchmal schlechte Ruf von Katzen, sie seien distanziert oder sogar unnahbar, nicht der Wahrheit entsprach. Das faszinierte mich so sehr, dass ich beschloss, über das komplizierte, tiefgründige Gefühlsleben von Katzen zu schreiben; was ich schließlich auch tat. Ich nannte das Buch – etwas kitschig (die meisten meiner Buchtitel sind kitschig!) – *Katzen lieben anders*. Man muss sich auf ihre Welt einlassen, anstatt sie zu zwingen, an unserer teilzunehmen. Diese Vorstellung begegnete mir zum ersten Mal, als ich *Das geheime Leben der Hunde* von Elizabeth Marshall Thomas las. Jedes Tier hat ein geheimes Leben, und um es zu entdecken, muss man bereit sein, die Welt mit seinen Augen zu sehen, nicht umgekehrt.

Als ich Britt Collins' wunderbare Schilderung von Michael King las und von Tabor, der verletzten streunenden Katze, die er in den Straßen von Portland gerettet hatte, wurde mir klar, dass hier genau dies geschehen ist: Sowohl die Katze als auch der Mensch beschlossen, das Leben des jeweils anderen zu führen. Das ist die Grundlage für eine besondere Bindung, eine, die so unter anderen Umständen vielleicht nicht entstanden wäre. Indem Michael sich um die Katze kümmert und ihre Eigenarten kennenlernt, sieht er wieder einen Sinn im Leben und öffnet sein Herz, wie er es lange nicht mehr getan hatte. Darüber hinaus erlauben ihm die Vertrautheit und Intensität ihres gemeinsamen Lebens auf der Straße, das Tier in einer Weise zu verstehen, wie es das Wohnen mit einem Dach über dem Kopf nicht hergibt. (Meiner – vielleicht ungerechten – Ansicht nach nimmt die reine Wohnungshaltung einer Katze die Möglichkeit, sich artgerecht zu verhalten. Wenngleich mir die Statistiken bekannt sind, dass Wohnungskatzen viel länger leben als solche, die nach draußen können.) Michael und Tabor waren selten getrennt voneinander und schliefen fast ein ganzes Jahr jede Nacht zusammen, während sie den amerikanischen Westen bereisten. Was für ein Glück für beide. Übrigens kann ich jedem, der mit einer Katze zusammenlebt, nur empfehlen, sie auch ins Bett zu lassen. Mit Katzen in einem Bett zu schlafen ist eine der schönsten Freuden im Leben. Es kann kompliziert sein: Jahrelang hat mein Kater Megala bei mir im Bett geschlafen (meine tapfere Frau Leila, die ihre Katzenhaarallergie durch extreme Exposition überwand, soll hier nicht unerwähnt bleiben). In kalten Nächten schlüpfte er unter die Decke, streckte seinen kleinen Körper neben meinem aus und schnurrte laut, bis er einschlief. Ich meine entdeckt zu haben, dass Katzen nur schnurren, wenn ein anderes Lebewesen in der Nähe ist, aber ich kann mich auch täuschen: Viele Leserinnen und Leser haben mir geschrieben, dass sie von Katzen wissen, die schnurren, obwohl sie allein sind. Die große Schriftstellerin Doris Lessing, die sicher viel mehr Ahnung von Katzen hat als ich, war eine von ihnen. Dennoch hat sie liebenswürdigerweise für den *Guardian* eine Rezension über mein Buch geschrieben, in der sie diesen und weitere mögliche Fehler unerwähnt ließ, aus Respekt vor meiner Leidenschaft für Katzen. Aber ich schweife ab. Der Grund, weshalb es kompliziert war, neben Megala zu schlafen, war, dass ich manchmal irgendetwas tat, das ihn verärgerte (ich habe keine Ahnung, was –, vielleicht habe ich mich falsch bewegt), woraufhin er mich mit einem raschen Biss ins Bein bestrafte. Das tat weh. Auch meine Gefühle waren verletzt, also verbannte ich ihn aus dem Bett. Beleidigt ging er davon. Eine Stunde später kam er jedoch zurück, und wie sollte ich konsequent sein, wusste ich doch, wie angenehm es war, ihn im Bett liegen zu haben. Das passierte mindestens zwei- oder dreimal pro Nacht, und Leila wunderte sich, dass ich ihm überhaupt noch erlaubte, bei uns zu schlafen. Doch wie sollte ich diesem weichen Fell widerstehen (Megala war eine Bengalkatze und sah aus und verhielt sich wie ein kleiner Leopard), dem ausgestreckten Körper und dem Schnurren reinen Vergnügens?

Kann man eine Katze lieben, ohne dass es einen verändert? Ich glaube nicht. Ich bin auch ein großer Hundeliebhaber und habe viel über sie geschrieben (unter anderem *Hunde lügen nicht* – ein weiterer kitschiger, aber wahrer Titel), doch zwischen den beiden Arten gibt es einen entscheidenden Unterschied: Hunde müssen uns nicht in ihre Welt lassen. Sie leben bereits in derselben Welt wie wir. Nicht so Katzen. Ich behaupte, dass Katzen eigentlich nie vollständig domestiziert wurden. Sie haben sich bloß, aus Gründen, die nur sie kennen, dazu herabgelassen, bei uns einzuziehen. Aber wenn sie uns erlauben, ihr Reich zu betreten, befinden wir uns plötzlich an einem völlig anderen Ort. Wir betrachten Katzen als geheimnisvoll, weil sie es sind! Lassen sie einmal zu, dass man einen Blick in ihre geheimnisvolle Welt wirft, verändert einen das für immer. Vielleicht kann man nicht in jedem Fall den Finger darauf legen, inwiefern das so ist. Vielleicht merkt man es selbst nicht, aber es passiert. Michael hat dies mit voller Wucht zu spüren bekommen, als er die Person (ja, eine Katze ist eine Person – ein Lebewesen mit einer eigenen Persönlichkeit, ein Subjekt mit einem eigenen Leben, wie der große Tierphilosophie-Autor Tom Regan es uns in seinen zahlreichen bahnbrechenden Büchern deutlich gemacht hat), die er so innig und bedingungslos geliebt hat, wie sonst vielleicht keine, aufgab und in der Folge sein eigenes Leben einen tieferen Sinn bekam. Wie Coleridges alter Seemann lernte Michael, sich um die Hilflosen, Verletzlichen, Benachteiligten zu sorgen, als er selbst am Ende war, und ihnen zu helfen, genau wie diese kleine, verlorene Katze namens Tabor ihm geholfen hatte. Indem er Tabors Welt betrat, war er in der Lage zu sehen, was er zuvor nicht wahrgenommen hatte.

An *Strays* – oder vielmehr an den tatsächlich erlebten Abenteuern von Michael und Tabor auf der Straße – gefiel mir besonders zu sehen, wie abenteuerlustig Katzen und Menschen gleichermaßen sind, und wie sie angesichts von Gefahren, denen die meisten von uns sich nie stellen müssen, lebendig werden. Als die beiden Tausende von Meilen trampten, fragte ich mich mehrmals, wie sie so vertrauensvoll gegenüber denjenigen sein konnten, die anboten, sie mitzunehmen – selbst bei dem tätowierten, waffentragenden Kerl in einem tief republikanischen Staat, nachdem sie eine Woche in der erdrückenden sommerlichen Hitze an einem Ort festgesteckt hatten. Noch verblüffender waren die unerwarteten freundlichen Gesten, die sie scheinbar an jeder Ecke erwarteten, und die ihnen halfen, Schneestürme, fanatische Evangelikale, hungrige Bären und Kojoten und eine Rinderstampede zu überleben.

Vielleicht war diese tapfere, liebenswerte Katze mit dem Herzen eines Herumtreibers genau das, was Michael brauchte – während sie seine Fürsorge und seinen Schutz benötigte. Noch bevor ihre Reise zu Ende ist, hat Michael sich verändert. Wie sonst hätte er genau das Richtige tun und sie ihrem ersten Halter Ron Buss zurückgeben können? Zu lesen, wie dieser unter dem Verschwinden der Katze litt und wie ihr Bruder Creto jeden Abend auf der Veranda auf sie wartete, machte diese wahre Geschichte noch faszinierender. Apropos faszinierend: Dieser Bericht ist so detailreich geschildert, dass man das Gefühl hat, bei jedem Ereignis dabei zu sein. Alles wird genauestens registriert: das Gras, die Bäume, der Geruch des Meeres, das Licht, die sich verändernden Stimmungen und Gefühle von Michael und Tabor im Laufe ihrer Reise. Zugleich tritt die Autorin Britt Collins vollkommen in den Hintergrund. Eine beachtliche Leistung.

Tabor zurück in ihr ursprüngliches Zuhause zu bringen war wahrscheinlich das Härteste, was Michael je getan hat. Loszulassen, was man liebt, war vielleicht die einschneidendste Lektion, die er von der Katze gelernt hatte, und nun setzte er sie in die Tat um. Zwar verschwinden seine Nöte und Sorgen nicht auf wundersame Weise, als er die Katze adoptiert, dennoch bin ich mir sicher, dass Tabor seine Rettung war. Er befand sich auf einem zerstörerischen Weg, trank sich selbst zu Tode, bis sie ihm die nötige Ruhe und Entschlossenheit vermittelte, um seinen Alltag zu bewältigen.

Ich bin zutiefst beeindruckt, wie viel Arbeit, wie viel Leidenschaft und Wahrheitsliebe Britt investiert hat, um diese warmherzige, kluge und spannende Geschichte in all ihrer Vielfalt und Komplexität einzufangen und uns so einen Einblick in die Verletzlichkeit und die Mühen des Lebens auf der Straße sowohl für den Menschen als auch für die Katze zu geben. Zum Glück für Tabor und andere Katzen. Denn auf jeder Buchseite wird deutlich, dass Britt Katzen versteht und auf die beste Art und Weise liebt, die man sich denken kann: Sie erlaubt ihnen, Katzen zu sein. Fast jeder, der mit Katzen zusammenlebt, liebt diese Tiere. Wie kann es einen unberührt lassen, dass diese wilden Kreaturen willens sind, mit uns zusammenzuleben, und sei es noch so kurz (oft zu kurz)? Aber erst jetzt, so scheint es, sind wir bereit, ihnen zu erlauben, die zu sein, als die sie geboren wurden.

Offenbar entwickelt die Welt gerade eine große Liebe zu Katzen: Wie sonst lässt sich die plötzliche Explosion von Interesse an allem, was mit ihnen zu tun hat, erklären? Bücher wie das vorliegende, Kinofilme, Fernsehsendungen, Internet-Memes, katzenbesessene soziale

Medien, Superstars aus dem Katzenreich (Grumpy Cat, Bob und all die anderen) und die endlosen Videos von Katzen und Katzenkindern aller Größen, Fellfarben und Lebensbedingungen, die verrückte Dinge tun. Meine Frau Leila behauptet, wenn ich könnte, wäre ich zufrieden damit, den ganzen Tag davorzusitzen. (Es gibt schlimmere Arten, sich die Zeit zu vertreiben.) Das ist ganz bestimmt kein kurzlebiger Trend; vielmehr holt die Welt gerade auf zu dem, was für Katzen längst eine Realität ist: Sie akzeptieren uns. Sie mögen uns. Was für ein Glück! Und diejenigen von uns, die sie lieben, werden reich belohnt, denn mit keinem anderen Tier ist es einfacher und bezaubernder, die Unterschiede zwischen den Arten zu überwinden, als mit Katzen.

Jeffrey Moussaieff Masson
Berlin, Deutschland
28. Dezember 2016

*Ich bin schon verirrt
auf die Welt gekommen
und finde kein Vergnügen daran,
gefunden zu werden.*

JOHN STEINBECK

KAPITEL 1

PORTLAND, OREGON:
Round Midnight

Es war nach Mitternacht, die Straßen waren leer, und Michael King war wieder einmal betrunken. Es goss in Strömen, ein ziemlich kalter Regen für Mitte September. Wasser lief Michaels lange graue Strähnen und seinen zotteligen Bart hinunter. Seine zerlumpten Kleider waren pitschnass. Der Gehweg war derart überflutet, dass er und sein Begleiter das Gefühl hatten, durch einen Sumpf zu waten. Aber das machte Michael nicht viel aus. Seit dem letzten Regen waren 51 Tage vergangen, eine extrem lange Trockenperiode, und der kühle Schauer war angenehm. Durch das Leben auf der Straße war er es gewohnt, sich schmuddelig zu fühlen.

Zehn Jahre zuvor hatte Michael als Koch in St. Louis gearbeitet, hatte gut verdient und in einem schönen Haus gewohnt. Dann verlor er jemanden, der ihm wichtig gewesen war, und verließ sein Zuhause. Nun, mit 47, sah Michael alt und abgekämpft aus. Ihm fehlte ein Vorderzahn, und er besaß eine Menge Narben. Seine eigentlich wachen blauen Augen wirkten müde durch die dunklen Augenränder, die Wangen waren nach dem jahrelangen Trinken und dem Schlafen in Pappkartonbauten am Straßenrand oder unter Überführungen eingefallen. Keine drei Dollar in Münzen klapperten in seinen Taschen.

Unter der Markise eines Ladens blieb Michael stehen,

öffnete eine Dose Four Loko und kippte sie in eine halb-
leere Flasche billigen Starkbiers, das er bereits angebro-
chen hatte. Dazu goss er Apfelwein aus einer Flasche, die
er zuvor aus dem Müll gefischt hatte, und nannte die Mischung Straßenschampus. Nach ein paar Schlucken fühlte
er sich wie betäubt.

Michael reichte die Flasche seinem Freund Steven
Stinson, einem schmächtigen, bärtigen 27-Jährigen, der
ein zerschlissenes rotschwarzes Flanellhemd und eine
schmutzige, löchrige schwarze Jeans trug, die mit einer
Sicherheitsnadel an der Hüfte zusammengehalten wurde.

Stinson nahm einen tiefen Schluck von Michaels Ge-
bräu.

»Gut, oder?«, sagte Michael.

Stinson schluckte widerwillig und schüttelte sich. »Ist
da Benzin drin?«, fragte er und gab die Flasche zurück.

Michael trank den Rest, während sie den Hawthorne
Boulevard entlanggingen. Nachts stieß man dort alle paar
Meter auf Obdachlosenlager am Straßenrand.

Michael stolperte über den Rand einer durchnässten
Matratze, die in einen Hauseingang gequetscht worden
war.

»Mist«, murmelte er. Er schlief lieber im Gebüsch und
an abgelegenen Orten, wo man mit weniger Menschen zu
tun hatte, als mitten auf der Straße.

Michael und Stinson schlurften durch den strömenden
Regen zu ihrem gewohnten Schlafplatz neben der UPS-
Laderampe. Sie befand sich an einer einsamen Ecke an
der Kreuzung Hawthorne Boulevard und South East 41st
Avenue. Vor dem Tabor Hill Café, einem einfachen, altmodischen Diner, wurden sie langsamer. Es hatte schon
geschlossen. In seinem benebelten Zustand spürte Mi-

chael plötzlich einen Stich vor Hunger. Die Bilder von Eiern, Waffeln, Burgern und Pommes in den Fenstern ließen ihm das Wasser im Mund zusammenlaufen.

Etwas Weißes blitzte unter einem der Außentische des Cafés auf. Michael bückte sich und schaute sich suchend im Halbdunkel um. Vielleicht war da ja ein Pappkarton mit Essensresten, zum Beispiel Mais mit geschmolzener Butter und Kartoffelpüree mit Pilzsauce. Michael hatte ein Händchen dafür, die unwahrscheinlichsten Schätze zu finden: Münzen, kaputten Schmuck und halbe Sandwiches besaßen auf der Straße durchaus ihren Wert. Er war so gut darin, dass die anderen Obdachlosen ihn »Groundscore« nannten, Spürnase.

»Was ist da?«, fragte Stinson und kniete sich neben ihn.

Zwei leuchtende Augen starrten die Männer an. Eine nasse, zitternde Katze versteckte sich dort vor dem Regen. Michael war enttäuscht – etwas zu essen wäre ihm lieber gewesen –, aber irgendetwas an der Art und Weise, wie ihn die Katze ansah, zog ihn in ihren Bann. Das weiße Fell mit den getigerten Flecken war überzogen von Schmutz und Öl. Ein Auge war geschwollen, und im Gesicht hatte sie eine offene Wunde. Sie sah noch elender aus als er, und sie hatte Angst.

»Schnapp dir die Katze«, sagte er zu Stinson, der näher dran war. »Aber erschreck sie nicht.« Sogar um diese Zeit donnerten noch Autos über den Hawthorne Boulevard. Wenn die Katze vor ihnen flüchtete, würde sie wahrscheinlich überfahren werden.

Stinson griff nach der Katze, aber sie sprang rückwärts, während sie ihn fixierte. Als er es erneut probierte, machte sie einen Satz zur Seite, bereit, an ihnen vorbeizurennen.

Michael drehte sich um und sah ein einzelnes Auto die Straße herunterkommen. Die Scheinwerfer leuchteten durch den Regen. »Verdammt«, sagte er.

Stinson warf sich nach vorne und packte die Katze, bevor sie auf den Gehweg schießen konnte. Als er das kleine Tier an seine Brust drückte, atmete es schwer, versuchte aber nicht freizukommen. Er betrachtete die Katze, das dreckige Fell in ihrem Gesicht, und strich ihr sanft über den Kopf. Sie vergrub ihr Gesicht in seiner schmutzigen Hand.

Durch die beschlagenen Gläser seiner Drahtgestellbrille sah Stinson Michael an. »Wir sollten sie mit zu uns nehmen.«

»Zeig mal«, sagte Michael und ließ sich die Katze von Stinson geben. Sie war so dünn, dass sie quasi nichts zu wiegen schien. Michael lebte schon länger auf der Straße als Stinson und war der Meinung, wenn man nichts zu geben hatte, sollte man besser nicht versuchen zu helfen. Aber er liebte Katzen und wollte diese arme, zerzauste Kreatur aus dem Regen und von der stark befahrenen Straße wegholen.

»Vielleicht können wir sie für eine Nacht behalten«, sagte Stinson. Er war ein obdachloser junger Veteran, der aus einer kleinen Stadt im Mittleren Westen stammte, und besaß ein gutes Gespür für richtig und falsch, besonders, wenn es um wehrlose Tiere ging.

Mit großen, leuchtenden Augen sah die Katze Michael an. Sie zitterte erbärmlich in seinen Armen.

»Schhhhh, Kätzchen«, sagte er sanft und beruhigend. »Was ist denn mit dir passiert?«

Michael legte seine Jacke über sie, und er und Stinson brachten sie zu der Nische hinter dem UPS-Gebäude, die sie ihr Zuhause nannten. Es war ein guter Ort zum Schlafen, hier mussten sie sich keine Sorgen machen, ausgeraubt, angegriffen oder von der Polizei aufgescheucht zu werden. Tagsüber war auf der Laderampe viel los, ein ständiges An- und Abfahren von Lieferwagen. Bevor der Arbeitstag begann, mussten die beiden Männer aufstehen, ihre aufgerollten Schlafsäcke in einem nahen Gebüsch lagern und fernbleiben, bis der Betrieb geschlossen hatte. Doch nach Feierabend war es ein ruhiger, abgeschiedener Ort, beschattet von einem ausladenden roten Ahornbaum. Das Grundstück befand sich außerdem genau gegenüber vom New-Seasons-Supermarkt, wo Michael und seine Freunde manchmal bettelten.

»Da wären wir, Kätzchen«, sagte Michael und setzte sie auf das trockene Stück unter der Einfahrt, damit er seinen Rucksack und den Schlafsack aus dem Gebüsch holen konnte. Er rechnete damit, dass sie weglaufen würde, aber sie blieb in der Nähe und schnüffelte herum, während Michael sein Lager errichtete.

Auch Stinson holte sein Zeug aus dem Gebüsch und rollte seinen Schlafsack auf einem Stück Pappe aus, das er unter der schützenden Krone des Ahorns versteckt hatte. Er setzte sich im Schneidersitz hin und wühlte in seinen Sachen, nahm einen Kapuzenpullover heraus und zog ihn über. Seine blonden, langen Haare unter der dunkelblauen Seemannsmütze waren nass und rochen muffig.

Die Katze lief hinüber zu Stinsons Schlafsack. Sie wirkte, als lebte sie schon eine ganze Weile auf der Straße, genau wie die beiden Männer. Sie hatte kein Halsband und kratzte sich ab und zu am Bauch, offensichtlich hatte sie Flöhe. Stinson beugte sich zu ihr hinunter, um ihr über den Rücken zu streichen. Ihr Fell war feucht und verfilzt. Die offene, nässende Wunde in ihrem Gesicht ließ ihn schaudern. »Du hast eine harte Zeit hinter dir, stimmt's?«, fragte er mitleidig.

Die Katze sah ihn mit ihrem guten Auge an, miaute und drückte wieder ihren Kopf in seine Hand. Dann kletterte sie auf seinen Schoß und schlief ein.

Stinson streichelte sie. »Sie ist spindeldürr«, sagte er mit einem Blick zu Michael.

Michael antwortete nicht. Einen Moment später stand er auf.

»Was hast du vor?«

»Ich hole im Supermarkt Katzenfutter.«

Stinson sah ihm hinterher. Schon lange hatte Michael seine letzten Dollar nicht mehr für etwas anderes als Alkohol ausgegeben.

Michael und Stinson waren sich im Frühling dieses Jahres das erste Mal über den Weg gelaufen, in einem Hauseingang in Santa Barbara, und hatten festgestellt, dass ihre Rastlosigkeit, ihr trockener Humor und ihre Tierliebe sie verbanden. Stinson hatte vier Jahre in der Marine gedient, bis er entlassen wurde, weil er Pot geraucht hatte. Bevor er nach Portland gezogen war, hatte er als Postbote in Japan gearbeitet. Er besaß immer noch seinen japanischen Führerschein.

Eine Viertelstunde später kam Michael mit einer Tüte Milch und einer Dose Katzenfutter zurück. Die Katze wachte auf, und als sie das Futter bemerkte, fiepte sie hungrig. Michael hob sie vorsichtig von Stinsons Schoß und setzte sie auf den Gehweg. Er öffnete die Dose, schüttete den Inhalt in eine leere Burger-Box und setzte ihr das Futter vor. Sie miaute schwach, knabberte zuerst nur an dem Futter und verschlang es dann in riesigen Brocken.

Michael gab etwas Milch in einen Plastikdeckel, den er gefunden hatte, und auch die trank sie gierig aus.

Die beiden Männer saßen still da und beobachteten die Katze. Nach dem Fressen stupste sie jeden von ihnen einmal an und tretelte dann beiden ausgiebig die Brust, um zu zeigen, wie dankbar sie war. Dann kuschelte sie sich wieder in Stinsons Schoß und schnurrte laut. Nach einer Weile wechselte sie in Michaels Schoß, schnurrte noch ein wenig und schlief erneut ein.

»Diese Schnittwunde in ihrem Gesicht sieht ziemlich fies aus«, sagte Michael, während er ihre Kriegsverletzung näher betrachtete.

Ohne die Katze zu wecken, griff er in seinen Rucksack und holte einen Stapel Servietten von Taco Bell und ein kleines Erste-Hilfe-Set heraus. Einer seiner Freunde hatte es ihm gekauft, weil Michael sich ständig verletzte, wenn er betrunken herumstolperte. Sorgfältig säuberte er zuerst den roten Schnitt und reinigte dann mit ein wenig Jod ihre Ohren von Milben. Die Katze zuckte nicht einmal, wachte kaum auf. Sie schien zu wissen, was er tat.

Er kramte noch einmal in seinem Rucksack und holte Nachtkerzenöl hervor, das ihm ein anderer Freund gegen den Ausschlag an seinen Armen gegeben hatte. Er selbst verwendete es nicht, dachte aber, es könnte helfen, die Wunde der Katze zu heilen.

»Sie ist nicht sehr tief«, sagte er und tupfte ein wenig Öl auf die Wange des Tieres. »Wahrscheinlich wurde sie von einer anderen Katze angegriffen. Zumindest hoffe ich, dass es eine Katze war.«

Er reichte Stinson das Tier, rollte seinen schäbigen Schlafsack auf einer Pappe aus und kroch erschöpft hinein. Seit Jahren schlief er auf dem harten Boden. Der einzige Weg, es erträglich zu machen, war, sich vollllaufen zu lassen. Aber er hatte den Straßenschampus ausgetrunken und sein Schlummertrunkgeld gerade für Katzenfutter ausgegeben.

Die Katze war aufgewacht, als die Männer sich zum Schlafen bereitmachten. Nachdem Michael sich hingelegt hatte, schlich sie zum Fußende seines Schlafsacks und schnupperte daran. Dann kam sie näher und setzte sich neben ihn, direkt vor sein Gesicht. Ihr Schwanz zuckte leicht.

»Was willst du? Futter ist alle.«

»Ich glaube, sie will in deinen Schlafsack«, sagte Stinson.

Sie muss echt verzweifelt sein, wenn sie zu mir ins Bett will, dachte Michael. Sein Interesse an ihr ließ nach, und er wollte nur noch schlafen. Er schloss die Augen, konnte aber nicht einschlafen. Als er die Augen wieder öffnete, saß die Katze immer noch da und starrte ihn an.

»Okay, Miezi«, sagte er und hob den Schlafsack an. »Du darfst heute Nacht bei mir schlafen.«

Sie kroch hinein, schmiegte sich an seine Brust und schnurrte sanft wie eine kleine, hypnotisierende Privatheizung.

Michael sah hinüber zu Stinson, der achselzuckend meinte: »Sie mag dich.«

Na ja, dachte Michael. *Morgen früh ist sie sicher weg.*

Doch am nächsten Morgen fuhr etwas Raues über seine Wange, und als Michael aufwachte, stand die Katze neben ihm und leckte ihm das Gesicht. Er war noch nicht ganz auf der Höhe, streckte nur einen Arm aus, holte sie in den Schlafsack und kraulte sie hinter den Ohren. Sie sah ihn an, das eine Auge nach wie vor geschwollen, und hatte offensichtlich wieder Hunger.

»Du solltest dir jemand anderes suchen, der sich um dich kümmert«, sagte er und stand auf. Er hatte nichts, was er ihr noch geben konnte. Er räumte seine Sachen zusammen, hob die Katze hoch und streichelte sie sanft. Dann setzte er sie am Gebüsch ab und ging los, um ein wenig zu betteln. Er rechnete nicht damit, sie wiederzusehen.

Aber als er am späten Nachmittag zurückkam, wartete die Katze auf ihn. Er hatte halb gehofft, dass sie da sein würde und deshalb vorsorglich einige Dosen Katzenfutter im Supermarkt gekauft, ebenso ein Mittel gegen Flöhe und eine Kompresse für ihr geschwollenes Auge.

Nachdem sie beide gegessen hatten, kuschelten sie sich zufrieden in den Schlafsack für eine weitere gemeinsame Nacht, in der sie die Nähe des anderen genossen.

KAPITEL 2

Stray Cat Blues

»Maaa-ta«, rief Ron Buss. Er linste in die Dunkelheit unter der Veranda eines Nachbarn. Da versteckte sich seine Katze gerne und ärgerte die Mäuse, die dort nisteten. Er ging auf alle viere, damit er mit seiner Taschenlampe jeden Winkel ausleuchten konnte, aber er sah nur Spinnweben, trockenes Laub und ein paar Grillen.

Er richtete sich auf und schüttelte eine Tüte Leckerlis, um Mata aus ihrem Versteck zu locken. Normalerweise hörte sie das Rascheln noch einen Häuserblock weiter. Ron suchte sie bereits seit Stunden, fand aber nirgends eine Spur von ihr. Er befürchtete allmählich das Schlimmste.

Er rieb sich den glattrasierten Schädel und zupfte sein schwarzes *Ministry*-T-Shirt zurecht. Ron war ein kleiner, kräftiger Mann Anfang fünfzig, wirkte aber immer noch wie ein ernster Junge, was nicht zuletzt der Lücke zwischen seinen Vorderzähnen zu verdanken war. Als Kind hatte er davon geträumt, ein erfolgreicher Musiker zu werden und durch die ganze Welt zu reisen, und dieser kindliche Möglichkeitssinn war ihm nie abhandengekommen, auch nicht, nachdem er ins Familienunternehmen – eine Firma, die Lagerräume vermietet – eingestiegen war.

Nach 25 Jahren verkaufte er seinen Firmenanteil an seine Schwester und deren Mann und verwendete sein Vermögen, um eine Karriere als Sammler zu starten. Schließlich eröffnete er sogar einen Gitarrenladen, Boojumusic

Guitar & Crazy Crap Inc., in einem ungenutzten Büro des Familienunternehmens. Er tapezierte die Wände des Büros mit zerfledderten Postern von Bowie und Bolan sowie Fanartikeln aus den 1970ern. Als großer Beatles-Fan hatte er sich auf Sammlerausgaben von Beatles-Platten spezialisiert, auf alte Mikros und Verstärker und seltene Fender Stratocaster aus den 1960ern, jedes Teil seine zehntausend Dollar wert. Er machte damit kein großes Geschäft, aber es entfachte seine alte Leidenschaft erneut. Mit befreundeten Musikern brachte er kleine Auflagen von Indie-R&B-Platten heraus und lebte so seinen Traum.

Mehr als den Rock 'n' Roll liebte Ron nur seine beiden Katzen, Mata Hari und Creto. Er behandelte sie beinahe wie Kinder und bot ihnen bereichernde Erfahrungen. Er nahm sie überallhin mit: zum Strand (sie hatten zwar Angst vor den Wellen, aber Ron meinte, es stärke ihren Charakter, sich dem auszusetzen), er schmiss aufregende Geburtstagspartys für sie (»Katzen lieben spannende Events«) und komponierte auf seiner Akustikgitarre Lieder für sie (»im Herzen sind Katzen echte Rocker«). Außerdem kochte er für sie, kaufte dafür extra Biohuhn und Wildlachs aus dem Bioladen.

Sein Vater, ein pensionierter Anwalt, konnte Rons Schwärmerei nicht nachvollziehen. Im Gegenteil, er fand sie lächerlich und kommentierte sie mit den Worten: »Du kannst überall hin, du kannst tun, was du willst – stattdessen hängst du bei deinen Katzen herum.«

Ron hatte als Kind nie Haustiere gehabt, obwohl er seine Eltern ständig um einen Hund oder eine Katze angebettelt hatte. Einmal hatte er einen streunenden Hund gefunden, den seine Mutter in die Garage verbannte. Als Ron am nächsten Nachmittag von der Schule nach Hause kam, war der Hund verschwunden. Seine Mutter hatte ihn ins Tierheim gegeben. Es brach ihm das Herz. Erst nach seinem College-Abschluss bekam er seine erste eigene Katze, einen Charmeur mit schwarzem Fell. Von da an war er endgültig verzaubert, und seine Katzen bedeuteten ihm alles.

Ron war am Morgen in der Autowerkstatt gewesen, um seinen 1967er Chevelle abzuholen. Außerdem hatte er etwas für seinen Vater Donald erledigt, der eine knappe halbe Stunde von ihm entfernt in derselben Stadt wohnte. Obwohl sich Rons Eltern vor Jahrzehnten hatten scheiden lassen, hatten Ron und seine Schwester Teresa ihrer im Sterben liegenden Mutter erst vor kurzem versprechen müssen, dass sie sich um ihren Vater kümmern würden. Nach der Scheidung hatte Donald seine ehemalige Sekretärin Judy geheiratet, die ungefähr 15 Jahre jünger war als er. Lange hatte Ron sie als Zerstörerin ihres Familienglücks betrachtet und sie dafür gehasst, dass seine Mutter wegen ihr so litt. Seine Mutter selbst hegte jedoch keinen Groll mehr, als sie starb. Und schließlich gelang es auch Ron, seinen abzulegen.

Ron hatte sich beeilt, nach Hause zu kommen. Ein langes Wochenende lag vor ihm. Es war ein sonniger, milder Nachmittag im Frühherbst, der Samstag vor dem Labor Day. Er hatte geplant, sich mit Freunden beim jährlichen Last Chance Summer Dance am Columbia River zu treffen – mit seinen Katzen. Die meisten Sommertouristen waren schon weg, und Portland wirkte ein wenig wie eine Geisterstadt. Die einzigen Geräusche in seiner Nachbarschaft waren das Krächzen der Krähen, das Rascheln herunterfallender Kiefernzapfen und das ferne Pfeifen der Züge.

Aber als Ron an seinem weißgoldenen Craftsman-Bungalow an der Ecke South East und 37th Avenue ankam, im grünen Richmond District in der Nähe des Berkeley Parks gelegen, spürte er, dass etwas nicht stimmte. Der Picknicktisch im Vorgarten, auf dem Mata normalerweise auf ihn wartete, war leer.

Ron dachte, dass sie vielleicht von einem Hund verjagt worden war oder sich wegen der Hitze in einer Hütte oder einem Gebüsch verkrochen hatte, und machte sich in den Vorgärten der Nachbarn auf die Suche nach ihr. Ihr Bruder Creto, ein schwarzweißer Kater, folgte ihm. Er schnupperte überall und rief klagend nach seiner Schwester.

Als sie Ron hörte, kam Ann, seine direkte Nachbarin, heraus und sagte, Mata sei ihr am Morgen um die Beine gestrichen, während sie die Rosen schnitt, aber seitdem habe sie die Katze nicht mehr gesehen. Ann besaß einen großen schwarzen, gelbäugigen Piratenkater namens Gordon. Ron hatte ihn gerettet. Er hatte ein Talent dafür, Katzen zu finden und zu retten.

»Maaa-ta«, rief Ron wieder und durchsuchte vorsichtig die stachelige Ilexhecke, die Anns Vorgarten umgab. Manchmal schlief seine Katze darin.

»Komm schon, Mata«, sagte Ron. »Tu mir das nicht an.«

Mata war schon immer eine kleine Streunerin gewesen, durchstreifte gerne die friedliche Wohngegend mit ihren ordentlich gestutzten Rosen und schattigen Ahornbäumen. Aber sie lief nie allzu weit weg und kam immer zurück, wenn Ron sie rief. Sie und Creto hielten sich stets in Rufweite auf, und wenn sie vor Einbruch der Dunkelheit nicht zu Hause waren, verdonnerte er sie zu ein, zwei Tagen Hausarrest. Deshalb hörten sie eigentlich auf ihn.

Mata und Creto gehörten zu einem Wurf von fünf Kätzchen, die unter der Veranda seiner Nachbarin Stephanie ausgesetzt worden waren. Als Ron bei ihr in der Küche die fünf zitternden Katzenbabys in der Kiste gesehen hatte, diese winzigen, miauenden Bündel, die nur aus flaumigem Fell und Knochen zu bestehen schienen und ganz verklebte Augen hatten, musste er ihnen einfach helfen. Stephanie war gerade dabei, zusammenzupacken und auszuziehen, und Rons letzte zwei Katzen waren kurz vorher gestorben, also übernahm er die Pflege der Kleinen. Er fütterte die unterernährten, zwei Wochen alten Waisen mehrmals täglich mit einer Pipette und rettete ihnen so das Leben. Zwei Monate später konnte er zwei von ihnen woanders unterbringen, eine nahm Stephanie und die übrigen zwei blieben bei ihm. Er nannte sie nach Figuren aus seiner Lieblingskinderserie aus den 1970ern – *Lancelot Link, Secret Chimp* – mit bekleideten Schimpansen, die ein Detektivbüro führten. Mata Hari war darin die glamouröse Partnerin von Lancelot, dem Star, und Creto, ihr schnurrbärtiger Chauffeur, war ein Doppelagent und echter Halunke.

Nun fischte Ron sein Handy aus der Hosentasche und rief besorgt seinen besten Freund Xavier an. Xavier war dreißig und Fotograf und Yogalehrer aus Rhode Island. Er und Ron hatten sich bei einem Picknick am Rooster Rock Beach in der Columbia River Gorge kennengelernt, auf Anhieb verstanden und waren enge Freunde geworden.

»Ich glaube, Mata ist wieder verschwunden«, sagte Ron mit zitternder Stimme und Tränen in den Augen. »Ich mache mir Sorgen, dass der Verrückte von gegenüber ihr etwas angetan hat.«

Xavier bemühte sich, Ron zu beruhigen, aber Ron hatte gute Gründe für seine Angst um Mata. Ron hatte über zwanzig Jahre in der Gegend gelebt und sich immer wohl gefühlt, selbst als sie noch rauer war und das hippe, schicke Portland in weiter Ferne lag. Damals hatte hier ein mexikanischer Bandenchef das Sagen gehabt, und es hatte eine offene Anstalt für psychisch Kranke gegeben, aber diese Zeiten waren lange vorbei. Ron kannte die meisten Nachbarn und hatte mit niemandem Probleme gehabt, bis ein Kerl namens Jack vor ein paar Jahren in die Straße zog und sich rasch einen Namen als zwielichtiger, äußerst reizbarer Typ machte.

Jack war ein riesiger, muskulöser ehemaliger Wrestler in seinen Mittzwanzigern. Er war ein arbeitsloser Tischler und Bauarbeiter, der sich von seiner Freundin aushalten ließ. Er fand ein perverses Vergnügen daran, Ron zu quälen, den er hasste, weil er schwul, dick und ein Katzenliebhaber war – und aus seiner Sicht für alles stand, was mit Amerika nicht in Ordnung war. Groß und tätowiert, mit faschistischem Haarschnitt und langem Hipster-Bart und Piercings im Gesicht, richtete er sich drohend vor Ron auf und machte ihm klar, dass er Tiere nicht leiden konnte. Ron war nicht davon ausgegangen, dass er tatsächlich versuchen würde, den Katzen etwas anzutun, aber immer, wenn Jack an Rons Haus vorbeilief, fauchte Mata, und Creto lief weg, um sich zu verstecken. Und als Freunde Ron mit ihren Hunden besuchten, knurrten diese beim Anblick von Jack.

Fast ein Jahr zuvor, am 21. Dezember 2011, war Mata an einem der kältesten, verschneitesten Tage des Jahres schon einmal verschwunden. Ron verdächtigte Jack, etwas damit zu tun zu haben. An jenem Morgen hatte er die Katzen im Haus eingesperrt, bevor er zur Arbeit ging.

Bei seiner Rückkehr am frühen Abend stand die Hintertür offen, und als er vorsichtig hineinging, sah er, dass auch die Schlafzimmertür, die ebenfalls verschlossen gewesen war, offen stand. Im Schlafzimmer herrschte Chaos, all seine Sachen lagen durcheinander, und auf dem Nachttisch stand eine Wasserflasche, die nicht von ihm war. Besonders beunruhigend fand er, dass eine Decke in den Spalt unter seinem Kleiderschrank gestopft worden war – so, als habe jemand ein kleines Tier fangen wollen. Creto versteckte sich völlig verstört im Schrank. Mata war weg.

Ganz offensichtlich war jemand in das Haus eingebrochen und hatte die Katze mitgenommen. Sonst fehlte nichts. Aber Ron rief nicht die Polizei, denn er war sich sicher, dass ihm niemand glauben würde, dass jemand bei ihm einbrach, nur um eine Katze zu entführen oder aus dem Haus zu lassen.

Drei Tage lang suchte Ron verzweifelt die Gegend ab. Am dritten Tag fuhr Jack sein Auto auf die Straße und stieg aus. Als er sah, wie Ron nach seiner Katze suchte und rief, sagte er ihm, Mata befände sich ziemlich sicher in einem Wald im nahen Bundesstaat Washington – falls sie noch lebte. Jack behauptete, die Katze habe sich in seinem Kofferraum verkrochen, bevor er zu seiner Freundin Suzy nach Vancouver gefahren sei. Er bestand darauf, es sei ein Versehen gewesen. Er habe nicht gewusst, dass sie dort drin war, bis er den Kofferraum öffnete, um seine Sachen herauszuholen und Mata herausgeschossen kam und in die Wälder hinter Suzys Haus flüchtete.

Sofort rief Ron bei Suzy an. Er kannte sie von ihren Besuchen bei Jack und mochte sie. Sie entschuldigte sich immer für die Launen ihres Freundes und dessen gemeine Kommentare. Suzy vermutete sofort, dass Jack etwas mit dem Verschwinden von Mata zu tun hatte: Er hatte sich merkwürdig benommen, so, als würde er etwas verbergen. Gleich nach dem Telefonat fuhr Ron die Dreiviertelstunde nach Vancouver und lief mit Suzy und einem ihrer Nachbarn, ein ehemaliger Polizist, der inzwischen als Detektiv arbeitete, bis es dunkel wurde durch die Wälder, auf der Suche nach Mata.

Als die drei sich auf den Rückweg zu Suzys Haus machten, sagte der ehemalige Polizist, Jacks Geschichte klänge extrem unglaubwürdig: »Meiner Erfahrung nach passieren solche Dinge nicht einfach«, erklärte er. »Das ergibt keinen Sinn. Katzen springen nicht in den Kofferraum eines Autos mit laufendem Motor, erst recht nicht von Leuten, auf die sie sonst so ablehnend reagieren.«

Noch Wochen danach kehrte Ron immer wieder in jene verschneiten Wälder zurück, suchte Mata und stellte ihr Futter hin. Als ein paar Monate ohne ein Lebenszeichen von ihr vergingen, war Ron schließlich überzeugt, dass Jack sie getötet hatte.

Ein halbes Jahr später jedoch, am 21. Juni 2012, erhielt Ron einen Anruf von der Firma, von der Matas Mikrochip stammte: Jemand hatte Mata gefunden und dem Tierheim Human Society for Southwest Washington in Vancouver übergeben, das er selbst schon mehrmals in den ersten nervenaufreibenden, verzweifelten Wochen besucht hatte. Sofort fuhr Ron dorthin, um sie abzuholen und nach Hause zu bringen. Eine Weile wirkte sie fast wie eine Wildkatze, scheu und verschreckt, aber mit der Zeit gewöhnte sie sich wieder an ihr häusliches Leben mit Ron und Creto.

Nun war sie wieder verschwunden.

Ron suchte die ganze Nacht nach ihr. Am nächsten Tag

sah er Jacks Auto in der Einfahrt und ging über die Straße, um bei ihm zu klopfen. Seit Matas Rückkehr herrschte eine angespannte Waffenruhe zwischen ihnen. Ron hatte sich für die Anschuldigung, Jack habe Mata entführt, entschuldigt und ihm eine Kiste Bier vorbeigebracht. Aber Ron hatte immer noch Angst vor ihm. Er hatte das Gefühl, auch nur nach seiner Katze zu fragen, könnte einen erneuten Krieg auslösen, deshalb wollte er diesmal bloß seine Reaktion abschätzen. Als Jack an die Tür kam, sagte Ron daher nur, Mata sei davongelaufen und bat ihn, nach ihr Ausschau zu halten.

Schon Rons neutrale Bitte verärgerte Jack. Wütend erwiderte er, er sei kein Katzenfänger, und schlug ihm die Tür vor der Nase zu. Mit seiner Feindseligkeit erregte er allerdings erst recht Rons Argwohn.

Wochenlang lief Ron durch die Straßen und suchte Mata. Er rief ihren Namen, bis er heiser wurde. Am Abend setzte er sich mit offenen Futterdosen in den nahe gelegenen Park. Immer wenn er auf einer Veranda eine ähnlich aussehende oder getigerte Katze sah, ging er hin, um nachzuschauen, ob es Mata war. Dann klopfte er an die Tür und zeigte allen, die ihm öffneten, Matas Foto und fragte, ob man sie gesehen habe. Bei jedem Miauen, das er von draußen hörte, schreckte er hoch, genau wie bei den Schreien kämpfender Katzen. Manchmal wachte er mitten in der Nacht von der Befürchtung auf, Mata könne irgendwo in einem Keller oder einem Schuppen gefangen sein. Dann stand er auf und ging von einem Garten zum nächsten, betrat sogar die Veranden seiner Nachbarn und schaute in die Fenster, ob Mata dort drinnen war.

Jeden Abend stellte Ron Trockenfutter und Wasser für

Mata vor die Hintertür, er kontaktierte alle Tierärzte und Tierheime in der Umgebung, druckte Poster und hängte sie überall im Viertel auf. Unter ein Foto von Mata hatte er geschrieben: »VERMISST, VERMISST $$$ BE-LOHNUNG $$$ *Haben Sie mich gesehen? Mata ist sehr lieb und sensibel und nähert sich Menschen nur, wenn sie spürt, dass ihr keine Gefahr droht. Sie hat einen Chip, kann also von jedem Tierarzt oder Tierheim erkannt werden. Ich vermisse sie schrecklich.*« Darunter setzte er den Link zu seinem Facebook-Profil und seine Telefonnummer. Er hatte von verschwundenen Haustieren gehört, die mit Hilfe sozialer Medien wiedergefunden wurden.

Als Ron seine Zettel aufhängte, fielen ihm andere ins Auge, zum Beispiel einer, mit dem eine vermisste Jugendliche gesucht wurde, eine blonde 14-Jährige. Zu diesem Sammelsurium mysteriöser Geschichten gehörte auch die eines weiteren entlaufenen Tieres, eines intelligent wirkenden braunen Alpakas mit großen schwarzen Augen und einem verrückten, buschigen Fell, das aussah wie ein Afro. Neben dem Versprechen auf eine Belohnung von tausend Dollar las Ron eine Warnung: *Überprüfen Sie Ihre Gärten und Gartenhäuschen. Wenn Sie ihn sehen, erschrecken Sie ihn nicht, denn dann spuckt er. Locken Sie ihn mit Gänseblümchen und Weizengras.*

So was gibt es nur in Portland, dachte Ron. In den nächsten Wochen riefen ihn ein paar Menschen an, um zu berichten, dass sie eine weißgraugetigerte Katze gesehen hätten. Ein Mann hatte beobachtet, wie sie in seinem Müll nach Essensresten suchte. »Sie war spindeldürr, wie diese Streuner in Mexiko«, sagte er. »Man konnte ihre Rippen sehen.«

Als weitere Wochen vergingen, ohne dass sie noch einmal gesichtet wurde, war Ron am Boden zerstört. Er wurde immer niedergeschlagener und fühlte sich zunehmend heimatlos in seinem eigenen Leben.

KAPITEL 3

Gimme Shelter

Während Ron Mata Hari in den ersten Wochen nach ihrem Verschwinden suchte, befand sie sich nur wenige Blocks entfernt, am weniger schicken Ende des Hawthorne Boulevards, und gewöhnte sich an ihr neues Zuhause auf der Laderampe von UPS.

Ihr Retter, Michael King, hatte eigentlich keine Katze gewollt. Er war depressiv, alkoholabhängig, lebte auf der Straße und bettelte um Essensreste, hatte also genug damit zu tun, selbst irgendwie durchzukommen. Aber nun merkte er, dass er sich um dieses kleine, verletzte Wesen kümmern wollte. Jeden Morgen, wenn Michael aufwachte, lag die Katze neben ihm, streckte sich und gähnte so niedlich. Und jeden Tag wieder dachte er: *Wahrscheinlich läuft sie sowieso bald wieder weg.* Halb wünschte er sich das, halb freute er sich aber auch jedes Mal darauf, sie zu sehen.

Michael, Stinson und die Katze hatten immer denselben Tagesablauf: Michael verstaute seinen Schlafsack im Gebüsch und ging mit Stinson auf Tour. Die Katze blieb ebenfalls im Gebüsch zurück, wo sie tun und lassen konnte, was sie wollte. Zuerst suchten die beiden Männer eine Gelegenheit, ihre Handys aufzuladen. Wie viele ihrer obdachlosen Freunde organisierten sie ihren Alltag mit Hilfe von Prepaid-Handys und sozialen Netzwerken: Wo gab es Mahlzeiten, wo Unterkünfte bei schlechtem Wetter, ein bisschen Arbeit und lebensnotwendige soziale Dienste. Manche Obdachlosenheime verteilten sogar kostenlos gebrauchte Handys an ihre Besucher, damit diese den Kontakt zu Freunden und Familie halten konnten.

Michael, Stinson und einige ihrer Freunde nutzten Facebook. Genau wie für andere Menschen war es für sie eine Art virtuelles Zuhause. Dort fühlten sie sich wahrgenommen. Sie hielten sich gegenseitig auf dem Laufenden und unterstützten sich. Alles kostenlos und leicht zugänglich. Sie brauchten dazu nur ein Handy und einen Zugang zu WLAN, und freies WiFi gab es in Portland an jeder Ecke.

Normalerweise gingen Michael und Stinson zum El Cubo de Cuba, einem leuchtend orange gestrichenen Café an der Ecke Hawthorne und SE 31st Avenue. Bevor das Café morgens öffnete, saßen sie an den Picknicktischen davor, um ihre Handys zu laden und sich ihren eigenen Kaffee zu kochen. Im Frühherbst stibitzten sie Äpfel, Pflaumen, Erdbeeren und Tomaten aus Gemeinschaftsgärten, sammelten noch brauchbare Zigarettenstummel und suchten hinter den Food Trucks auf der Division Street nach weggeworfenen Resten von Burritos, Gebäck und Käsesandwiches.

Und jeden Morgen in dieser ersten Woche schaute die Katze ihnen hinterher, wenn sie loszogen. Kehrten sie bei Sonnenuntergang zurück, wartete sie bereits auf sie. »Verdammt«, brummte Michael, obwohl er sich freute, sie zu sehen. »Die Katze haut nicht ab.«

Nach ein paar Tagen ging Michael dazu über, sie Tabor zu nennen, nach dem Café, vor dem sie sie gefunden hatten.

»Tabor«, sagte er jeden Abend. »Wir sind wieder da.« Dann schoss sie aus dem Gebüsch, in dem sie sich versteckt hatte, und rannte miauend und mit erhobenem Schwanz zu ihnen, um sie zu begrüßen. Tabor war immer hungrig. Sie streifte um Michaels Beine und schnupperte, ob er etwas Leckeres dabeihatte. Stinson gab der Katze ein Stückchen Eiersandwich oder irgendetwas anderes, das er hinter den Food Trucks im Müll gefunden hatte, und sie verschlang es hektisch. Wenn sie aufgegessen hatte, leckte sie den Gehweg ab, um auch noch den letzten heruntergefallenen Krümel zu erwischen. Dann fütterte Michael sie mit einer Dose Katzenfutter. Anfangs glaubte er, sie bliebe nur wegen des Futters. Auch wenn er über sie schimpfte, empfand er es doch als tröstlich, einem Lebewesen, das in derselben Lage war wie er, helfen zu können.

Am Ende der ersten Woche merkte er, dass er sich um Tabor sorgte und überlegte, wie er es ihr gemütlich machen konnte. Er legte ein Sweatshirt von sich in eine leere Gemüsekiste, damit sie eine Art Körbchen hatte, in dem sie ungestört schlafen konnte. Er versteckte die Kiste im Gebüsch, stellte ein Gefäß mit Wasser daneben und legte etwas Trockenfutter aus, falls die Katze tagsüber Hunger bekam.

Michael fiel auf, dass sie ihn nun anders ansah. Sie schnurrte, wenn er kam, und wenn er mit ihr sprach, hörte sie ihm aufmerksam und mit großen Augen zu.

»Tabor, guck mal, was ich für dich habe«, sagte er eines Tages und zeigte ihr eine Dose Thunfisch. Stinson und er waren an dem Tag beim Betteln erfolgreich gewesen, und er wollte der Katze etwas Besonderes bieten. Tabor sprang auf und miaute hungrig, strich ihm um die Beine, während er die Dose öffnete.

Bevor Michael den Thunfisch aus der Dose in ihr Tellerchen kratzen konnte, hatte sie schon den Kopf hineingesteckt und schnappte sich gierig die Thunfischbrocken heraus. Er bückte sich, um ihr über den Rücken zu streichen, und sie machte einen Buckel, während sie gleichzeitig fraß.

»Sie ist wunderschön, oder?«, fragte Michael, als sähe er sie zum ersten Mal.

»Ja, das ist sie«, antwortete Stinson.

Sie war wirklich eine Schönheit, vielleicht drei oder vier Jahre alt, weiß mit graugetigerten Flecken und tiefgründig wirkenden eukalyptusgrünen Augen. Sie hatte sich geputzt und sah gesünder aus, das Fell glänzte stärker, und ihr geschwollenes Auge und die Wunde im Gesicht verheilten. Stinson bückte sich, um Tabor eine von seinen kalten Pommes Frites abzugeben. »Es ist so cool, dass sie da ist. Ich liebe es, wenn sie Futter mit den Pfoten aufhebt. Das ist echt süß.«

Aber Michael hielt Stinsons Hand fest und sagte: »Du darfst ihr nicht den Müll von McDonald's geben. Das ist nicht gut für ihre Leber.«

»Was weißt du denn über Katzen?«, fragte Stinson.

»Genug.«

Ohne Groll einigten sich die beiden Obdachlosen darauf, dass Michael sich um Tabor kümmern sollte, da er sich mit Katzen auskannte. Seit Michael als kleiner Junge Dr. Seuss' Bücher *Der Kater mit Hut* und *Grünes Ei mit Speck* gelesen hatte, war er ein Katzennarr.

Er durfte damals kein Haustier haben, aber er wusste, dass der innere Frieden, den einem das Zusammenleben mit Tieren bescherte, unvergleichlich war. Michael hatte drei Brüder und eine Schwester. Er war der Stille, der aus dem Nest gefallene Jungvögel mit gebrochenen Flügeln nach Hause brachte und heimlich Futter für Straßenkatzen hinstellte. Bevor er obdachlos wurde, hatte er selbst Katzen und Hunde gehalten, denen er frisches Fleisch und frischen Fisch von den Restaurants mitbrachte, in denen er arbeitete.

Jeden Abend, nachdem sie Tabor gefüttert hatten, saßen Michael und Stinson nebeneinander in ihrem provisorischen Zuhause an der UPS-Laderampe, rauchten schweigend ihre Selbstgedrehten und sahen der Katze beim Spielen zu. Sie teilten sich eine halbaufgegessene Pizza, eine Tüte kalte Pommes Frites oder was sie sonst an Essen gefunden hatten, und aßen von Tellern aus Papp-fetzen. Und sie tranken Straßenschampus aus Ein-Liter-Wasserflaschen oder etwas, das Michael als »Wachma-cher« bezeichnete – eine Mischung aus Alkohol in jeder Form, die sie auftreiben konnten.

Während sie aßen, kickte Tabor eine zerknüllte Ziga-rettenschachtel hin und her oder sie nahm einen leeren Pappkarton in Beschlag und tat so, als würde sie irgend-einer unsichtbaren Beute auflauern, sprang mit aus-gestreckten Pfoten in den Karton wie in ein Schwimm-becken. Sie hatte ihre verrückten zehn Minuten, in denen sie über das Gelände raste und vor sich hin murmelte und miaute. Eines Abends warf Michael ihr eine rote Maus zu, die mit Katzenminze ausgestopft war. Sie stürzte sich auf das Spielzeug und schleuderte es mit den Pfoten hin und her. Dann steckte sie es in das Bettchen, das Michael für sie gemacht hatte. »Sie ist lustig«, sagte er. »Gestern Abend hat sie eine Dose Sardinen aus dem Müll geholt und in ihrem Bett versteckt, genau wie diese Maus jetzt. Sie ist eher ein Waschbär als eine Katze.«

Stinson lächelte und sagte: »Vielleicht solltest du sie behalten.«

Michael sah nicht sonderlich begeistert aus. »Keine gute Idee«, sagte er.

»Warum nicht? Sie ist cool, süß und nicht besonders anspruchsvoll.«

Michael antwortete nicht.

Obwohl Stinson Michaels engster Freund war, wusste er abgesehen von den Bruchstücken, die er ihren Gesprächen entnommen hatte, nicht viel über ihn. Michael redete nie über seine Gefühle und hielt sich bedeckt über seine Vergangenheit. Es war ziemlich offensichtlich, dass irgendwann in seinem Leben etwas geschehen war, das ihn aus der Bahn geworfen hatte. Er lebte schon lange auf der Straße und hatte gute Ratschläge auf Lager, wie man am besten über die Runden kam. Außerdem erzählte er lustige Geschichten. Manchmal wirkte er jedoch abwesend und zutiefst niedergeschlagen. Stinson hätte ihn gerne glücklicher gesehen, deshalb freute er sich, dass die Katze Michael zum Lachen brachte und sie beide ein wenig ablenkte.

Abends schwirrte Tabor wie eine Motte um die beiden Männer herum – sie wechselte zwischen Michael und Stinson hin und her, bis sie sich schlafen legten. Bei jedem Lichtstrahl wurde sie wahnsinnig. Das Geräusch vorbeifahrender Autos ließ sie jedes Mal aufhorchen, und die Sirenen von Polizeiautos und Krankenwagen machten ihr Angst. Morgens erwachte sie früh und erwartete dann, dass die Männer auch aufstanden. Manchmal ging sie um vier Uhr morgens los wie ein kaputter Wecker und miaute laut. Beim ersten Tageslicht sprang sie von einem Schlafsack zum anderen und versuchte, die beiden zu wecken. Wenn Michael nicht so schnell aufwachte, wie sie es wollte, zog sie an seinem Bart, schlug ihm mit der Pfote ins Gesicht oder leckte ihm die Augenlider.

Eines Morgens gegen Ende September folgte die Katze Michael zur Rückseite des UPS-Gebäudes, wo er sich an einem Wasserhahn das Gesicht wusch und die Zähne putzte. Sie miaute und sah ihn in einer Weise an, als wollte sie fragen: »Lässt du mich schon wieder allein?« Als Michael und Stinson an diesem Tag das UPS-Gelände verlassen wollten, folgte sie ihnen. Offensichtlich wollte sie nicht zurückbleiben.

Michael blieb vor ihr stehen und seufzte. Er wusste nicht so recht, was er tun sollte. Und, zack, kletterte sie ihm am Bein hoch bis auf die Schulter und setzte sich auf seinen abgerissenen beigefarbenen Rucksack.

»Jetzt weißt du Bescheid«, sagte Stinson lachend.

»Okay, Tabor«, sagte Michael und griff nach oben, um ihr den Kopf zu kraulen. »Heute kommst du mit uns.«

Doch in dem Moment, als sie auf die Straße traten, sprang sie von Michaels Rucksack herunter und rannte zurück in das Gebüsch, wo sie immer auf sie wartete. Michael wollte sich nicht jeden Tag Sorgen machen, sie könne auf die Straße laufen und angefahren werden. Deshalb gab er an diesem Nachmittag das gesamte Geld, das Stinson und er erbettelt hatten, für ein schickes, rotorangekariertes Hundehalsband und eine Leine aus. Ein Hundehalsband erschien ihm sicherer als die dünne Variante für Katzen, woraus sie sich leicht befreien konnte.

Am nächsten Morgen setzte Michael den Rucksack auf und legte Tabor das Halsband mit der Leine daran um. Das gefiel ihr zuerst nicht und sie versuchte, es loszuwerden. »Nein, jetzt kommst du mit mir mit«, sagte er, hob sie hoch und setzte sie auf seinen Rucksack, wo sie sich sofort beruhigte und es sich bequem machte.

Als Michael den Hawthorne Boulevard entlanglief,

hockte Tabor auf seinem Rucksack oder seiner Schulter wie ein riesiger Papagei. Michael zeigte auf die fröhlich auf ihm reitende Katze und sagte zu Stinson: »Guck mal! Ist das nicht stark?«

»Sie ist eine Zigeunerkatze«, sagte Stinson grinsend. »Vielleicht hat sie mal fahrenden Leuten gehört.«

»Oder sie ist eine Zirkuskatze.«

Danach setzte Michael jedes Mal, wenn sie loszogen, seinen Rucksack auf, streckte ein Bein aus, sagte: »Hopp!« und Tabor raste an ihm hoch und setzte sich auf den Rucksack. Anfangs kam sie nicht so gut damit zurecht, wie ein Hund an der Leine zu gehen und ließ sich lieber von Michael herumtragen.

Seit sie Tabor dabeihatten, wurden Michael und Stinson ständig angesprochen. Die Leute kamen auf sie zu und gaben ihnen Essen oder Geld. Stinson nannte den Hawthorne Boulevard bald die Grüne Meile wegen des ganzen Geldes, das sie nur dadurch verdienten, dass sie mit der Katze herumliefen.

Wenn sie an einem Café oder Restaurant mit Straßentischen vorbeikamen, lächelten die Gäste sie an. Es war lange her, dass irgendjemand außer einem anderen Wohnungslosen sich freute, Michael zu sehen. Normalerweise guckten die Leute angestrengt weg, damit er sie nicht ansprach. Doch als er begann, mit Tabor herumzulaufen, wollten auf einmal sehr viele mit ihm reden oder Fotos von ihnen machen. Zuerst war Michael genervt und reagierte abweisend. Aber Stinson sagte: »Entspann dich, Groundscore, und sei nett zu den Leuten.«

Die Katze hingegen genoss die Aufmerksamkeit.

Und sie hob die Laune der Obdachlosen. Seit sie da war, waren sie glücklicher, weniger gereizt. Sie lachten häufiger. Manchmal stiegen Michael bei Tabors Anblick die Tränen in die Augen. Sie war so lieb und zutraulich. Aber er dachte immer noch, er dürfe sich nicht zu sehr an sie gewöhnen. Früher oder später würde sie wahrscheinlich weglaufen oder ihr Besitzer würde sie finden.

Der Oktober kam und die Blätter wurden gelb. Die Scharlacheichen und der Fächerahorn schimmerten weinrot, der Spitzahorn golden und knallgelb. Die Schaufenster am Hawthorne Boulevard waren mit auf Besen reitenden Hexen, Fledermäusen, leuchtenden Kobolden und Ghulen dekoriert. Auf Plakaten in der ganzen Stadt wurden Zombie Walks, Geisterhäuserbesuche und Gruselfilmabende angekündigt. Der New-Seasons-Supermarkt hatte sein Angebot an Kürbissen vor dem Laden aufgebaut.

Eines Morgens trafen Michael und Stinson, sie hatten gerade ihren UPS-Platz verlassen, einen Freund, einen dürren jungen Mann mit Strubbelhaaren namens Kyle, der manchmal bei ihnen übernachtete. Bekleidet mit einem Jeansoverall und einem abgerissenen roten Pullover, saß er neben einem Hydranten direkt gegenüber dem Kürbisstand. Vor ihm lag eine Mütze mit ein paar Dollarscheinen und -münzen. Daneben befand sich ein Pappschild mit den Worten: BITTE UM EINE KLEINE SPENDE.

Kyle sah mit müden, geröteten Augen zu ihnen hoch und sagte: »Wow, du hast eine Katze! Wusste gar nicht, dass du eine haben wolltest.«

»Wollte ich auch gar nicht«, antwortete Michael, der mit Tabor in den Armen vor ihm stand. »Ich hab sie auf der Straße gefunden. Wenn ich sie dagelassen hätte, wäre sie wahrscheinlich gestorben. Als Stinson und ich sie eingefangen haben, hat sie kein bisschen miaut, gefaucht oder sonst was. Sie wusste sofort, dass sie gerettet wird.«

»Sie hängt den ganzen Tag mit uns herum. Sie ist so was wie eine Gemeinschaftskatze«, sagte Stinson und ließ sich neben Kyle auf den Boden fallen.

Michael legte zuerst Tabor und dann seinen Rucksack ab und setzte sich zu ihnen auf den Gehsteig. Die Katze kletterte auf den Rucksack, wo sie sich gelassen wie ein Buddha zusammenrollte und den ganzen Nachmittag liegen blieb.

»Du bist also wieder zurück auf der Straße?«, fragte Stinson. Kyle hatte in den vergangenen Wochen die Katze seiner Schwester gehütet, während diese im Urlaub war.

»Ja, mehr oder weniger«, antwortete er. Kyle war das jüngste von zehn Kindern. Seine Mutter hatte ihn im Gefängnis zur Welt gebracht; seinen Vater hatte er nie kennengelernt. Er war als Baby von einem Softwareentwickler aus Harvard und einer Sozialarbeiterin adoptiert worden und war nur wenige Blocks von hier entfernt aufgewachsen, lebte aber seit seinem vierzehnten Lebensjahr immer wieder phasenweise auf der Straße in South East Portland. Nachdem seine Adoptiveltern sich scheiden ließen und an entgegengesetzte Enden der Stadt zogen, hatte er mal bei dem einen, mal bei dem anderen gewohnt, sich aber nirgendwo richtig zu Hause gefühlt. Deshalb war er immer wieder davongelaufen. Auf der Straße hatte er sich mit Michael und Stinson angefreundet. Sie waren älter und erfahrener, deshalb betrachtete er sie als so etwas wie Mentoren, und manchmal zog er mit ihnen herum.

»Und, was war hier so los in letzter Zeit?«, fragte Kyle.

»Na ja, es wurde schon eine ganze Weile niemand mehr abgestochen«, sagte Stinson lachend.

»Seit mindestens zwei Wochen«, ergänzte Michael und grinste breit mit seinem abgebrochenen Zahn.

Kyle streichelte Tabor und wollte wissen: »Was habt ihr denn mit der Katze vor?«

»Keine Ahnung«, sagte Michael.

»Hast du 'ne Kippe?«, fragte Kyle.

Michael holte ein paar Zigarettenstummel aus seiner Tasche und steckte sie an. Seine Hände waren von Narben und Schwielen übersät, die Fingernägel dreckverkrustet. »Ich dachte mir, wenn wir sie herumtragen, sieht ihr Besitzer sie vielleicht eher.«

»Meinst du wirklich, dass sie einen Besitzer hat?«

»Ja«, antwortete er, während er Kyle eine der Kippen gab. »Und ich denke, dass sie irgendwann wieder dorthin zurückgeht, von wo sie kam. Ihre Verletzungen sind ja verheilt.«

»Vielleicht sollten wir nachforschen«, schlug Stinson vor.

»Wahrscheinlich«, stimmte Michael ihm etwas widerwillig zu. Er streichelte die Katze. Tabor sah zu ihm auf, blinzelte träge. Dann griff sie mit den Vorderpfoten nach seiner Hand und leckte sie mit ihrer rauen Zunge ab.

Von da an lasen Michael und Stinson jedes Mal, wenn sie durch die Stadt liefen, die Vermisstenplakate an Bäumen und Laternenpfählen. In der Gegend waren viele Katzen und Hunde verschwunden. Auf einem Zettel, mit dem Freddy, ein Therapiedackel gesucht wurde, der »aus einer Handtasche geklaut« wurde, stand: *Selbst wenn Sie Freddy nur tot finden, schicken Sie ihn bitte nach Hause, damit er eine anständige Beerdigung bekommt.*

»Einige von denen wurden bestimmt geklaut«, sagte Stinson, als sie vor ein paar verblichenen Plakaten an einem Telegraphenmast standen.

»Wahrscheinlich«, sagte Michael. Sein eigener Hund, Wylie Coyote, war vor einem Laden in St. Louis geraubt und nie gefunden worden. Michael hatte ihn nur eine Minute draußen gelassen, um eine Schachtel Zigaretten zu kaufen. Er lebte damals in einer gefährlichen Gegend, in der kriminelle Banden Haustiere stahlen, um sie als Köder bei Hundekämpfen einzusetzen. Zudem bezahlten Zulieferer von medizinischen Forschungslaboren regelmäßig Diebe oder Hundehändler dafür, Tiere zu stehlen.

Einige der Flyer waren herzzerreißend, wie der mit einer Kinderzeichnung von einer schwarzen Katze: »›Mein Name ist Rosemary. Ich bin zwölf Jahre alt‹«, las Michael vor. »›Ich habe meine Katze vor dem Goodwill-Laden verloren.‹ Wie niedlich ist das denn bitte? Sie ist zwölf und hängt einen Flyer auf?«

Es wunderte und ärgerte ihn ein wenig, dass sie kein Suchplakat für Tabor fanden. »Ich verstehe das nicht.« Sie konnten nicht wissen, dass sie acht Blocks von Tabors Zuhause in der Nähe des Berkeley Parks entfernt waren. Irgendwie hatte die Katze all das Chaos und den Verkehr auf dem Hawthorne Boulevard durchquert, und dann war Michael auf sie gestoßen.

Am 8. Oktober, ungefähr drei Wochen, nachdem sie Tabor gefunden hatten, musste Michael nach Montana zu einem Gerichtstermin wegen nicht bezahlter Bußgelder. Sie waren ihm wegen Trunkenheit und ordnungswidrigem Verhalten aufgebrummt worden – im Grunde einfach deshalb, weil er auf dem Gehweg gesessen und in der Öffentlichkeit Alkohol getrunken hatte. Solange er fort war, kümmerte Stinson sich um die Katze und versuchte weiterhin, ihren Besitzer zu finden. Einer ihrer Kumpel von der Straße, Crazy Joe, wollte ihnen helfen, indem er bei Facebook postete: *Was würdet ihr tun, wenn ihr eine streunende Katze habt, die nicht wieder weg will?*

Jemand antwortete: *Sich um sie kümmern, du Schwachkopf.*

Stinson brachte Tabor zu einer Freundin, in der Hoffnung, sie würde die Katze behalten wollen. Aber Tabor legte sich mit einer der bereits dort lebenden Katzen an, das funktionierte also nicht. Dann machte Stinson ein paar Fotos von ihr und postete sie auf Craigslist. Doch egal, was er auch versuchte, niemand meldete sich.

Als Michael eine Woche später aus Montana zurückkehrte, sagte Stinson: »Tja, Groundscore, sieht aus, als wärst du jetzt ihr Besitzer.«

Man kann eine Katze nicht besitzen, dachte Michael. *Erst recht nicht, wenn man sonst nichts hat.* Aber er lächelte.

KAPITEL 4

Scary Monsters and Super Creeps

Am hipperen, grüneren Ende des Hawthorne Boulevards, nicht weit von seinem Haus entfernt, besuchte Ron Buss eine Katzen-Lady, die dafür bekannt war, Streuner bei sich aufzunehmen. Rons Freundin Stephanie hatte gemeint, diese Frau könne davon wissen, wenn jemand Mata gefunden hatte. Innerhalb der Tierrettergemeinde besaß sie einen Ruf als Königin der Straßenkatzen von South East Portland. Sie drehte abends regelmäßig ihre Runden durch finstere Gassen und verlassene Gebäude und fütterte die dort lebenden Streuner. Mit Hilfe eines kleinen Netzwerks anderer Katzenfreundinnen fing sie diese im Stich gelassenen Katzen ein, bezahlte ihre Kastration, suchte für die jungen und die verträglicheren älteren Katzen ein Zuhause und entließ die wilderen wieder in ihre Kolonien.

Als er über den zugewucherten, unter einem Dach von Glyzinien liegenden Pfad auf das alte Saltbox-Haus zulief, sah Ron in den Fenstern sich sonnende Katzen in allen möglichen Farben. Ein leichter Uringeruch vermischte sich mit dem Zitrusduft von Räucherwerk.

Ungefähr zwanzig Jahre zuvor hatten bei Ron ebenfalls einige Streuner gelebt. Er besaß zu diesem Zeitpunkt bereits vier Katzen mittleren Alters, als irgendwann im Sommer ein Karton mit drei Siamesenmischlingskätzchen auf seiner Treppe abgestellt wurde. Auf den Karton hatte jemand eine grausame Kochanleitung gekritzelt. Rob lernte rasch, wie man die Kleinen mit einer Spritze von Hand fütterte und was sie sonst noch brauchten. Einige Tage darauf hörte er draußen ein Jaulen und stellte fest, dass nun auch die Mutter der Kleinen mit einem weiteren Baby vor seiner Haustür abgesetzt worden war. Die Mutter nannte er Yoko, und die kleine Katzenfamilie zog dauerhaft bei ihm ein – womit er plötzlich Besitzer von neun Katzen war. Bald galt Ron im ganzen Viertel als »der Katzenmann«.

Als ihm nun die Katzen-Lady die Tür öffnete, hielt sie eine sehr kommunikative Burmakatze im Arm. Frau und Katze hatten beide große hellgrüne Augen und glänzendes braunes Haar, das im Sonnenlicht rötlich schimmerte. Die Frau hatte ihre ausdrucksstarken Augen mit Eyeliner betont. Hinter ihr befand sich mindestens ein Dutzend weiterer Katzen – rot-, gelb- und braungetigerte, schildpattfarbene, schwarzweiße, graue und schwarze –, die sich auf Sofas und Bücherregalen räkelten. Die Frau wirkte nicht wie die klischeehafte verrückte Katzen-Lady, die mit wirren Haaren und im Bademantel auftrat. Abgesehen von dem schwachen Geruch nach Katzenurin an der Tür war ihr Haus blitzsauber.

Sie hörte sich Rons Geschichte von der bereits zum zweiten Mal verschwundenen Mata an. »Das arme kleine Ding«, sagte sie. »Sie ist nicht zufällig schwarz, oder?«

»Nein, weiß mit gestreiften Flecken und schwarz umrandeten Augen«, antwortete Ron und gab ihr einen der Flyer mit Matas Foto.

Die Katzen-Lady betrachtete Matas Gesicht eingehend, erkannte sie aber nicht. Sie erzählte Ron ein paar Geschichten von verlorengegangenen und wiedergefundenen Katzen und lächelte ihn aufmunternd an. »Man kann nie wissen – vielleicht ist Ihre Katze ja in guten Händen.«

»Ich bin mir sicher, dass sie irgendwo da draußen ist.«

»Was mir Sorgen macht, ist Halloween«, sagte die Frau und wurde ernst. »Besonders um diese Zeit vergreifen sich manche Menschen an Tieren. Es ist so schön, dass Sie Ihre Katze nicht aufgeben.« Sie erklärte, sie und ihr Mann seien im Augenblick etwas überbelegt. »Die Straßen scheinen so was wie Müllabladeplätze für Tiere zu sein. Viele Leute lassen ihre Katzen einfach zurück, wenn sich ihr Leben verändert oder sie nichts mehr für das Tier empfinden. Ich bin keine Zynikerin, aber ich habe die schlimmsten Seiten der Menschen gesehen.«

»Ja, ich weiß. Ich habe selbst ein paar gerettet«, sagte Ron düster. »Na ja, wenn Sie eine Katze sehen oder von einer hören, auf die meine Beschreibung passt, wäre ich Ihnen sehr dankbar, wenn Sie mir Bescheid geben könnten.«

»Natürlich. Ich frage herum und halte die Augen auf.«

»Danke«, sagte er und wandte sich zum Gehen.

Die fünf Blocks nach Hause weinte Ron ohne Pause.

Nachdem der Besuch bei der Katzen-Lady sich als weitere Sackgasse erwiesen hatte, hielt Ron seine Möglichkeiten, Mata zu finden, für ausgeschöpft. Aber während er an jenem Nachmittag zu Hause herumkramte und die Küche aufräumte, fiel ihm ein Streichholzbriefchen in die Hände, auf dem er die Telefonnummer eines Tiermediums notiert hatte. Ein Freund hatte ihm geraten, sich an eine Frau namens Rachel zu wenden, die darauf spezialisiert war, verschwundene Haustiere zu finden. Rachel bot ihre Dienste kostenlos an, deshalb ging Ron davon aus, dass sie in Ordnung war.

Er hinterließ eine wortreiche Nachricht auf ihrem Anrufbeantworter, in der er erklärte, wie Mata verschwunden war. Als Rachel ihn zurückrief, schlug sie vor, ihm zu zeigen, wie er seine Intuition aktivieren und sie gemeinsam versuchen könnten, die Katze durch Telepathie zu lokalisieren. Sie erklärte ihm, wie spirituelle Verbindungen und innere Bilder funktionierten, und wie er feststellen konnte, ob er so etwas vor sich hatte.

Zum Beispiel sagte sie: »Wenn Sie sich auf Ihre Katze konzentrieren und den Geruch von frischgeschnittenem Gras in der Nase haben, und Ihre Katze sich gern im Gras wälzt, dann ist das ein inneres Bild.« Ron war sich sicher, dass er eine spirituelle Verbindung zu seinen Katzen hatte, seit er sie als winzige Waisen bekommen hatte, und war deshalb offen für einen Versuch.

Rachel bat Ron nun, sich zu konzentrieren und sich seine Katze vorzustellen. Nach einer Minute fragte sie: »Ist da irgendetwas?«

Aber Ron sah oder roch nichts.

»Okay, versuchen wir es einmal so … Schalten Sie das Licht aus und zünden Sie eine Kerze an«, riet sie ihm. »Dadurch wird die psychische Verbindung zu Mata stärker.«

Ron legte das Telefon ab, fand eine halbheruntergebrannte Kerze mit Cranberryduft in einem Glas im Bücherregal und zündete sie an.

»So, die Kerze brennt«, sagte er, stellte das Telefon auf Lautsprecher und wartete auf weitere Anweisungen.

»Ich bitte Sie nun, sich erneut auf Mata zu konzentrieren, und ich werde dasselbe tun.«

Nach einer kurzen Pause rang Rachel nach Luft und sagte: »Da ist ein Mensch, wie ein Fels, der an vielen Stellen gebrochen ist, aber wieder zusammengeklebt wurde. Trotzdem sind die Bruchstellen noch zu sehen«, sagte sie. »Diese Person hat sie.«

Ron glaubte zu wissen, von wem sie sprach: von seinem fiesen Nachbarn Jack. Noch besorgter als zuvor, legte er auf. Er rief Suzy an, aber die sagte, sie glaube nicht, dass Jack diesmal etwas mit Matas Verschwinden zu tun hätte, da sie übers Labor-Day-Wochenende zusammen weggefahren waren. Dennoch wurde Ron das Gefühl nicht los, dass Jack irgendwie seine Finger im Spiel hatte.

Halloween war eine große Sache in Portland. In allen Vorgärten von Rons Nachbarn leuchteten geschnitzte Kürbisse, die Veranden und Rasen waren mit Krähen und Spinnen in riesigen Netzen dekoriert. Ein paar Häuser weiter hatte ein Filmset-Designer in seinem Garten ein komplettes Gruselkabinett aufgebaut: Lebensgroße Vampire und Hexen waren in raffinierten Kostümen auf Liegestühlen drapiert, während Skelette und Zombies aus täuschend echten Gräberkulissen sprangen.

Am Tag vor Halloween wachte Ron niedergeschlagen auf. Er dachte immer noch an Mata und versuchte, sich mit etwas herbstlicher Gartenarbeit abzulenken, bevor es das Wetter nicht mehr zuließ. In dem von einem winzigen weißen Lattenzaun umrandeten Stadtgarten neben seinem Haus wuchsen Kartoffeln, verschiedene Kürbissorten, grüne Bohnen und Senf.

Ron erntete seine größten orangefarbenen Kürbisse, um daraus Jack O'Lanterns zu schnitzen und einen Kürbiskuchen für Ann von nebenan zu backen. Damit wollte er ihr für ihre Unterstützung seit Matas Verschwinden danken. Ann war ein wenig neugierig – sie erinnerte Ron an Gladys Kravitz aus der 1960er-Jahre-Serie *Verliebt in eine Hexe* –, aber auch wohlmeinend und freundlich. Während Ron die Erde von den Kürbissen bürstete, dachte er an die Zeit, als Mata und Creto noch ganz klein waren und bei allem mitmachen wollten: Wenn er Teppichböden entfernte und Nägel aus den Holzdielen zog, versuchten sie mit ihren winzigen Zähnen, ebenfalls Nägel zu ziehen; wenn er im Garten arbeitete, kamen sie heraus und halfen, indem sie Löcher buddelten. Danach waren ihre weißen Pfötchen immer erdverkrustet.

Nun saß Creto am Rand des kleinen Gemüsefelds und beobachtete Ron angespannt bei der Arbeit.

Er war seit Matas erstem Verschwinden scheu und nervös. Tatsächlich war Creto kurz davor selbst zwei Tage lang fort gewesen und mit einem geschwollenen Auge und einem blutigen Maul zurückgekehrt. Irgendjemand hatte ihn offensichtlich gegen den Kopf getreten. Ein Vorderzahn war gebrochen und ein paar untere Zähne herausgefallen, die Haut am Kinn aufgeplatzt. Zwei Monate lang konnte er nicht richtig sehen und stieß überall an. Der Tierarzt sagte, Creto habe Glück gehabt, überhaupt noch am Leben zu sein.

Seit Mata erneut verschwunden war, war Creto noch ängstlicher geworden. Er versteckte sich vor jedem außer Ron und fauchte selbst bei Leuten, die er kannte. Der hübsche schwarzweiße Kater mit silbriggrünen Augen und gekrümmtem Schnurrbart verhielt sich extrem anhänglich, seit seine Schwester nicht mehr da war. Ständig suchte er Rons Nähe, ob im Haus oder bei der Gartenarbeit.

Ron machte eine Pause, um seinen Kaffee auszutrinken. Plötzlich hörte er Creto fauchen, und dann sauste etwas Schwarzweißes an ihm vorbei. Er drehte sich um und sah den Kater die Treppe zur Veranda hochrasen. Als er sich wieder zurückdrehte, um zu schauen, was ihn so erschreckt hatte, entdeckte er Jack, der gerade zu seinem Haus ging. Ron bekam einen Adrenalinschub, rannte raus aus seinem Garten zu Jack auf den Gehweg. In seinen von der Gartenarbeit erdigen Händen hielt er nach wie vor seinen Kaffeebecher.

»Ich weiß, dass du sie umgebracht hast!«, rief Ron und stellte sich Jack in den Weg.

Jack zögerte. Einen Augenblick wusste er nicht, was los war – und Ron konnte nicht anders: Er schubste Jack. Ron war kein Freund von Gewalt, aber in seinem Kummer und Zorn vergaß er sich völlig. Als Jack ihn mühelos zurückschubste, ging Ron zu Boden. Der Kaffeebecher fiel auf den Rasen und rollte weg.

Wütend baute Jack sich über Ron auf. »Ich habe deine Scheißkatze nicht angefasst, du fette Tunte!«, brüllte er. »Ich tue Tieren nichts. Ich verscheuche sie, aber ich zünde sie nicht an oder so was.«

Ron rappelte sich auf und begann zu schreien: »Du bist ein Terrorist. Ich weiß, dass du Creto ins Gesicht getreten hast, so dass er seine Zähne verloren hat! Wieso sollte er sonst solche Angst vor dir haben? Und jeder weiß, dass du letztes Jahr Mata entführt und im Wald ausgesetzt hast. Was hast du diesmal mit ihr gemacht? Hast du sie getötet?«

»Wovon zur Hölle redest du?«

Mit hochrotem Kopf und schäumend vor Wut griff Ron nach dem Kaffeebecher und warf ihn nach Jack. Der

Becher traf ihn am Kopf und hinterließ einen Schnitt an der Schläfe. Diesmal zerbrach der Becher.

Als Jack sich an den Kopf fasste und das Blut an seinen Fingern sah, drehte er durch. Er nahm Anlauf und rammte Ron mit gesenktem Kopf wie ein wild gewordenes Nashorn, dann boxte er ihn in die Rippen. »Wenn du rumrennst und allen Leuten erzählst, ich hätte deine Katze umgebracht, dann verschwindest du bald von der Bildfläche«, sagte er und zeigte mit dem Finger auf ihn. »Dann bringe ich dich an einen einsamen Ort, und niemand findet dich jemals wieder.«

»Zur Hölle mit dir, du Versager«, fauchte Ron zurück. Er richtete sich auf und wollte Jack an die Kehle, aber der fing Rons Arme ab und nahm ihn in den Würgegriff.

»Du lebst und atmest nur, weil ich dich lasse«, sagte Jack drohend, bevor er ihn losließ. Ron rang nach Luft und spuckte. »Ich warne dich nur einmal: Pass auf, was du sagst.« Dann stürmte er davon, drehte sich ein letztes Mal um und rief Ron von der anderen Straßenseite mit einem provozierenden Grinsen zu: »Kein schlechter Versuch, Schwuchtel. Ich hab dir richtig die Daumen gedrückt.«

»Junkie-Drecksack«, murmelte Ron wütend und wandte sich ab.

Er humpelte zum Haus zurück, um einen Besen zu holen und die Kaffeebecherscherben wegzufegen. Er griff nach dem Korb mit den Kürbissen und hinkte hinein.

In dem Augenblick, in dem er die Hintertür öffnete, erschien Creto aus seinem Versteck hinter dem Kühlschrank. Er blickte Ron groß und fragend aus seinen glänzenden grünen Augen an. Ron wusch sich die Erde von den Händen, hob seine verängstigte Katze hoch und ließ sich in einen Sessel fallen, um Creto zu streicheln und ihn zu beruhigen.

Beide zitterten.

Am selben Nachmittag vor Halloween gingen Michael, Tabor und Kyle zum New-Seasons-Supermarkt hinüber. Es war so windig, dass sie sich an ihrem Stammplatz neben dem Hydranten dicht zusammendrängten. Einige Jahre zuvor hatten ein paar Straßenkids ein Porträt von Michael auf den Hydranten gesprüht und seinen Straßennamen »Groundscore« darüber geschrieben. Das Graffito hatte sich erstaunlich gut gehalten. Neben diesem Totempfahl hielten Kyle und Michael jetzt ihr abgegriffenes BITTE UM EINE KLEINE SPENDE-Schild hoch.

Auf Michaels Rucksack zwischen den beiden hatte Tabor sich ausgestreckt. Sie trug ein brandneues rotes Metallplättchen in Herzform, das Michael für sie gekauft hatte. Darauf befand sich seine Telefonnummer und der Schriftzug »LC Tabor«. »LC« stand für »Love Cat«.

Wenige Tage zuvor hatte Michael Stinson und einen weiteren jungen Kumpel, Whip Kid, der auch manchmal bei ihnen übernachtete, gebeten, fünf Minuten auf Tabor aufzupassen, weil er kurz das UPS-Gelände verlassen wollte, um in den Supermarkt zu gehen. Als er rauskam, sah er, wie die beiden Tabor hinterherliefen, die auf dem Weg zu ihm war, die Leine im Schlepptau. Die Jungs hatten sie nicht unter Kontrolle –, eigensinnig und impulsiv wie sie war, war sie Michael einfach gefolgt. Sie wollte ihn nicht aus den Augen verlieren. Die neue Plakette stellte einen weiteren Schutz für sie dar.

Mittlerweile war Tabor auf diesem Abschnitt des

Hawthorne Boulevards ein kleiner Star. Nur wenige Augenblicke, nachdem die Männer sich mit ihr an ihrem Platz niedergelassen hatten, blieben Anwohner und Supermarktkunden stehen, um die Katze zu begrüßen. Viele gaben Michael Tüten voller Futter, Leckerlis und Spielzeug, wenn sie vom Einkaufen kamen. Andere brachten ihm Kaffee und Sandwiches mit und gelegentlich sogar ein paar Süßigkeiten. Manche von ihnen waren den ganzen Sommer achtlos an den Bettlern vorbeigegangen. Erst durch die lebhafte kleine Katze waren sie in diesem Herbst auf einmal sichtbar geworden.

Tabor sonnte sich in der Aufmerksamkeit, sauste und trippelte herum – manchmal machte sie sogar so etwas wie Bauchtanzbewegungen. Sie war das geborene Showgirl und liebte es, bewundert zu werden.

Ein junges Paar in den Zwanzigern blieb stehen, um den Männern ein paar Münzen in den Becher zu werfen und Tabor zu streicheln. Wie ein Zirkuspferd stellte sie sich auf die Hinterbeine, um die Hand des Mädchens zu erreichen.

»Oh, wie süüüüß! Sie macht ja richtige Kunststückchen!«, sagte das Mädchen und holte ihr Smartphone hervor, um Fotos von Tabor in Aktion zu machen.

»Statt ›Süßes oder Saures‹ macht sie süße Tricks für Süßes«, sagte Michael lachend.

Eine Weile später saßen Michael und Kyle schweigend da, rauchten und starrten den Blättern nach, die den Gehweg entlangwirbelten. Tabor hatte auf dem Rucksack zwischen ihnen gelegen, doch plötzlich rollte sie sich auf den Rücken und jaulte und schrie, wie sie es noch nie getan hatte. Michael und Kyle sahen sich erstaunt an.

»Was ist los mit dir, Tabor?«, fragte Michael, nahm sie

auf den Arm und hielt sie fest. »Kyle, weißt du, was sie uns sagen will?«

Mit einer gespielten Fistelstimme sagte Kyle: »Hiiiiiilfe! Sie bringen mich um ...«

Michael lächelte amüsiert, aber er vermutete, dass der Katze etwas Schlimmes zugestoßen war, bevor er sie gefunden hatte. »Als ich sie gefunden habe, schien sie zu sagen: ›Fass mich verdammt nochmal nicht an. Ich habe echt genug erlebt.‹«

»Da fällt mir ein«, sagte Kyle, »gestern hat jemand neben mir ein Tütchen Gras aufgemacht, und Tabor ist ihm sofort in den Schoß gesprungen. Ich glaube, die Katze ist ein Kiffer.«

»Würde mich nicht wundern. Sie ist total verrückt. Nachts jagt sie die ganze Zeit irgendwelche Lichter. Muss eine Stressreaktion sein. Das hab ich schon mal bei Hunden von Kiffern gesehen.«

Obwohl Tabor unberechenbar und manchmal unheimlich stur sein konnte, waren Michael, Stinson und Kyle schwer verliebt in die süße, temperamentvolle Katze.

Je kälter es wurde, desto häufiger machte Michael sich Gedanken, ob er in der Lage sein würde, sich um Tabor zu kümmern. Er hatte schon andere Straßenkatzen gehabt: Sunshine, ein winziges, orangegetigertes Kätzchen, das er in einer Gasse gefunden hatte, und eine braungestreifte Katze, die zuerst einem Freund gehört hatte, der dann ins Gefängnis musste. Aber keine der beiden hatte mit ihm draußen gelebt oder ihn begleitet, wenn er im Winter Richtung Süden zog, sondern er hatte dafür gesorgt, dass sie ein richtiges Zuhause bekamen.

Die Obdachlosen besaßen ihre eigenen moralischen

Prinzipien: Sie sorgten immer zuerst für ihre Tiere. Da sie meistens allein auf der Straße lebten, waren ihnen ihre tierischen Begleiter besonders wichtig. Einer von Michaels Kumpeln hatte ihm vorgeschlagen, Tabor in ein Tierheim zu bringen, wo Streuner nicht getötet wurden. Aber Michael quälten Bilder von Tabor, wie sie traurig neben einem winzigen rosafarbenen Köfferchen mit all ihren Näpfen und Spielzeugmäusen saß, nur eine in einer Reihe zahlreicher anderer wartender Katzen und Hunde im Heim. Er konnte den Gedanken nicht ertragen, sie zurückzulassen.

Tabor war inzwischen seit zwei Monaten bei ihm, aber er zweifelte zwischendurch immer noch, ob es wirklich praktikabel und klug war, sie zu behalten. Irgendwie schien Tabor diese Stimmungen bei ihm zu spüren, denn dann sah sie ihn an oder leckte ihm die Finger, bis er wieder weich wurde. Michael wurde klar, dass er mittlerweile an ihr hing. Er liebte es, wie sie sich auf seiner Brust zusammenrollte, an seinem Bart zupfte, um ihn zu wecken, oder ihre Spielzeugmäuse anschnalzte. Er hatte sich schon lange nicht mehr um jemanden gekümmert, und etwas in ihm sehnte sich danach.

Bevor Tabor aufgetaucht war, hatte Michael den Tag mit einem Bier begonnen, war dann zu Starkbier übergegangen und hatte danach getrunken, was er in die Finger bekam. Überraschenderweise hatte Tabor seine Trinkgewohnheiten jedoch geändert. Er trank nun überhaupt kein Starkbier mehr und generell nur noch abends. Er hatte das Bedürfnis, sich zurückzuhalten, damit niemand die Polizei rufen und ihm die Katze wegnehmen konnte.

Als Michael sich darüber klar wurde, wie viel Tabor ihm bedeutete, beschloss er, jedes Opfer zu bringen, das nötig war, um sie mitzunehmen, wohin auch immer es ihn verschlug. Es war an der Zeit, Pläne für seine Reise in den Süden zu machen, wo es wärmer war.

Gleichzeitig hatte er die ganze Zeit im Hinterkopf, dass sie irgendwo einen anderen Besitzer haben musste.

KAPITEL 5

Born to Run

Michael William Arthur King wuchs in einem gewöhnlichen Schindelhaus in Webster Groves, am Rand von St. Louis, Missouri, auf. Webster Groves war ein ruhiger grüner Vorort, wo es hübsche, einstöckige Häuser mit Fensterläden und gewundene Straßen gab. Der Ort war von Wäldern und Bächen umgeben, und es herrschte eine verschlafene Kleinstadtatmosphäre. Kinder und Hunde spielten draußen und taten, wozu sie Lust hatten. Doch für Michael war es vor allem eine kleine, stille Ecke der Hölle. Seine Familie lebte am armen Ende von Webster Groves, und seine Eltern, die in seinen Augen zwei missmutige Fremde waren, waren mit der Erziehung von Michael und seinen vier Geschwistern überfordert. Sein Vater arbeitete rund um die Uhr in zwei Jobs, und dennoch war das Geld knapp. Seine Mutter blieb zu Hause und kümmerte sich um die fünf Kinder. Sie war als junge Braut von England in die USA gezogen und hatte Schwierigkeiten gehabt, sich ohne die Hilfe ihrer Familie an die neue Kultur zu gewöhnen.

Michaels Eltern hatten sich 1955 in England kennengelernt. Clarence, oder Clancy, wie alle ihn nannten, war als Soldat der amerikanischen Armee in Cambridge stationiert gewesen. Für Kathleen, eine 19 Jahre alte britische Waise, schien die Hochzeit mit einem amerikanischen Soldaten die Tür zu einem neuen, besseren Leben aufzustoßen. Clancy nahm Kathleen bei seiner Rückkehr mit in die USA. Er wurde Polizist in St. Louis, und Kathleen bekam mit zwanzig ihr erstes Kind.

Von den fünf King-Kindern wurde erwartet, dass sie still waren und taten, was man ihnen sagte. Sie durften keinen Besuch von Freunden bekommen, durften das Telefon nicht benutzen und keine Musik hören. Aber Michael war trotzig und gab Widerworte, deshalb bestrafte seine Mutter ihn unter anderem, indem sie ihn mit dem Gürtel von der Polizeiuniform seines Vaters schlug. Eine seiner verstörendsten Erinnerungen war, in einen Schrank eingesperrt zu sein, während der Rest der Familie zu Abend aß. Michael hatte das Gefühl, dass Kathleen ständig wütend war. Je älter er wurde, desto schlimmer schien es zu werden.

Genau wie sein Zwillingsbruder und die drei älteren Geschwister besuchte Michael die katholische Mary Queen of Peace School. Alle Nonnen dort taten, was sie konnten, um Michael, ein nervöses und unsicheres Kind, zu beschützen. Sie sahen die Striemen an der Rückseite seiner Beine und wussten, dass man ihn zu Hause schlug, also sorgten sie dafür, dass er in der Schule nicht angerührt wurde. Seine Klassenlehrerin der zweiten Klasse, Schwester Maureen Teresa, nahm ihn unter ihre Fittiche. Michael liebte sie über alles, und eine Zeitlang war die Schule seine Zuflucht vor dem schwierigen Zuhause. Als er älter wurde, wurde er jedoch aufsässig und zog sich zurück, schwänzte die Schule, hing bei den Bahngleisen in der Nähe seines Elternhauses herum und träumte davon abzuhauen.

Sobald alle Kinder zur Schule gingen, nahm Kathleen eine Stelle als Hilfsschwester für die Nachtschicht im

Krankenhaus an. Allein und unbeaufsichtigt streiften Michael und seine Brüder nachts an den Bahngleisen oder in Parks herum – wobei Michael die meiste Zeit für sich blieb, durch die Gassen streunte, Bücher über Tiere und Pflanzen las, tagträumte und lernte, sich nicht einsam zu fühlen.

Im Alter von 13 Jahren, im Juni 1978, lief er das erste Mal davon. Es waren Sommerferien, und er erzählte seinen Freunden, er werde »aus diesem Höllenhaus verschwinden«. Er packte eine kleine Reisetasche und schlich sich in der Nacht mit seinem Zwillingsbruder John Patrick, genannt JP, aus dem Haus. Sie liefen an den Schienen entlang aus St. Louis heraus. Sie hatten weder Geld noch einen Ort, an dem sie bleiben konnten, also plünderten sie Gemüsegärten und Apfelbäume, aßen wilde Brombeeren und schliefen in leerstehenden Garagen oder in dichtem Gebüsch. Sie schafften es bis nach New Mexico, wo man sie als Schulschwänzer verhaftete und in Handschellen zurück nach Hause brachte.

Mit 14 Jahren schlief Michael oft im Gestrüpp an den Bahnschienen und ernährte sich davon, in Restaurants zu essen und die Zeche zu prellen. Eine Zeitlang wohnte er bei Nachbarn, die Mitleid mit ihm hatten, den Bekemeyers, aber am Ende wurde er immer wieder nach Hause geholt.

Als Michael 16 war, erwischte sein Vater ihn und JP beim Grasrauchen im Garten. Für sie war es bloß ein Ausprobieren, aber ihr Vater rastete aus. Er war der Meinung, die Jungen hätten ein Drogenproblem und steckte sie beide in ein monatelanges Entzugsprogramm, ohne Kontakt zur Außenwelt.

Nach ein paar Tagen flüchtete Michael mit einem anderen 16-Jährigen namens Mike. Sie verließen die Stadt per Anhalter.

Die Jungen wollten nach Seattle. Mike hatte gesagt, dass sie dort bei seiner Mutter wohnen könnten. Aber in Wheatland, Wyoming, wurden sie in Gewahrsam genommen, weil sie minderjährig waren. Zuerst rief der Sheriff Mikes Eltern an, die sagten, ihr Sohn sei weggelaufen und solle ihnen übergeben werden.

Danach informierte er Michaels Eltern. Zuerst hatten sie sein Verschwinden der Polizei gemeldet, die Suche aber bald aufgegeben. Nach dem Gespräch legte der Sheriff den Hörer auf und nahm Michael die Handschellen ab: Clancy wollte ihn nicht zurück, und Kathleen war inzwischen alles egal. Sie hatte sich mit der Tatsache abgefunden, dass Michael zu Hause unglücklich war und lieber umherstreifte und im Freien schlief. Für sie war es wahrscheinlich eine Erleichterung, ein Kind weniger zu haben, um das sie sich kümmern musste. Der Sheriff brachte Michael zu seinem Dienstwagen, fuhr ihn aus der Stadt, drückte ihm zwanzig Dollar in die Hand und sagte: »Viel Glück, Junge.«

Irgendwann im Sommer 1981 landete Michael in Montana. Die gezackten Berge und sonnenverbrannten Ebenen waren genau die Art von wildem Brachland, nach dem er gesucht hatte. »Hier sieht man nur ein wenig Landschaft, viel Himmel und meilenweit keine Menschenseele«, schrieb er JP auf einer Postkarte nach Hause. Michael ergatterte einen Job als Milchauslieferer auf einer Farm in Helena, fand eine günstige Wohnung und fälschte die Unterschrift seines Vaters unter dem Einschreibeformular der örtlichen Highschool.

Michael betrachtete sich als »alte Seele«, und in mancher Hinsicht war er tatsächlich viel reifer, als es seinem tatsächlichen Alter entsprach. Er hätte leicht für 18 oder 19 durchgehen können. Trotzdem wurde er nach einigen Monaten von den Behörden entdeckt, und man sagte ihm, er dürfe nicht ohne gesetzlichen Vertreter in Montana leben.

Er kehrte zurück nach St. Louis, war dort aber nach wie vor unglücklich und trampte wenige Monate später wieder nach Montana – entschlossen, einen gesetzlichen Vertreter zu finden. Nie kam ihm in den Sinn, dass es gefährlich sein könnte, bei Fremden mitzufahren. Michael war überzeugt, dass ihm zahlreiche Schutzengel folgten und alles in Ordnung kommen würde –, außerdem hatte er das Schlimmste ja schon überstanden. In Helena angekommen, sprang er auf den ersten zerbeulten Pick-up, der anhielt. Der Fahrer stellte sich als Bier trinkender Hippie heraus, der auf dem Weg zu einem Treffen der Anonymen Alkoholiker war. Da Michael nicht wusste, wohin er sonst gehen sollte, begleitete er ihn. Er dachte sich, dass er ebenso gut bei den Anonymen Alkoholikern versuchen konnte, einen gesetzlichen Vertreter zu finden. Während seiner eigenen Stippvisite in dem Entzugsprogramm ein paar Jahre zuvor hatte er die Aufrichtigkeit der Erwachsenen dort geschätzt.

An diesem Dienstagnachmittag im Oktober begegnete er beim Treffen der Gruppe Walter Ebert, einem Vietnamveteranen und geschiedenen Alkoholiker auf dem Weg aus der Sucht. Er arbeitete als Musterungsoffizier bei der Army.

Michael spürte, dass Walter ein guter Mann war. Er strahlte etwas Robustes, Gesundes aus. Michael fragte ihn, ob er vorgeben würde, sein Vater zu sein, damit er weiter die Highschool besuchen konnte. Er erklärte ihm, dass er von zu Hause weggelaufen war, aber einen Job hatte und allein für sich sorgen konnte. Er brauchte nur eine Unterschrift. »Klar helfe ich dir«, hatte Walter geantwortet, aber er hatte darauf bestanden, zuerst mit Michaels Mutter zu sprechen. Am Telefon sagte Kathleen, wenn Michael in Montana leben wolle, sei ihr das recht. Mit den Worten: »Sie können ihn háben« traten seine Eltern die Vormundschaft ab.

Walter wurde Michaels Pflegevater und war die folgenden drei Jahrzehnte für ihn da. Walter war in eine Jesuitenschule gegangen, hatte außerdem einige Zeit in einem Franziskanerseminar verbracht und sagte oft zu Michael: »Manchmal finden wir uns selbst, indem wir für andere sorgen.«

Kurz nachdem er zu Walter gezogen war, machte Michael seinen Schulabschluss. Tagsüber arbeitete er als Gärtner und abends gelegentlich als Kartengeber in einem illegalen Kasino in Helena. In diesen ersten Jahren des Zusammenlebens teilten sich Walter und Michael die Kosten für Miete, Essen und sonstige Rechnungen. Michael schrieb sich an der staatlichen Universität in Bozeman, Montana, für Wirtschaft und Gartenbau ein. Als ihm jedoch klar wurde, dass er keinen Abschluss brauchte, um sein eigenes Unternehmen als Landschaftsgärtner zu gründen, brach er das Studium ab. Fast ein Jahrzehnt führte er seine eigene Landschaftsgärtnerei in Montana.

In diesen Jahren hatte Michael kaum Kontakt zu seiner Familie, mit Ausnahme von JP, der ebenfalls nach Montana gezogen war. Zur Beerdigung seines Vaters im

August 1990 fuhr er jedoch noch einmal nach St. Louis. Eigentlich wollte er nur ein paar Tage bleiben.

Am Abend nach der Beerdigung gingen Michael und sein Bruder Robert jedoch in eine Bar, um sich zu betrinken, und als Michael seinen Drink in sich reinschüttete, entdeckte er einen alten Freund von der Highschool, Michael Mercer. Er trug die Haare kürzer, und sein Gesicht wirkte schmaler und älter, aber er sah immer noch so gut aus wie früher. Als Michael 16 Jahre alt war, hatten sie sich in den Linoleumfluren der Mehlville Highschool in St. Louis kennengelernt. Der Funke zwischen ihnen sprang sofort über. Mercer war ein paar Jahre älter als Michael, aber sie sahen sich sehr ähnlich: Beide fast 1,90 m groß, mit dunklen, wuscheligen Haaren, hohen Wangenknochen und stechenden blauen Augen. Nachdem Mercer die Highschool abgeschlossen hatte und zum Militär gegangen war, hatten sie den Kontakt noch eine Zeitlang gehalten, indem sie sich Briefe schrieben.

Es schien, als wären jene neun Jahre, die sie getrennt waren, in einem Augenblick weggewischt, und sie tranken zusammen Schnaps, rauchten, redeten und lachten, als hätte sich seit der Highschool nichts verändert. Am nächsten Tag trafen Michael und Mercer sich wieder, und Michael beschloss, seine Rückkehr nach Montana zu verschieben. Sein Freund war entspannt, großzügig und humorvoll. Mit Mercer fühlte Michael sich so wohl wie sonst nirgends. Bei ihm fühlte er sich endlich zu Hause.

Kurz kehrte Michael zurück nach Montana, um seine Sachen zu packen und seine Gartenbaufirma zu schließen, dann zog er zu Mercer in dessen Wohnung in St. Louis. Sie befand sich in einem maroden Reihenhaus in einer harten Gegend, in der überwiegend Afroamerikaner lebten. Der

Besitzer, ein Freund Mercers, bot Michael einen Job als Hausverwalter an. Also trieb dieser die Mieten ein, führte routinemäßige Instandhaltungsarbeiten durch, pflegte das Grundstück und zahlte dafür einige Jahre lang nur eine geringe Miete.

Irgendwann bekam Michael dann eine Stelle als Koch in einem schicken Bistro, und Mercer hatte einen Job, in dem er bei Privatleuten Kabelfernsehen installierte. Sie führten ein ruhiges, unspektakuläres Leben – abgesehen von gelegentlichen Pokerspielen und seltenen Drogenräuschen. Sie machten Campingausflüge und genossen es, draußen in der Natur zu sein. Sie sprachen sogar davon, irgendwann, wenn sie im Ruhestand sein würden, nach Montana zu ziehen. Nach der Arbeit sahen sie im Fernsehen, wie die Sowjetunion zusammenbrach und die Apartheid in Südafrika endete. Viele Staaten unterzeichneten Atomsperrverträge. Die Welt schien besser zu werden, sie war bereit für einen Wandel.

In diesem neuen, angenehmen Leben, konnte Michael nun auch zu etwas stehen, das er vorher geleugnet hätte: Er liebte einen Mann. Als Kind hatte Michael gelernt, dass dies eine Sünde sei, aber seine neue, unerwartete Liebe fühlte sich an wie ein Segen.

Fünf Jahre lang lebten sie ziemlich glücklich zusammen, bis Mercer gestand, dass er HIV-positiv war. Er hatte sich mit dem Virus einige Jahre zuvor infiziert, bevor die beiden sich wiedergetroffen hatten, und kämpfte nun mit den Folgen. Praktisch über Nacht fand sich Michael nicht mehr am Anfang eines neuen Lebens, einer Zukunft, wieder, sondern musste sich auf den Tod seines Partners vorbereiten.

Michael hoffte, dass sie die Krankheit in Schach halten

könnten, und fast 13 Jahre gelang ihnen das auch. Sie lebten weiter wie zuvor. Doch im Sommer 2003 verschlechterte sich Mercers Gesundheitszustand, und er kam ins Krankenhaus. Zuerst empfand Michael Panik, dann eine lähmende Trauer, während er auf das Unvermeidliche wartete.

Er arbeitete sechzig Stunden die Woche. Trotzdem ging er jeden Morgen vor der Arbeit ins Krankenhaus, frühstückte mit Mercer und sorgte dafür, dass dieser alles hatte, was er brauchte. Eines Tages fand Michael heraus, dass das Pflegepersonal regelmäßig vergaß, Mercer seine Schmerzmittel zu verabreichen, und drehte durch. Es gefiel ihm nicht, wie sein Freund behandelt wurde, deshalb entführte er ihn quasi und brachte ihn nach Hause. Die Ärzte warnten ihn: »Das können Sie nicht machen, dann stirbt er innerhalb von zwei Wochen.« Doch in Michaels Obhut und mithilfe einer Hospizpflegerin, die sich um ihn kümmerte, während Michael bei der Arbeit war, lebte Mercer noch vier Monate.

Fast jeden Tag, wenn Michael von der Arbeit kam, sah Mercer schlechter aus: dünner, blasser und schwächer. Als er Atemprobleme bekam, besorgte Michael ihm eine Sauerstoffflasche. Während dieser Zeit kontaktierte er immer wieder Mercers Familie, um sie darüber zu informieren, dass dieser im Sterben lag. Er hoffte, dass sie ihn bei der Pflege unterstützen oder Mercer zumindest besuchen würden, aber sie wollten es nicht wahrhaben, weigerten sich, die Tatsache seines bevorstehenden Todes zu akzeptieren. Sie besuchten ihn in dieser Zeit kein einziges Mal.

Mercer starb am 20. Oktober 2003 im Alter von 41 Jahren. Michael hielt ihn fest, als er einschlief, wendete den Blick trotz seiner Tränen nicht von seiner großen Liebe ab, prägte sich die Einzelheiten von Mercers Gesicht ein und die Art und Weise, wie sein dunkles, von silbernen Strähnen durchzogenes Haar über die hohen Wangenknochen fiel.

Fünf Tage später gelang es Michael, gefasst die quälende Beerdigung zu überstehen. Er hatte schon Monate vor Mercers Tod um ihn getrauert, ebenso wie in den letzten Tagen, als er gespürt hatte, wie sich dessen schwacher Körper förmlich in seinen Armen auflöste. Doch nun, am Samstagabend und nach der Bestattung, ging er wie in Trance nach Hause und sank auf das Sofa, wo sie so viele Abende miteinander geredet hatten. Er stellte den Fernseher an und schaltete ihn stumm. Innerhalb der nächsten Tage brach er – Stück für Stück – zusammen. Sein Ausschlag flammte auf, die Haare fielen ihm in dicken Büscheln aus, wenn er mit den Händen hindurchfuhr. Er bewegte sich kaum von der Couch.

Als er schließlich doch aufstand, sprangen ihm die vielen kleinen Verluste ins Auge, die mit der großen Leere einhergingen, die Mercer in seinem Leben hinterließ. Wie Mercers Zahnbürste im Bad. Als Michael sie wegwerfen wollte, traf es ihn wie ein Schlag, dass Mercer sie nie wieder benutzen würde.

Alles, worauf sein Blick fiel – die Stühle, die Keramik, die Kunst, die sie nicht lange vor Mercers Tod angefangen hatten zu sammeln –, hatte eine Bedeutung gehabt, solange sie zusammen gewesen waren, aber nun war es nur noch erdrückender Ballast.

Michael dachte: *Es gibt zu viel Zeug auf der Welt, und das meiste ist nutzlos.*

Er fing an, Dinge von den Regalen zu räumen, stapelte einen Teil im Schlafzimmer und einen in der Küche. Er machte gedanklich Inventur über alles, was bei ihnen in der Einfahrt stand: der brandneue Subaru, der Ford F-150, der Wohnwagen, das Boot. Sie hatten Zeug im Wert von 250000 Dollar angehäuft. Er dachte darüber nach, einen Garagenflohmarkt zu veranstalten, aber dann bekam er Schuldgefühle, weil er so mit Mercers Tod Geld verdienen würde.

Dennoch fiel Michael die herzzerreißende Aufgabe zu, ihr Haus leerzuräumen. Nur eine Woche, bevor Mercer starb, hatte er ihre kräftige, getigerte Katze Mau Mau und ihren Hund, Aggie jun., an Mercers Bruder abgegeben. Michael war bereits klar gewesen, dass er St. Louis verlassen würde.

Nun, eine Woche nach der Beerdigung, ging Michael ein letztes Mal ins obere Stockwerk, um ihre Fotos, die Erinnerungen an ihr gemeinsames Leben, zu sichten. Sein Blick blieb an einem Bild von Mercer hängen, auf dem er lächelte und Mau Mau im Arm hielt. Mau Mau, benannt nach dem afrikanischen Rebell, konnte apportieren wie ein Hund, und sie nahm auf dem Foto das halbe Sofa ein. Mercer hatte sie geliebt. Aggie jun. stammte aus dem Wurf einer braunen Streunerin, die Michael unter dem Abfallcontainer eines Restaurants im Südwesten Missouris gefunden hatte. Als er diese glücklichen Erinnerungen betrachtete, warf ihn das wieder aus der Bahn.

Er ging nach unten, nahm sich eine Flasche Whiskey und ließ sich aufs Sofa fallen. Er starrte ins Nichts, trank direkt aus der Flasche und blieb dort liegen, bis kein Tropfen mehr übrig war. Er sah auf den stummgeschalteten Fernseher und erhaschte einen Blick auf sein Spiegelbild, in sein vom Weinen nasses, geschwollenes Gesicht.

Kurz darauf packte Michael mitten in der Nacht einen

Rucksack mit ein wenig Kleidung und den wichtigsten Fotos. Er leerte den Kühlschrank und verteilte das Essen im Garten für die Eichhörnchen und Waschbären. Er füllte alle Vogelfutterstationen mit Körnern und setzte sich an den Teich, den er angelegt hatte, unter die Weide, die er gepflanzt hatte, direkt neben dem hübschen Backsteinhof, den er gepflastert hatte, wo Akeleien, Mimosen und Rosen wuchsen. Michael und Mercer hatten dort im Sommer regelmäßig in Liegestühlen gesessen, geredet und geraucht, während aus dem Haus Neil Young klang.

Michael ging hinein, um den Rucksack zu holen. Er wollte wieder auf die Füße kommen, und da er nicht wusste, wie er sonst seiner Traurigkeit entkommen sollte, tat er das, was ihm vertraut war, und lief davon.

Er verließ das Haus ein letztes Mal. Die Tür ließ er unverschlossen. Auf dem nächsten Highway streckte er den Daumen aus. Es fühlte sich merkwürdig befreiend an, sich ohne großes Gepäck auf den Weg zu machen.

KAPITEL 6

On the Road Again

Ende November sah die Winterlandschaft in Portland grau und geisterhaft aus. Der Wind, der von der Columbia Gorge herunterkam, brachte eine Kälte mit sich, die bis auf die Knochen ging und die Augen tränen ließ. Wegen des ständigen Regens hatte Michael Mühe, in seinem Schlafsack trocken zu bleiben – feucht, abgerissen und mottenzerfressen, wie dieser war.

Manchmal übernachteten sie zu fünft an der UPS-Laderampe oder in Hauseingängen in belebten Straßen: Michael, Stinson, ihre Freunde Kyle und Whip Kid und Tabor. Wer allein draußen schlief, war ein leichtes Opfer für Angriffe, besonders in Stadtparks und an abgelegenen Orten. Unter anderem deshalb hielten sich einige Obdachlose Hunde: So konnten sie sich im Schlaf halbwegs sicher fühlen.

Zehn Jahre zuvor, als Michael sein Zuhause und sein altes Leben – alles – verlassen hatte, hatte er gedacht, ein paar Monate unterwegs würden ihm helfen, über seinen Schmerz hinwegzukommen. Er hatte nicht vorgehabt, ein Obdachloser zu werden. Aber er war zum Alkoholiker geworden, und nach einer Reihe von Schicksalsschlägen gab es nichts mehr, worauf er zurückgreifen konnte. Allein und pleite lebte er auf der Straße, schloss sich schließlich mit anderen Herumtreibenden zusammen und nahm endgültig ihren Lebensstil an.

Das bedeutet unter anderem, entsprechend den Jahreszeiten umherzuziehen. Normalerweise verließ Michael Portland Mitte November in Richtung wärmerer Regionen. Diesmal war er etwas länger geblieben, weil er hoffte, dass Tabors Besitzer noch auftauchen würde.

Eines Morgens, als es besonders kalt war, wachte Michael auf, und sein Schlafsack war von Frost überzogen. Tabor hatte sich in sein Sweatshirt verkrochen. Sie zitterte und drückte sich an seinen Körper, um so viel Wärme wie möglich abzubekommen. Die Katze konnte nicht noch länger in dieser Kälte leben. Sie hatten bereits zu viele harte, windige Nächte hinter sich. Michael wusste, dass es an der Zeit war, sich auf den Weg nach Süden zu machen, um dort zu überwintern. Nach dem Frost brach am 3. Dezember, Michaels 48. Geburtstag, ein sonniger, stürmischer Tag an. Michael begann ihn mit einer Dose Starkbier. Er wollte seinen Geburtstag und seinen Abschied feiern. Bevor er sich mit Tabor auf den Weg machte, gingen Stinson, Kyle und er in mehrere Kneipen, wurden aber hinausgeworfen oder verließen sie, nachdem die Besitzer die Polizei gerufen hatten. Am Ende landeten sie auf dem Lone-Fir-Friedhof an der Morrison Street, wo niemand sie am Feiern hinderte.

Crazy Joe und die anderen Kumpel hatten Geld gesammelt, um für Michael eine Flasche Wild Turkey und ein paar Sixpacks Bier und Sandwiches zu kaufen. Weit hinten auf dem alten Friedhof drängten sie sich in einem Kreis unter drei hohen Ponderosa-Kiefern zusammen, hörten alte Country-Klassiker und ließen die Flasche herumgehen, ein Schluck für jeden. So würden sie nur eine Flasche abgeben müssen, falls die Polizei sie kontrollierte.

Neben einer großen Gruft stand Michael schwankend unter dem mondlosen Winterhimmel, und Tabor wanderte durch die Dunkelheit. An ruhigen, einsamen Orten wie dem Friedhof ließ Michael sie von der Leine, damit sie ein wenig herumstreunen konnte. Sie spielte mit Eicheln und Kiefernzapfen, die auf dem matschigen, dünnen Grasboden herumlagen, ließ ihren Schwanz hin und her schnellen und schlich durch die Grasbüschel am Fuß der moosbewachsenen Gräber.

Hinter der Gruft erschienen auf einmal wie Vampire zwei Gestalten aus der Dunkelheit, und alle rannten auseinander. Crazy Joe, ein kleiner, spindeldürrer Mann Ende vierzig, mit kurzen, graublonden Haaren, goss sich beim Aufspringen Bier über die Hose.

Die Vampire stellten sich als Whip Kid und Jane heraus. Whip Kid, ein schluffiger Indie-Teenager, trug grüne Army-Hosen und eine Jeansjacke über Flanellhemd und Pullover. Seine Freundin Jane, süß, blass und sommersprossig, mit kurzem, kastanienbraunem Haar und dünn wie eine Bohnenstange, stand scheu und wachsam neben ihm.

»Ihr habt mich zu Tode erschreckt«, sagte Crazy Joe. Er hatte einen starken Südstaatenakzent. »Dachte, ihr wärt Untote.«

»Tut mir leid, ich wollte euch keine Angst einjagen«, sagte Whip Kid, als er sich zu der Gruppe gesellte.

»Bist du aus dem Süden?«, wollte Jane von Crazy Joe wissen.

»Und ob, Miss«, sagte er und öffnete eine weitere Dose Bier. »Aus Georgia ... Aus 'nem Kaff, von dem du garantiert noch nie gehört hast.« Crazy Joe wirkte wie ein Schlägertyp, nervös und angespannt. Er hatte immer seine große schwarze Rottweilerhündin dabei. Im Augenblick schlief sie zusammengerollt neben der Statue eines weinenden Engels. »Meine Mama war eine Hinterwäldlerin, mein Vater ein Arschloch, und ich bin ein Taugenichts.« Er war auf der Suche nach Arbeit in Portland gelandet, als Anstreicher, Plantagenarbeiter, egal was. Als er nichts fand, verdiente er ein bisschen Geld, indem er in Gemeinschaftsgärten Marihuana und Zauberpilze anpflanzte und verkaufte.

Während alle im Kreis standen, tranken und sich unterhielten, hatte Tabor sich in die Mitte gesetzt, wo sie sich putzte. Sobald sie ihren Namen hörte, hielt sie kurz inne. Kleine, feuchte Fellbüschel standen ihr vom Körper ab. Der Rottweiler, eine gutmütige Hündin, beobachtete Tabor aus seinen sanften Kuhaugen und wedelte mit dem Schwanz. Dann kroch er näher an die Katze heran und wollte mit ihr spielen, doch sie ignorierte ihn und fuhr fort mit ihrer Fellpflege.

»Wir haben zwanzig Dollar vor einer Apotheke gefunden«, sagte Whip Kid, während er zwei Flaschen Bier aus der Tasche holte und Michael eine gab. »Ihr wisst ja, was das bedeutet ...«

»Klingt himmlisch«, antwortete Michael lachend und ließ seine Flasche gegen die von Whip Kid klirren.

Jane lehnte an einer Kiefer neben Michael und beugte sich nun über ihr Handy. »Warum feierst du deinen Geburtstag auf dem Friedhof?«, fragte sie kichernd, ohne den Blick zu heben.

Michael grinste und sagte: »Streuner leben nun mal häufig auf Friedhöfen.«

»Friedhöfe sind dazu da, dir dein eigenes Grab zu schaufeln«, mischte Crazy Joe sich ein.

»Außerdem haben die Bullen uns überall vertrieben, wo wir sonst hingehen«, ergänzte Michael.

Crazy Joe nahm noch einen Schluck Bier und ließ seine bekümmerten grauen Augen über die Anwesenden gleiten. Dann sah er Michael an. »Ich hab hier ein bisschen Selbstgezüchtetes, falls du Interesse hast«, sagte er und öffnete eine zerknitterte braune Papiertüte mit Zauberpilzen.

»Brauch ich nicht. Ich hab die Katze und jede Menge von diesem Zeug«, sagte Michael und widmete sich wieder seinem Bier und Tabor, die neben seinem Rucksack mit einer Eichel Fangen spielte. »Aber ich freu mich, dass ihr hier seid.« Als Kind hatte er nie mit Freunden Geburtstag gefeiert, deshalb rührte es ihn, dass all seine Kumpel von der Straße gekommen waren. Er nahm einen Schluck Wild Turkey und sah auf sein Handy. Er hatte Glückwünsche von anderen Freunden aus dem ganzen Land bekommen und tippte als Antwort rasch eine Nachricht auf seine Facebook-Seite: *Nass in Portland … Mit Katze ist alles gut.*

Es war eine eiskalte Nacht mit Nieselregen und Temperaturen kurz über dem Gefrierpunkt. Der Whiskey half da nur bedingt. Michael wurde klar, dass er sowohl der klirrenden Kälte als auch sich selbst entkommen musste. Er stellte sich Tabor mit einer winzigen roten Sonnenbrille und einem Pappschild um den Hals vor, auf dem stand: RICHTUNG KALIFORNIEN.

Als er die Flasche weitergab, verkündete er: »Tabor und ich gehen nach Kalifornien.«

»Wir kommen mit«, sagte Whip Kid. »Jane und ich wollen auch in den Süden, wir brauchen Sonne.«

»Klaaar«, sagte Crazy Joe nickend. »Tief in meinem

Herzen sitze ich auf einer Tropeninsel in einer Hütte. Wahrscheinlich ist's besser für euch und die Katze. Aber wie willst du mit ihr reisen? Erster oder zweiter Klasse?«

Alle außer Kyle und Stinson lachten.

Natürlich würde es schwieriger werden, mit einer Katze zu reisen, aber Michael konnte sie nicht zurücklassen. »Ich will ihr die Welt zeigen«, sagte er.

Tabor wanderte nicht mehr herum, sondern war zu Michael zurückgekehrt. Er hüllte sie in seine Jacke und machte sich mit Stinson, Kyle und ihr auf den Rückweg zu ihrem Lager. Mit Crazy Joe war nichts mehr anzufangen. Sie ließen ihn und seinen Hund in der größten Gruft zurück, einem Backsteinbau mit Spitzen und Buntglasfenster.

»Ich muss Tabor mit in den Süden nehmen«, erklärte Michael seinen Freunden, »das sagt mir mein Herz.«

KAPITEL 7

VON OREGON NACH KALIFORNIEN:
Riders on the Storm

Zwei Wochen nach Michaels Geburtstagsfeier auf dem Lone-Fir-Friedhof trampten er und Tabor mit Whip Kid und Jane mitten in einem Schneesturm auf dem Interstate Highway 5 in Oregon. Michael hatte eine robuste Transporttasche aus Nylon auf seinen Rucksack gebunden. Darin kuschelte Tabor sich unter einen weichen Fleece, den sie von einem wohlwollenden Ladenbesitzer auf dem Hawthorne Boulevard bekommen hatten.

Am Morgen hatte Michael Kleidung, die er aus den Kisten mit den aussortierten Sachen vor dem Secondhandladen Buffalo Exchange zusammengesucht hatte, in seinen abgewetzten Rucksack gestopft. Außerdem hatte er einen Campingkocher, einen Dosenöffner, ein paar Gewürze, Bohnen, salzige Cracker, ein Glas Nescafé, eine Decke, eine Regenplane, ein tragbares Radio, ein paar Bücher, seine Notizbücher, Kulis und Filzstifte, einen Blechnapf zum Betteln sowie Katzenfutter und -zubehör eingepackt.

Einen Karton mit rund fünfzig Dosen Katzenfutter ließ er am Straßenrand vor dem UPS-Gelände zurück, zusammen mit einem Zettel, den er an einem Ahorn befestigt hatte: ›GRATIS KATZENFUTTER: Bitte bringen Sie das zu einem Tierheim. Die Menschen meinten es gut mit mir und der Katze, aber ich kann das nicht *alles tragen.‹* In den drei Monaten, seit er Tabor gerettet hatte, scherzte Michael, hatte er genug Katzenfutter mit sich herumgeschleppt, um einen ganzen Wurf zu füttern. Seine Kumpel hatten ihm geholfen und etwas von dem Katzenfuttervorrat in den Tiefen ihrer Rucksäcke herumgetragen. Einen Teil versteckten sie auch in den Büschen entlang des Hawthorne Boulevards, falls es einmal knapp würde. Aber seit Tabor bei seinen Streifzügen zum ersten Mal auf seinem Rucksack gesessen hatte, musste Michael sich um Futter für sie keine Gedanken mehr machen.

Er hatte sich von Kyle verabschiedet, der bei Freunden unterkam, und von Stinson, der ein gebrauchtes Auto gekauft hatte und auf dem Weg nach New Orleans war, wo er den Winter mit seiner Freundin verbringen wollte. Dann ging er zu dem Messerladen Hawthorne Cutlery, um dem Besitzer einen Besuch abzustatten. Dieser war ein ehemaliger Polizist aus Miami, und Michael und er waren gute Bekannte. Der Mann hatte ihn gebeten vorbeizukommen, bevor er die Stadt verließ. Er hatte Michael einmal fünfzig Dollar gegeben, weil dieser verhindert hatte, dass der Laden ausgeraubt wurde.

Kurz bevor Michael Tabor gefunden hatte, war er einmal betrunken unter einem Food Truck gegenüber von Hawthorne Cutlery eingeschlafen und aufgewacht, als zwei Typen versuchten, in den Food Truck einzubrechen. Als Michael rief: »He, was macht ihr da?«, verschwanden sie. Er meldete sie der Polizei und riet den Beamten, die Augen aufzuhalten wegen der beiden. Er hatte das Gefühl, dass sie noch einmal zurückkehren würden. Und tatsächlich kamen sie am nächsten Abend wieder. Kurze Zeit später sah der Besitzer des Messerladens Michael in einem Hauseingang sitzen und sprach ihn an: »Ich habe gehört, was du gemacht hast. Du hast auf uns aufgepasst, und jetzt werde ich auf dich aufpassen.« Er gab Michael fünfzig Dollar und später, als er erfuhr, dass Michael den Winter in Kalifornien verbringen würde, wollte er ihm noch etwas mehr als Abschiedsgeschenk geben.

Nachdem Michael das Geld entgegengenommen hatte, traf er sich mit Whip Kid und Jane. Leichter Schneefall setzte ein. Sie holten sich einen Kaffee im 7-Eleven, um sich aufzuwärmen, und machten sich auf den Weg Richtung Süden. Oregon ist der einzige Staat im Westen der USA, in dem es nicht verboten ist, den Highway zu Fuß entlangzugehen.

Eigentlich hatten sie zusammen genug Geld für Zugtickets, aber sie konnten die kontaktfreudige, überaus menschenfreundliche Katze nicht in den Zug schmuggeln, ohne sie auf irgendeine Art zu betäuben, und das wollte Michael nicht. Also mussten sie trampen.

Whip Kid war gut im Umgang mit Karten, Wegbeschreibungen und darin, Mitfahrgelegenheiten zu organisieren, aber die meiste Zeit war der Highway völlig verwaist. Nur gelegentlich fuhr ein Truck vorbei. Truckfahrer nahmen nur selten Tramper mit, ihre Firmen verboten es, da Mitfahrer bei Unfällen nicht versichert waren. So liefen sie meilenweit am Straßenrand entlang, und ihre Fußstapfen im Schnee waren die einzigen Spuren, die sie sahen. Hin und wieder blieb Michael stehen. Um zu überprüfen, wie es Tabor ging, schob er die Hand durch die Reißverschlussöffnung zwischen ihre Decken.

Gegen Nachmittag wirbelte der Schnee in alle Richtungen. Er hatte den kompletten Highway bedeckt und sich auf ihre Kleidung und Rucksäcke gelegt. Riesige Sattelschlepper donnerten an ihnen vorbei und spritzten sie mit noch mehr Schnee und Matsch voll. Whip Kid winkte mit seinem Schild, SÜDEN/KALIFORNIEN, um die Aufmerksamkeit auf sie zu lenken, aber niemand wurde langsamer, geschweige denn, dass einer anhielt.

Am späteren Nachmittag stießen sie auf eine Reihe heruntergekommener Outlets und Fastfood-Restaurants, umgeben von dichten Tannen. Sie beschlossen jedoch, bis zur nächsten Abfahrt weiterzugehen, weil sie wussten, dass sich dort ein kleiner Supermarkt und eine Tankstelle befanden. Als sie die Stelle erreichten, waren die Geschäfte jedoch geschlossen. Im Wettlauf gegen die einbrechende Dunkelheit eilten sie zurück auf den Highway. Sie hofften, noch auf ein günstiges Motel für die Nacht zu stoßen.

»Wir müssen bald irgendwo rein«, sagte Michael alle paar Meilen. »Ich will nicht mit der Katze im Schneesturm trampen. Jemand könnte uns die Polizei auf den Hals hetzen. Und Tabor gefällt das hier gar nicht.«

»Keine Sorge, Groundscore, wir finden bald was«, antwortete Whip Kid jedes Mal. »Ich kriege schon noch jemanden dazu, uns mitzunehmen.«

Aber inzwischen war es dunkel, und sie hatten immer noch keine Mitfahrgelegenheit. Schon vor Stunden hatten sie den Flickenteppich aus Vorstädten südlich von Portland hinter sich gelassen und liefen nun an bewaldeten Hügeln vorbei. Sie waren erschöpft, deshalb machten sie unter einer dichten Reihe riesiger Tannen auf einem grasbewachsenen Seitenstreifen eine Pause. Unter den Bäumen war es trocken, und die heruntergefallenen Nadeln gaben eine weiche Unterlage ab, also rollten sie dort ihre Schlafsäcke aus. Jane, Michael und die Katze schliefen sofort ein. Whip Kid legte sich seinen Schlafsack um die Schultern und setzte sich an den Straßenrand, mit dem Rucksack im Rücken und dem Pappschild und der Handy-Taschenlampe vor sich, und wartete darauf, dass ein Auto vorbeikam.

Gegen vier Uhr morgens schneite es immer noch heftig, als Whip Kid seine Freundin und Michael weckte. Er hatte überhaupt nicht geschlafen und es tatsächlich irgendwie geschafft, ihnen eine Fahrt zum nächsten Rastplatz in Wilsonville zu organisieren. Hastig suchten sie ihre Sachen zusammen und liefen zu dem kleinen Pick-up, der am Straßenrand auf sie wartete. Jane, Michael und Tabor konnten sich auf die Vordersitze neben dem Fahrer quetschen, aber für Whip Kid war dort kein Platz mehr. Sie rollten ihn in ein Stück Teppich auf der Ladefläche ein und hofften, das würde ihn ein wenig vor der Kälte schützen.

Der Mann war ein unglaublich schlechter Fahrer, und der Pick-up rutschte und schlingerte durch den Schneematsch. Michael hatte die Tasche mit Tabor darin auf dem Schoß und versuchte, die Bewegungen auszugleichen. Aber die Katze wirkte ganz friedlich, beschwerte sich nicht. Die meisten anderen hätten den ganzen Weg von Oregon bis Kalifornien miaut. Während der Fahrt galt Michaels und Janes Sorge eher Whip Kid. Sie fürchteten, er könne von der Ladefläche auf die Straße geschleudert und von einem Auto überfahren werden. Glücklicherweise war der Rastplatz nur ungefähr vierzig Meilen entfernt.

»Das machen wir nicht noch mal«, sagte Whip Kid zu Michael, als sie ihn am Ende aus dem Teppich befreiten. Fast eine Stunde lang war er auf der kalten Ladefläche hin und her geschleudert worden.

Auf der Wilsonville-Raststätte, von wo aus Michael schon oft getrampt war, war es eisig kalt, aber gemeinnützige Organisationen gaben kostenlosen Kaffee an die Fahrer aus. Da es wenige Tage vor Weihnachten war, wurden an allen Raststätten Oregons außerdem Kekse und Donuts verteilt.

Michael holte Tabor aus der Tragetasche und setzte sie sich auf den Schoß. Er wärmte sich die Hände an seinem Kaffeebecher und legte sie dann auf die Katze, um ihr etwas Wärme abzugeben. Sie schnurrte und rieb ihre Wange an seinem Gesicht.

Weil es noch so früh am Morgen war, fanden sie niemanden, der sie mitnahm, also führte Michael sie durch den Schnee zu einem nahe gelegenen Schlafplatz, unweit der Straße am Rand eines Wäldchens. Es war eine seit langem verlassene, moosbewachsene Häuserruine mit einer geschlossenen Veranda, und sie roch nach Staub, Schimmel und Zedernholz. Durch die zerbrochenen Fenster wuchsen Bäume herein, Gräser schoben sich durch krumme Risse. Der Wald übernahm die Herrschaft über das Haus.

Als Whip Kid und Jane hineingingen und vorsichtig am Rand über die Dielen liefen, streiften sie einen Türrahmen. Augenblicklich blätterte trockene Farbe wie Herbstlaub von der Decke.

Michael trug die Transporttasche mit der Katze und folgte ihnen. »Hier hat bestimmt der Zodiac-Killer gewohnt«, sagte er und lachte.

Es sah wirklich aus wie das Versteck eines Flüchtigen, aber auf der Veranda hinter dem Haus standen ein paar kaputte Sofas. Die schoben sie zusammen und legten dann ihre Schlafsäcke dicht an dicht aus, um möglichst viel Wärme zu erzeugen. Tabor rollte sich in Michaels Schlafsack zusammen. Sie hatten einen Unterschlupf für die Nacht und schliefen ein paar Stunden tief und fest.

Sobald die Sonne aufging, machten sie sich auf zum nächsten Rastplatz. Nach ein paar Kaffees und Donuts bekamen sie nacheinander mehrere Mitfahrgelegenheiten. Sie befanden sich südlich von Salem, auf dem Weg nach Prineville, einer ehemaligen Holzfällerstadt mit Gebirgstälern und Seen, als ihre Glückssträhne abriss. Dennoch schafften sie es bis zu einer Freundin in Prineville, in deren Wohnzimmer sie schlafen konnten. Am nächsten Tag postete Michael auf Facebook: *Mit Whip und Jane in Prineville … Party im Schnee.* Nach drei Tagen hatte ihre Freundin genug von ihnen, und die vier Landstreicher zogen auf dem Highway weiter. Als Nächstes landeten sie in Redmond, einer Stadt in der High Desert, die früher einmal berüchtigt dafür war, wilde und alte Pferde zu schlachten. Das Abwassersystem wurde mit Pferdeblut überschwemmt, und die Anwohner beschwerten sich dauernd über den Gestank und die Schreie der Pferde, bis irgendwann Tierschutzaktivisten den Schlachthof niederbrannten.

Von Redmond aus wurden sie bis nach Sisters mitgenommen. Sisters war ein hübscher, lebendiger Skiort im zentralen Hinterland von Oregon, geschützt von breiten Streifen immergrüner Wälder. Die drei verbrachten die Nacht draußen auf kaltem Beton, halberfroren mit buchstäblich allen Kleidern am Leib, die sie besaßen. Tabor lag in Decken eingehüllt in ihrer Transporttasche neben ihnen. Wenn Michael seine Hand in die Tasche steckte, legte sie ihre Pfoten darauf, um ihn zu wärmen. Sie hatte eine angenehme Körpertemperatur, obwohl Minusgrade herrschten.

Am nächsten, immer noch frostigen Morgen packten sie ihre Sachen zusammen und setzten sich vor einen

Supermarkt, um etwas Geld zusammenzubekommen. Nachdem sie ungefähr achtzig Dollar hatten, kauften sie etwas zu essen und Kaffee und warteten am Straßenrand darauf, dass sie jemand mitnahm. Nachdem sie sich die Beine in den Bauch gestanden hatten, wollten Whip Kid und Jane unbedingt aus der Eiseskälte raus und stiegen in ein Auto, dessen Fahrer Michael suspekt war. Er hatte ein Bier in der Hand und wirkte bereits angetrunken. Michael verabschiedete sich von seinen Freunden. Er und Tabor würden nach einer anderen Mitfahrgelegenheit suchen.

Nun waren sie allein – zum ersten Mal in all den Monaten, seit sie sich begegnet waren. Nur wenige Autos waren unterwegs. Nach ein paar Stunden zu Fuß, ohne dass jemand anhielt, hatte Michael das Gefühl, bald zusammenzubrechen. Er hatte bis dahin nur Kaffee getrunken und am Morgen ein Sandwich gegessen. Ihm knurrte der Magen, und er spürte kaum noch seine Finger und Füße. Vor allem aber machte er sich ernsthaft Sorgen um Tabor. Ab und zu miaute sie, als wollte sie ihn wissen lassen, dass sie noch da war. Wenn er die Tasche absetzte, um nach ihr zu sehen, blinzelte sie ihn durch das Netzfenster an.

Ein plötzlicher Windstoß riss Michael beinahe von den Füßen. Sie brauchten eine Unterkunft, sonst würden sie die Nacht nicht überleben. Als er das nächste Mal nach Tabor sah, wirkte sie verängstigt, hatte die Augen aufgerissen und den Kopf suchend aus den Decken gehoben.

»Ich finde einen warmen Ort für uns«, versprach Michael ihr, während er die Hand in die Tasche steckte, um sie liebevoll hinter den Ohren und am Kinn zu kraulen. »Bald sind wir in der Sonne am Meer. Das wird dir gefallen.« Tabor starrte ihn an und schloss und öffnete die

Augen einmal langsam. Das war die Katzenversion eines Kusses.

Michael erwiderte den Augenkuss, dann wickelte er sie in die Decken und zog den Reißverschluss wieder zu. Er sah sich um, eine Hand über den Augen, um sie vor dem herumwirbelnden Schnee zu schützen. Auf beiden Seiten der Schnellstraße war nichts als ein blendender Streifen von Schnee und Bäumen – Fichten, Eiben und Schierlingstannen, wohin er auch blickte. Aber zwischen ein paar schneebedeckten Kiefern entdeckte Michael einen baufälligen Stall. Er wirkte verlassen. Dort würden sie zumindest über Nacht etwas Schutz vor Wind und Schnee finden.

Er hob die Transporttasche mit der Katze vom Boden und eilte den Abhang vom Highway hinunter zu dem Gebäude. Es war umstanden von vermoderten Weidezäunen. Das Gelände wirkte wie die Überreste eines ehemaligen Gestüts. Ein umgekehrtes Hufeisen hing über der Stalltür, die von einer riesigen Schneewehe blockiert wurde. Michael grub sich hektisch hindurch und räumte so viel beiseite, dass er die Tür mit einem Ruck aufziehen konnte. Ihre Scharniere waren rostig. Michael ließ den Blick über das dunkle Stallinnere schweifen, um sicherzugehen, dass dort drin nichts lauerte. Dann ging er hinein und setzte den Rucksack und die Tasche mit Tabor darin ab. Er schloss die Tür so fest er konnte, damit kein Wind hereinkam.

Die Boxen rochen nach Dung und Moder und sahen aus, als hätten dort schon lange keine Tiere mehr gestanden. Der Stall war staubig von Stroh und Samenschalen, aber zumindest war er trocken. Weiter hinten entdeckte Michael einen Stapel schmutziger, zerfallender Pferdedecken und einige leere Jutesäcke. Er ließ sich auf die Decken fallen und lehnte sich gegen die Wand. Dann holte er Tabor aus der Tasche und rieb ihr den Rücken, um sie aufzuwärmen. Er hielt sie im Arm, während er mit seinem Bettzeug und dem Rucksack mit seinen Habseligkeiten hantierte. Seine Finger fühlten sich trotz der Handschuhe an wie Eiszapfen.

Selbst im Schutz des Stalls war es so kalt, dass Michael seinen Atem sah. Der Wind wehte Schnee durch die kaputten Holzlatten und die Ritzen dazwischen. Er wickelte Tabor wieder ein, setzte sie zurück in die Transporttasche und versuchte dann, den eisigen Wind in ihrer Ecke zu stoppen, indem er einige Ritzen mit Pferdedecken verstopfte. Schließlich rollte er die Isomatte und seinen schwarzorangefarbenen Schlafsack am Boden aus.

Den Schlafsack hatte Michael im vergangenen Jahr an seinem Geburtstag bekommen. Er hatte auf dem Gehweg gesessen und war gerade dabei gewesen, ein Schild zu schreiben – *Heute ist mein 47. Geburtstag (3. Dezember 1964). Bitte helfen Sie mir* –, als ein Mercedes vor ihm hielt und der Fahrer ihn fragte: »Was brauchst du?« »Einen neuen Schlafsack«, hatte Michael geantwortet, und der Mann hatte gesagt: »Spring rein« und war mit ihm zu einem Sportgeschäft gefahren. Obwohl der Schlafsack von guter Qualität war, lösten sich die Nähte nach einem Jahr ständiger Benutzung im Freien allmählich auf.

Michael setzte Tabor darauf und gab ihr ein wenig Trockenfutter. Während sie mit Fressen beschäftigt war, schlich er sich hinaus in die pechschwarze Nacht, um Feuerholz zu sammeln. Durch sein Leben in der Stadt hatte er fast vergessen, wie dunkel es auf dem Land werden konnte. Er überquerte die kleine Lichtung vor dem Stall und sammelte, sobald er den Waldrand erreicht hatte, rasch so viele Äste und Zweige vom Boden, wie er tragen konnte. Nachts allein unter Bäumen war ihm schon immer mulmig gewesen, und ihm fiel ein, welche Angst er als Kind gehabt hatte, wenn er im Dunkeln durch den Wald in der Nähe seines Elternhauses gegangen war.

Als er sich gerade umdrehen und zurück zum Stall gehen wollte, sah er aus dem Augenwinkel einen Schatten, der sich bewegte. Es war Tabor, die durch die Bäume auf ihn zurannte.

»Tabor«, rief Michael ihr entgegen. »Wo willst du denn hin? Auf was für Ideen kommst du bloß in deinem kleinen Köpfchen? Ich würde nie ohne dich weggehen.« Allein in dem gruseligen Stall zu sein hatte ihr wohl nicht gefallen.

So schnell er konnte, ging Michael zurück. Tabor folgte ihm auf den Fersen. Im Türrahmen blieb er beunruhigt stehen. Als er einen Schritt in den Stall hineinging, hatte er das unangenehme Gefühl, dass sie nicht alleine waren. Er hörte das Rascheln von Stroh. Tabor hatte die Augen aufgerissen, und ihre Ohren und Schnurrhaare zuckten. Das Geräusch schien vom Heuboden über ihnen zu kommen. Entweder waren dort Ratten, Fledermäuse oder irgendein anderer geheimnisvoller Besucher. Plötzlich dachte Michael: *Was, wenn es ein Serienmörder ist?*

In Panik blickte er sich nach einem schweren Gegenstand um. Er legte das Feuerholz ab und holte sein ramponiertes, altes Handy heraus. Aber er hatte kein Guthaben, kaum noch Akku und in der gottverlassenen Gegend, in der sie sich befanden, ohnehin keinen Empfang. Und wen hätte er schon anrufen sollen?

Plötzlich flog ein Schwarm Krähen vom Heuboden über ihren Köpfen auf und durch ein Loch im Dach nach draußen. Michael erschrak fast zu Tode, während Tabor verschreckt davonraste, mit dem Kopf gegen eine Wand stieß und sich daraufhin so tief wie möglich im Schlafsack verkroch.

Michael atmete tief durch und dachte, zur Beruhigung eine Zigarette zu rauchen wäre nun nicht schlecht, aber zuerst musste er Feuer machen. Er nahm das Holz, das er gesammelt hatte, trug es in die durch die Pferdedecken geschützte Ecke und fegte eine Stelle am Boden frei. Dort entfachte er ein kleines Feuer, das sie nachts warm halten würde. Schließlich machte er auch den Campingkocher an, wärmte sich die tauben Finger und bereitete zwei Mahlzeiten zu: eine Dose Bohnen und Cracker mit etwas Salz und Pfeffer für sich selbst und etwas Katzenfutter mit Lachs sowie warme Katzenmilch für Tabor.

Früher einmal hatte er als Koch in schicken Restaurants gearbeitet, nun kochte er mitten in einem Schneesturm in einem baufälligen Stall für eine Katze. In gewisser Weise war es eine Verbesserung. Und es war schön, wieder für jemanden sorgen zu können, der ihm am Herzen lag.

Zuerst wollte Tabor den Schlafsack nicht verlassen, aber Michael lockte sie mit ein paar Leckerlis heraus. Während sie den Lachs und die Milch verschlang, sah sie sich die ganze Zeit nervös um. Dann leckte sie sich die Lippen und rülpste wie ein Trucker, weil sie so schnell gefressen hatte, und kroch zurück in den Schlafsack.

»Feigling«, neckte er sie.

Normalerweise genehmigte er sich in einer solchen Situation einen Absacker, um mit der Kälte und den unangenehmen Umständen klarzukommen, aber an diesem Abend freute er sich über heißen Instantkaffee. Die Bohnen und die Cracker füllten seinen leeren Magen nur teilweise. Er wusste, dass er trotz seiner Erschöpfung nicht würde schlafen können, also setzte er sich hin und rauchte eine selbstgedrehte Zigarette nach der anderen, um das Hungergefühl zu unterdrücken. Zum Zeitvertreib rief er sich die Mahlzeiten ins Gedächtnis, die er im Restaurant Obie's in St. Louis zubereitet hatte: sein Texas French Toast mit Frischkäse und Erdbeermarmelade oder die italienischen Omeletts mit Provolone, Salami, grüner Pepperoni und Zwiebeln zum Beispiel.

Der Schneesturm draußen wurde wilder und rüttelte an der klapprigen Stalltür. Der Wind heulte schrill, und Zweige kratzten über das Dach. Ängstlich starrte Michael zu den dunklen Boxen am anderen Ende des Stalls, ob dort noch irgendein Tier herausspringen würde. Angespannt lauschte er auf jedes Geräusch und wurde vor Nervosität ein wenig paranoid. Einmal glaubte er sogar, gedämpfte Schritte im Schnee zu hören, und in seinem Kopf liefen Horrorfilme über einsame Häuser in Wäldern und psychotische Killer ab.

Er legte mehr Holz ins Feuer und sah, wie im Schein der tanzenden Flammen Kondenswassertropfen in den Spinnweben glitzerten. Nun erkannte Michael auch, dass die Wände mit Graffitis übersät waren – teilweise wohl Jahrzehnte alt – und mit Kritzeleien von Schädeln, Kreuzen und Bandnamen. Grobe Herzen mit Initialen und Daten waren in die verfallenden, vom Holzwurm zerfressenen Bretter geritzt. Das brachte die Erinnerungen an Mercer und ihn in ihrer Jugend zurück, als sie zusammen Gras geraucht und sich über alles schlappgelacht hatten. Nachdem sie sich auf dem Schulflur das erste Mal über den Weg gelaufen waren, hatten sie sich, wenn Michael nicht gerade weggelaufen war, jeden Tag in der Schule getroffen, hatten zusammen Kurse geschwänzt und sich im Park Zigaretten, Bier oder Dope geteilt.

Beim Gedanken an Mercer lächelte er, und seine Angst verschwand ein wenig.

Als das Feuer weitgehend heruntergebrannt war, kroch er in den Schlafsack. Irgendwann döste er ein und fand sich in einem verstörenden Albtraum über Mercer und den Tag wieder, an dem dieser beinahe ihr Haus in die Luft gejagt hätte. Eine Woche bevor Mercer starb, war Michael von der Arbeit gekommen und dort lag Mercer, völlig weggetreten vom Morphium, und die Glut seiner Zigarettenasche hatte eine Spur sein T-Shirt hinaufgebrannt. Nur zwei Schritte vom Bett entfernt stand eine Sauerstoffflasche. Aufgewühlt sagte Michael: »Du darfst nicht mehr rauchen, wenn du alleine bist. Jemand muss dabei sein.« Als Mercer klar wurde, dass er das Haus mitsamt ihrer Katze und ihrem Hund hätte in die Luft jagen können, erschrak er heftig.

Am nächsten Tag brach das Licht durch die zerbrochenen Latten und das beschlagene, halbmondförmige Fenster auf dem Heuboden und weckte Michael. Er brauchte einen Moment, bis er begriff, wo er sich befand. Dann spürte er den warmen, sanften Druck auf seiner Brust und an seinem Gesicht. Es war Tabor, die auf ihm stand, ihn ansah, seinen Bart knetete und ihm dabei ins Gesicht sabberte. Michael lächelte und kraulte ihr den weichen Kopf. Sie schnurrte laut und rieb ihr Gesicht an seinem.

Sie hatten eine Nacht im Schneesturm überlebt – und es hatte ihre Zuneigung zueinander noch verstärkt.

KAPITEL 8

IRGENDWO IN OREGON:
Memory Motel

Noch bevor die Sonne endgültig aufgegangen war, waren Michael und Tabor wieder unterwegs im kalten blauen Morgenlicht. Michael zitterte in seinem abgetragenen Kapuzenpullover, über dem er eine schmuddelige Feldjacke trug. Um den Hals hatte er einen Wollschal geschlungen. Die Katze lag in Decken eingewickelt in ihrer Tragetasche, nur die Spitzen ihrer Ohren schauten hervor.

Michael stapfte den Highway entlang. Das kurze Stück zurück nach Sisters, wo er sich am Vortag von Whip Kid und Jane verabschiedet hatte, wurde er mitgenommen. Er musste dort Kaffee und ein paar Vorräte besorgen.

Die Hauptstraße sah aus, als habe sich seit dem 19. Jahrhundert nicht viel verändert. Es gab überdachte Passagen und Bars mit Namen wie Bronco Billy's und Three Creeks Brewing. Vor einem Supermarkt setzte Michael sich auf den Gehweg. Touristen und Weihnachtseinkäufer hasteten vorbei. Er holte ein paar bunte Filzstifte hervor und malte auf ein Stück Pappe einen Weihnachtsbaum, einen Schneemann, Schneeflocken und die Worte: *Frohe Weihnachten, vielen Dank für Ihre Hilfe.* Er stellte das weihnachtlich verzierte Schild neben seinen zerbeulten Blechnapf. Den besaß er seit 2005, seit ihm ein älterer schwarzer Obdachloser namens Mystery das Betteln beigebracht hatte. Dann stapelte er ein paar selbstgemachte

Weihnachtskarten aus Pappe daneben, die er verteilen wollte.

Es war Heiligabend. Tabor lag unter Fleecedecken in Michaels Schoß und döste. Nur ihr Kopf und eine ausgestreckte Pfote auf Michaels Arm waren zu sehen, aber auch so zog sie die Aufmerksamkeit der Leute auf sich. Wenn sie die Katze bemerkten, gaben sie Michael Lebensmittel, Katzenfutter, Decken, heiße Getränke, Socken und Pullover. Während er dort saß, dachte er daran, wie er in St. Louis immer im Grandpa Pidgeon's Weihnachtsgeschenke gekauft hatte, einem skurrilen, altmodischen Ramschladen, den es schon lange nicht mehr gab. Bis er mit Mercer zusammengekommen war, hatte ihm Weihnachten nicht viel bedeutet. Als Koch hatte Michael sowieso meistens über die Feiertage gearbeitet.

An diesem Heiligabend waren die Leute besonders großzügig, gaben ihm Zehn- oder Zwanzigdollarscheine, und am Ende des Tages hatte er weit über hundert Dollar zusammen. Er überlegte gerade einzupacken, als eine gutgekleidete, korpulente Frau aus dem Laden trat. Ihre kleine Tochter rannte voraus, ganz entzückt von der Katze. Als sie sich bückte, um Tabor zu streicheln, riss die Dame das Kind zurück und zischte: »Fass die Katze nicht an.«

Michael warf Tabor einen Blick zu. Sie wirkte verwirrt und verletzt, und er sagte: »O Tabor, das tut mir leid!«

Die Mutter warf ihm einen hasserfüllten Blick zu und schrie ihn an, wie er es wagen könne, sie vor ihrer Tochter bloßzustellen. Tabor bekam Angst und wollte weglaufen, aber sie trug Halsband und Leine, und so konnte Michael sie im letzten Augenblick festhalten.

Die Unfreundlichkeit der Frau brachte ihn ein wenig

aus der Fassung. Im Laufe der Jahre, seit er obdachlos geworden war, hatte Michael gelernt, die Pöbeleien und Sticheleien, die manche Menschen ihm an den Kopf warfen, nicht persönlich zu nehmen. Die meisten Leute gingen ihm aus dem Weg, und trotzdem war er oft genug beleidigt worden – sei es von Jugendlichen, die ihm aus dem Auto heraus den Mittelfinger zeigten, oder von sauber rasierten, aber sturzbetrunkenen jungen Männern, die einen schlechten Tag hinter sich hatten und ihm zuriefen: »Such dir Arbeit, Hippie.«

Manchmal musste Michael sich in Erinnerung rufen, was Schwester Maureen Teresa ihm gesagt hatte: »Wenn Menschen gemeine Dinge sagen, ist es meistens das, was sie von sich selbst halten. Nimm es dir nicht zu Herzen.«

Aber nun hatte er Tabor, und es fiel ihm schwerer, so etwas einfach an sich abprallen zu lassen. Ärger über diese Frau überkam ihn, die ihren Frust an einer unschuldigen, kleinen Katze ausließ. Am liebsten hätte er ihr seinerseits Beleidigungen an den Kopf geworfen. Stattdessen stand er auf, nahm seinen Rucksack und seine Habseligkeiten, setzte Tabor in die Tragetasche und machte Feierabend.

Wenn er eine ordentliche Summe erbettelt hatte, gab Michael das Geld normalerweise komplett für Alkohol aus, aber an diesem Abend hielt er sich zurück und kaufte nur eine kleine Flasche Wild Turkey. Er war nun nicht mehr nur für sich selbst verantwortlich, das bedeutete, er musste zuerst Tabors Bedürfnissen nachkommen: ihrem Hunger, ihren Ängsten, ihrem Unbehagen. Und er hatte vor, Tabor einmal in den Genuss eines richtigen Bettes kommen zu lassen.

Am Stadtrand, das Schneegestöber war wieder aufgelebt, entdeckte er schließlich ein heruntergekommenes

Motel. Er hatte es eilig, aus der Kälte zu kommen, deshalb lief er schnell darauf zu. Doch dann rutschte er auf dem eisglatten Beton auf dem Parkplatz des Motels aus, stürzte mit dem Kopf voran zu Boden, und als er aufprallte, schoss Tabor aus der Tragetasche und verschwand im fast hüfthohen Schnee.

»Mist, Mist!« Er warf seinen Rucksack ab und richtete sich schwankend auf. »Taaabor, es tut mir leid ... Es tut mir leid!«, rief er, während er sich auf Händen und Füßen durch den Schnee wühlte. Nichts zu sehen. »Tabor, wo bist du?«

Dann hörte er einen dumpfen, ängstlichen Schrei aus der Tiefe der Schneewehe. Er warf sich mit dem ganzen Körper hinein und ruderte mit den Armen, bis seine Finger etwas Warmes berührten. Er packte Tabor, befreite sie und krabbelte mit ihr aus dem Schnee heraus. Sie hatte ein weißes Käppchen auf dem Kopf und wirkte verstört.

»Ich hab dich ja. Ich bin da«, sagte er, strich ihr den Schnee vom Fell und wiegte sie in den Armen. Dann hastete er zum Eingang des Motels.

Drinnen wurde er am Empfang von einer alten Dame mit bläulich gefärbtem Haar und einer Fünfziger-Jahre-Schmetterlingsbrille an einem Band um den Hals begrüßt. Sie sah Michael etwas ungläubig an, als er vollgeschneit hereinstapfte, mit Tabor, von der nur das kleine, nasse Köpfchen herausschaute, in der Jacke.

Michael hatte genug Geld für drei Nächte. Er legte es auf den Tresen, und als die Frau nachzählte, sagte er zu Tabor: »Guck mal, jetzt sind wir draußen.« Das war ein kleiner, alberner Insiderwitz unter seinen Kumpels. Da er auf der Straße lebte und jeder, von Walter bis zum Sozialamt von Portland, ihn dort wegholen wollte, sagte er jedes Mal, wenn er mit der Katze irgendwo hineinging, zu ihr, sie seien nun draußen.

Kurz darauf schlug er die Tür seines Motelzimmers zu, um den tosenden Wind auszusperren. Tabor war begeistert und hüpfte sofort aufs Bett. Als Michael ins Bad ging, um seine Wasserflasche aufzufüllen, sauste sie ihm hinterher, sprang auf das Waschbecken und trank direkt vom Hahn. Michael gab der Katze ihr Abendessen und nahm dann ein langes, heißes Bad, um aufzutauen und den Schmerz von den Blasen an seinen Füßen zu lindern.

Die Blümchenbettdecke war zerfasert, der orangefarbene Teppich fleckig und im Bad gab es Schimmelflecken, aber Michael kam es vor wie das Ritz. Auch Tabor schien sich wohl zu fühlen. Sie wusste genau, was zu tun war, wohin sie gehen musste, und miaute an der Tür, wenn sie sich erleichtern wollte. Das brachte Michael erneut auf den Gedanken, dass sie wahrscheinlich eine Hauskatze war und auf jeden Fall irgendjemandem gehörte. Das Motelzimmer besaß eine Schiebetür, die auf ein kleines Rasenstück führte. Es war tief unter einer Schneedecke vergraben. Als Michael sah, dass Tabor Mühe hatte, im hohen Schnee zu pinkeln, lieh er sich eine Schaufel, um ihr einen Pfad freizuräumen. So konnte sie ihr Geschäft erledigen und schnell wieder ins Warme huschen. Draußen war es so kalt und windig, dass jedes Mal, wenn Michael die Tür aufschob, ein kleiner Schneesturm hereinfegte.

An diesem ersten Abend im Motel schaltete Michael den Fernseher an, machte es sich im Bett gemütlich und zappte durch die Kanäle. Selbst als er einen eigenen Fernseher besessen hatte, hatte er selten davorgesessen. Er fand die meisten Hollywood-Schauspieler ziemlich unglaubwürdig. Aber nun lief *Ein Schweinchen namens*

Babe, und Tabor, fasziniert von den sprechenden Bauernhoftieren, fixierte den Bildschirm. Von Zeit zu Zeit sprang sie zum Fernseher, um nachzusehen, ob sich hinter diesem das sprechende Schwein und seine Freunde verbargen, und brachte Michael damit zum Lachen.

Am ersten Weihnachtstag aßen sie im Bett zu Abend: Michael eine Käse-Tomaten-Pizza aus dem Automaten, Tabor eine Dose Lachs. Er las auf Facebook die Weihnachtsgrüße von Walter und Freunden aus dem ganzen Land. Dies war eines der schönsten Weihnachtsfeste, die er je gefeiert hatte: mit einer Katze in einem muffigen Motel.

Nachdem sein Vater gestorben war, hatte Michael versucht, sich mit seiner Mutter zu versöhnen. Jahrelang hatte er sie gehasst, ihre Beziehung schien zerrüttet. Sie war in einen Trailerpark für Rentner in Arizona gezogen. Dort lebte sie eine Zeitlang allein mit mehreren Hunden, bis sie einen ehemaligen Fernfahrer kennenlernte, Burt, der zu ihr zog. Sie heiratete ihn nicht, weil sie die Ansprüche auf die Rente ihres verstorbenen Mannes nicht verlieren wollte. Nachdem Burt ebenfalls gestorben war, konzentrierte sie sich auf ihre Hunde und die Cowboy-Kirche – ein einfacher weißer Bau in der Wüste, wo Bluegrass-Bands live auftraten und Gemeindetreffen stattfanden. Hier durfte man sogar seine Pferde mitbringen.

Mittlerweile tat Michael seine Mutter leid. Er glaubte, dass sie einsam war – besonders, seit seine Brüder nicht mehr mit ihr sprachen. Einige Jahre zuvor war er zweimal durch Arizona gekommen und hatte sich bei ihr gemeldet. Einmal hatte er sie mitten in der Wüste getroffen, wo sie ihre Hunde ausführte, aber sie hatte ihn nicht zu sich eingeladen. Später sagte sie, sie sei davon ausgegangen, dass ihn die Wachen des Trailer-Parks nicht hineingelassen hätten, unrasiert und schmutzig, wie er war. Von da an hatte Michael mit regelmäßigen Anrufen sonntags nach der Kirche versucht, den Kontakt zu ihr zu halten. Doch sie ging häufig nicht ans Telefon, und wenn sie es tat, waren ihre Gespräche meistens kurz und gestelzt.

Nun saß er im Motel gegen die unförmigen Kissen gelehnt, Tabor im Arm, und schaltete, nachdem *Ein Schweinchen namens Babe* zu Ende war, weiter zu *Der Zauberer von Oz*. Tabor konnte den Blick nicht von der Armee von Affen in den roten Jacken und der Hexe mit dem grünen Gesicht wenden.

»So hab ich gelernt, dass man fiese Menschen mit Wasser schmelzen kann«, sagte Michael zu Tabor, als sie mit großen Augen zusah, wie die böse Hexe schrumpfte, bis nichts mehr von ihr übrig war als ihr Hut, ihr Gewand und eine dampfende Pfütze.

Während des Abspanns rollte Tabor sich unter der Bettdecke zusammen und schlief ein. Michael beobachte sie. Sie träumte viel und intensiv. Manchmal zuckten ihre Ohren, Schnurrhaare und Pfoten gleichzeitig, während ihre Zähne klickten und ein malmendes »ck, ck«-Geräusch erzeugten, das Katzen zum Beispiel von sich gaben, wenn sie vor dem Fenster, außerhalb ihrer Reichweite, einen Vogel sahen.

Das alles erinnerte Michael an ein vergangenes Leben, an eine Zeit, als er mit seinem Freund in einem normalen Bett geschlafen hatte, neben den warmen Fellknäulen, die ihre Katze Mau Mau und ihr Hund Aggie jun. gewesen waren. In Augenblicken wie diesem kam es ihm vor, als hätten Tabor und er einander gesucht und gefunden.

Während sie sich unter der Decke aneinanderkuschelten, schneiten draußen die Straßen zu, und das rote Neonlicht warf ein warmes Licht durch die mit Raureif besetzten Fensterscheiben herein. Michael starrte auf den roten Widerschein und dachte, dass gerade alles besser wurde. In dieser Nacht hatte er einen Traum. Er sah ein Haus mit einem Holzofen, einem gemütlichen Bett, Schränken und einem Kühlschrank voller frischer Lebensmittel. Tabor lag in einem Korb sauberer Wäsche.

Als er aufwachte, spürte er, wie diese Erinnerung an einen vage bekannten Ort aus seinem Gedächtnis verschwand.

KAPITEL 9

Baby, Please Come Home

Rons Vater Donald und seine Frau Judy lebten in einem weitläufigen zweistöckigen Haus, das von sanften Hügeln umgeben war. In einer geschlossenen Wohnanlage im vornehmen Viertel West Hills in Portland gelegen, war ihr großzügiges und dennoch gemütliches Zuhause bis unters Dach voll mit Kunst und Antiquitäten. Das cremefarbene Wohnzimmer mit kathedralenähnlichen Decken besaß große Panoramafenster, die auf den Garten mit dem Koi-Teich hinausführten und durch die nun das Abendlicht hereinströmte. Auf jedem Tisch standen Vasen mit üppigen Sträußen weißer Blumen. Eine Ecke des Wohnzimmers nahm ein weißer Flügel ein, und ein riesiger, wunderschön silbern und golden funkelnder Weihnachtsbaum eine andere.

Normalerweise war Rons Alltag von Anfang Dezember bis Weihnachten von Weihnachtseinkäufen und -festivitäten bestimmt. In diesem Jahr aber war ihm nicht danach. Stattdessen ging er mit Creto zu seinem Vater, um mit der Familie Weihnachten zu feiern. Ron hoffte, ein paar Tage dort würden für sie beide eine willkommene Abwechslung darstellen. Außerdem fürchtete er, dass Creto, wenn er ihn auch nur für einen Abend allein zu Hause lassen würde, ebenfalls entführt werden könnte. Rons Vater war zwar allergisch gegen Katzenhaare, aber er hatte Mitleid mit seinem Sohn und erlaubte es ihm deshalb, Creto mitzubringen. Sie sperrten den Kater in ein Gästezimmer mit angeschlossenem Bad, wo Creto sich in der Badewanne zusammenrollte.

Donald trauerte über den erst wenige Tage zurückliegenden Tod eines seiner engsten Freunde. Mit 82 Jahren war er in einem Alter, in dem er allmählich seine Freunde von früher verlor, einen nach dem anderen – wie Blätter, die vom Baum fallen. Ron hatte die Familie des Verstorbenen seit seiner Kindheit gekannt und war mit seinem Vater zur Beerdigung gegangen. Am Vortag war er bei dem bedrückenden Gottesdienst in der katholischen Kirche in Tränen ausgebrochen. Er weinte nicht aus Mitgefühl für seinen Vater oder um dessen engen Freund John, sondern um Mata und ihr möglicherweise immer noch anhaltendes Leid. Er konnte die Trauer darüber, sie vielleicht nie wiederzusehen und niemals zu erfahren, was ihr zugestoßen war, nicht abschütteln.

Bei der Weihnachtsfeier am nächsten Tag fühlte Ron sich noch nervöser und einsamer. Seine Gedanken kreisten ständig um Mata, und es gelang ihm nicht, sich über Belangloses zu unterhalten. Seine beiden erwachsenen Nichten, die er kaum kannte, und Judys Sohn, der etwa im selben Alter war wie er selbst, versuchten, ihn aufzumuntern. Ihm war klar, dass alle dachten, er würde allmählich den Verstand verlieren.

Während sich die anderen fröhlich unterhielten, schlich Ron die elegant geschwungene, überbordend mit Stechpalmen und Girlanden geschmückte Treppe hinauf zu Creto. Im Laufe des Abends war jeder der Gäste einmal zu dem Kater ins Badezimmer gegangen und hatte ihm hallo gesagt und ihn ein wenig betüdelt. Irgendjemand hatte ihm einen Weihnachtsstrumpf mit Spielzeug darin gebracht: eine Aufziehmaus, leuchtende Bälle und eine Zigarre aus Katzenminze. Creto schnupperte zunächst skeptisch daran, warf sie ein-, zweimal hin und her und verlor dann das Interesse.

Judy war Ron nach oben gefolgt, im Arm einen riesigen Kratzbaum, an den sie eine große rote Schleife gebunden hatte. »Sieh mal, Creto«, sagte sie, als sie das Geschenk vor den Kater stellte und sich bückte, um ihm über den Kopf zu streichen. »Guck, was ich hier für dich habe, Miezekätzchen.«

Aber Creto wandte sich ab. Ron setzte sich auf den Boden und versuchte, das Interesse des Katers zu wecken, indem er mit den Federn spielte, die an dem Kratzbaum befestigt waren, doch Creto sprang aus der Badewanne in Rons Schoß und vergrub sein Köpfchen in dessen Armbeuge wie ein Vogel Strauß, der den Kopf in den Sand steckte.

»Tut mir leid«, sagte Ron zu Judy. Ihm war klar, dass sie sich besondere Mühe gegeben hatte – zumal sie mit Tieren eigentlich nicht viel anfangen konnte. »Das macht er immer, wenn er deprimiert ist.« Creto vermisste seine Schwester, das war offensichtlich. Judy überredete Ron, zum Essen wieder nach unten zu kommen.

Nach einem langen, opulenten Festmahl, tauschten sie Geschenke aus und zogen sich dann ins Wohnzimmer zurück, wo es hausgemachten Eggnog und Plätzchen in Engel-, Sternen- und Schneemannform gab. Im Hintergrund lief ein altes Weihnachtslied, die schmachtende Motown-Nummer »Baby, Please Come Home«, und die gelben Lichter im Weihnachtsbaum strahlten.

Mata hatte es geliebt, wenn sie einen Weihnachtsbaum zu Hause hatten. Sie kletterte daran hoch, spielte mit dem

Baumschmuck, wetzte die Krallen am Baumstamm und trank von dem Wasser aus dem Ständer.

Im Laufe des Abends verwandelte sich Rons Traurigkeit in Wut. Er stellte sich vor, Jack mit dem Auto zu überfahren und es so aussehen zu lassen, als wäre es ein Unfall. Dann bekam er Schuldgefühle wegen seiner finsteren Phantasien. Früher war er ein sonniger, optimistischer Mensch gewesen, der immer das Beste aus jeder Situation machte und selten lange niedergeschlagen oder deprimiert war. Nun hatten die Trauer und die negativen Gedanken sein Leben fest im Griff.

Als Judy sah, dass Ron allein auf dem Sofa saß, setzte sie sich mit einer Flasche Cabernet und zwei Gläsern zu ihm. Sie hatten zunächst eine komplizierte, frostige Beziehung gehabt, aber nach Jahren der Spannung hatte sich ihr Verhältnis gebessert.

»Na, wie geht's dir?«, fragte sie und goss ihm ein Glas ein. »Ich weiß nicht, was ich sagen soll, außer, dass es mir furchtbar leidtut für dich.«

»Es ist so verrückt«, antwortete Ron und starrte blind auf die Lichterkette über dem Kamin. »Wie konnte das zweimal hintereinander passieren? Das ist wie zweimal vom Blitz getroffen zu werden ... Wahrscheinlich hat dieser brutale Neandertaler von gegenüber sie umgebracht.«

»Dafür hast du keine Beweise, und eine solche Anschuldigung lässt sich nicht so einfach wieder aus der Welt räumen«, sagte Judy besorgt. »Du darfst die Hoffnung nicht aufgeben.«

»Die Hoffnung worauf?«, sagte Ron gereizt. »Das Jahr war schrecklich ... Ich verliere meine Katze einmal, dann habe ich sie kaum drei Monate wieder und sie verschwindet ein zweites Mal. Und jetzt stecke ich in einem Nachbarschaftskrieg mit diesem Irren. Ich habe echt die Schnauze voll von 2012.« Gleichzeitig hatte er ein schlechtes Gewissen, weil er so herumjammerte. Er wusste ja, dass Judy tagelang für die Feier eingekauft und Vorbereitungen getroffen hatte, und wollte nicht selbstsüchtig oder undankbar erscheinen. »Es fühlt sich einfach an, als würde in meinem Kopf ein Sturm toben, den außer mir niemand wahrnimmt.«

»Du musst dich nicht entschuldigen«, sagte Judy, nahm seine Hand und tätschelte sie. »So was passiert. Du solltest bloß irgendwie versuchen, damit zurechtzukommen und nicht zulassen, dass es dich kaputtmacht.« Dann legte sie den Arm um ihn und fügte hinzu: »Manchmal geschehen Wunder. Denk dran, dass du Mata schon einmal zurückbekommen hast.«

KAPITEL 10

Anyway, Anyhow, Anywhere

Am 27. Dezember war der Schneesturm endlich vorbei, und das Städtchen Sisters in Oregon war ein Postkartentraum in Weiß, der Himmel darüber strahlend blau. Michael verließ mit Tabor das Motel und ging zu einer Bushaltestelle. Er wollte nicht wieder am Highway entlanglaufen.

Ein Bus Richtung Süden, nach Eugene, hielt an, und Michael stieg mit der Katze auf dem Arm ein. Der Fahrer schüttelte den Kopf und sah ihn an, als trüge er eine Maschinenpistole bei sich. »Vergessen Sie's«, knurrte er. »So kann ich Sie nicht mitnehmen.«

Michael stieg wieder aus. Er wusste nicht, ob der Fahrer ihn nicht mitfahren lassen wollte wegen der Katze oder weil er offensichtlich obdachlos war. Da Michael tagelang in seinen zerknitterten Klamotten geschlafen hatte, seine Haare zerzaust waren und er dunkle Ringe unter den Augen hatte, sah er ziemlich mitgenommen aus, aber nach drei Tagen im Motel war er zumindest sauber.

Die Besitzerin eines Cafés neben der Bushaltestelle hatte den Vorfall von ihrem Fenster aus beobachtet und eilte hinaus zu Michael. »Was war da los?«, fragte sie. »Warum hat er Sie nicht mitfahren lassen?«

»Keine Ahnung«, antwortete Michael. Er war es gewohnt, gemieden zu werden, und wollte keinen Ärger.

Aber die Frau war ernsthaft betroffen und entrüstet.

»Das ist abscheulich«, sagte sie kopfschüttelnd. »Ich hätte mir seine Nummer geben lassen und ihn melden sollen. Unglaublich, dass jemand zwei Lebewesen so behandeln kann.«

»Halb so wild«, sagte Michael mit einem gezwungenen Lächeln. »Ich bin das gewohnt.«

»Es ist kalt hier draußen«, sagte die Frau. Sie wirkte wie eine Dame aus vergangenen Zeiten, mit puderrosa Lippenstift und weißen Haaren, die zu einem Knoten hochgesteckt waren. »Kommen Sie rein und wärmen Sie sich auf.«

Und obwohl sie das mit einem Lächeln sagte, ließ ihr Tonfall keinen Zweifel daran, dass sie keinen Widerspruch duldete. Also folgte Michael ihr in das altmodische Diner. Das abgewetzte Interieur aus den fünfziger Jahren war ein wenig staubig und reparaturbedürftig, aber die Bar war weihnachtlich geschmückt und Töpfe mit Weihnachtssternen waren liebevoll darauf arrangiert. Die alte Dame bedeutete Michael, in einer Sitzecke am Fenster Platz zu nehmen.

Michael setzte Tabor auf die rote Vinylbank und rutschte neben sie, während die Besitzerin des Lokals ihm Kaffee eingoss. Dann verschwand sie hinter dem Tresen, und Michael hörte den Milchaufschäumer. Eine Minute später brachte sie eine Untertasse mit gewärmter Milch. Tabor beobachtete sie schnurrend.

»Was bist du nur für ein süßes Kätzchen«, sagte die alte Dame fröhlich zu ihr und stellte Tabor die Untertasse hin, die diese nicht aus den Augen gelassen hatte. »Sie ist wirklich ein hübsches Tier.«

»Ja, sie könnte es problemlos auf das Cover von *Die moderne Katze* oder so schaffen«, sagte Michael und sah mit einem Funkeln in den Augen zu Tabor.

»Die Zeitschrift kenne ich gar nicht. Ist die neu?«

»Nein, die hab ich mir ausgedacht. War nur so dahergesagt.«

Die Frau sah zu, wie Tabor die geschäumte Milch schlabberte und sagte: »Katzen tun der Seele gut.«

»Stimmt«, antwortete Michael und betrachtete Tabor wieder. Sie hatte ihn definitiv aus seinem Tief herausgeholt. Er machte sich so viele Gedanken um sie, dass seine eigenen trüben Stimmungen oder Kleinigkeiten wie nasse Socken in den Hintergrund rückten.

Michael erzählte der Café-Besitzerin die Geschichte, wie er Tabor gerettet hatte, und die kornblumenblauen Augen der alten Dame wurden feucht. »Oh, Gott segne Sie, mein Lieber«, sagte sie. »Wo leben Sie denn eigentlich?«

»Auf der Straße. Wir sind auf dem Weg nach Kalifornien, ins Warme.«

»Es ist nicht richtig, dass manche Menschen auf der Straße leben müssen.«

Er lachte. »Zumindest kann ich von mir sagen, dass ich genau da lebe, wo ich will.«

»Das muss hart sein. Wie schaffen Sie das nur?«

»Na ja, ich fühle jeden Morgen meinen Puls, und wenn er noch da ist, stehe ich auf und mache weiter«, sagte er leichthin.

Die alte Dame lächelte und ging wieder hinter den Tresen. Michael hörte, wie sie sich am Telefon über den Busfahrer beschwerte.

Als der nächste Bus kam, begleitete sie Michael hinaus. »Warten Sie einen Moment«, sagte sie und sprach mit dem Fahrer. Sie zeigte auf Michael und Tabor, und der Mann nickte. Dann winkte sie Michael heran.

Er warf sich den Rucksack über die Schulter, nahm die Transporttasche mit der Katze und beeilte sich, zum Bus zu laufen.

»Diesmal werden Sie keine Scherereien haben«, sagte sie.

Mit Tabor auf dem Arm bestieg er den Bus Richtung Eugene. Er wandte sich noch einmal an die alte Dame. »Vielen Dank, dass Sie sich um uns gekümmert haben. Das werden wir Ihnen nicht vergessen.«

Er dachte an etwas, das ihm sein Pflegevater Walter gesagt hatte: »Sei immer gastfreundlich zu Fremden, denn ein wenig Freundlichkeit kann dich weit bringen, und manchmal dein ganzes Leben verändern.«

Die Café-Besitzerin lebte offensichtlich nach diesem Grundsatz. Und Michael spürte, was für ein Segen es nach wie vor war, dass er diese kleine, einsame Katze nicht sich selbst überlassen hatte. Seine Freundlichkeit ihr gegenüber half ihnen nun beiden.

KAPITEL 11

KALIFORNIEN:
Ride into the Sun

Als Michael und Tabor ein paar Stunden später in Eugene aus dem Bus stiegen, war es spürbar wärmer, so dass Michael ein paar Schichten Kleidung ablegte. Da bereits die Abenddämmerung hereinbrach, errichtete er ein Lager unter einigen Tannen am Straßenrand, und sie gingen schlafen.

Am nächsten Morgen setzten sie ihre Reise Richtung Süden, ihre Ein-Mann-eine-Katze-Expedition, zu Fuß, per Bus und Auto über einsame Highway-Schleifen fort. Nachdem sie ein kurzes Stück per Anhalter gefahren und den Rest des Morgens zu Fuß gegangen waren, erreichten sie Ashland, eine liberale Künstlerenklave, auch unter dem Namen »Republik Ashland« bekannt, 16 Meilen von der Grenze zu Kalifornien entfernt. Michael war erschöpft und machte Rast an einer Tankstelle mit angeschlossenem Gemischtwarenladen, denn er brauchte etwas Wasser und seine Füße eine Pause. Michael war dort schon auf vorherigen Reisen vorbeigekommen und hatte in den Feldern in der Umgebung übernachtet. Nachdem er in dem Laden gewesen war, ging er mit Tabor an der Leine zu einem kleinen Hügel, an dem die Kunden vorbeikamen, wenn sie das Geschäft verließen. An seinem Rucksack war ein mit schwarzem Filzstift beschriftetes Pappschild befestigt: MITFAHRGELEGENHEIT NACH VENTURA MIT

KATZE. Er wollte vermeiden, dass Leute für ihn anhielten, ihn dann aber wegen Tabor nicht mitnahmen. Wie sich herausstellte, war es jedoch genau andersherum: Die Autofahrer hielten wegen ihr an.

Eine junge Frau mit einem lockigen Kurzhaarschnitt und einem breiten Lächeln kam mit ihrem kleinen roten Mazda auf die Tankstelle gefahren. »Ich würde Ihnen und Ihrer Katze gerne anbieten, Sie mitzunehmen, aber ich bin allein und sollte wohl besser niemanden in mein Auto steigen lassen. Aber das ist für Sie«, sagte sie und reichte ihm einen neuen Zwanzig-Dollar-Schein aus dem Fenster heraus.

»Sieh dir das an, Tabor«, sagte Michael zu der Katze, die sich auf seinem Rucksack ausgestreckt hatte. »Alle lieben dich.«

Bevor er Tabor etwas zu fressen geben und sich eine Zigarette drehen konnte, hielt rumpelnd ein schickes Wohnmobil mit einem texanischen Nummernschild neben ihm. »He, Kumpel«, rief ihm ein Mann mit einer gespiegelten Pilotensonnenbrille auf der Nase zu. »Ich habe dich gerade in den Laden gehen sehen. Soll ich euch mitnehmen?«

»Ja, gerne«, sagte Michael und sammelte Tabor und ihre Sachen zusammen. Tabor lief zum Wohnwagen, als würde sie schon ihr Leben lang trampen, als wüsste sie genau, was es bedeutete, mitgenommen zu werden – und wie wichtig es war, sich diese Gelegenheit nicht entgehen zu lassen. Wieder einmal fragte Michael sich, wie sie alleine in den dunklen, gefährlichen Straßen am raueren Ende von South East Portland gelandet war.

»Spring rein«, sagte der Typ und öffnete ihm die Beifahrertür. Er war etwa im selben Alter wie Michael, hatte kurzgeschnittenes graues Haar und trug eine schwarze

Levis-Jeans und ein verwaschenes graues Langarm-T-Shirt mit der Aufschrift: LOTTO, GUNS, AMMO, BEER. »Ray«, stellte er sich vor und nahm die Sonnenbrille ab. Seine Augen waren stahlgrau.

»Groundscore.«

Ray streckte eine Hand aus, um Michaels Rucksack entgegenzunehmen. »Wohin willst du? Ich bin unterwegs Richtung Santa Cruz, etwas südlich davon.«

»Das passt uns auch«, antwortete Michael. Er freute sich, eine so lange Strecke mitgenommen zu werden. Mit Tabor auf dem Schoß setzte er sich auf den Beifahrersitz. Da er auch auf der Reise Tabors Futterzeiten genau einhielt, musste er sich keine Sorgen machen, sie könnte auf längeren Fahrten auf die Toilette müssen.

Tabor sah Ray an, blinzelte langsam und hob eine Pfote. »Tabor will von jedem gemocht werden«, erklärte Michael. »Und sie mag selbst auch jeden, zumindest, wenn sie gestreichelt wird.«

»Süße Katze«, sagte Ray mit einem Seitenblick auf sie und kraulte ihr den Nacken.

»Sie ist mein Glücksbringer.«

Trampen war immer ein Risiko, und Michael wusste vorher nie, wie eine Fahrt verlaufen würde. Aber die meisten Leute waren anständig. Er war schon von den verschiedensten Menschen mitgenommen worden: von Familien mit Kindern, bekifften College-Studenten, einem betrunkenen Sheriff, der drohte, Michael abzuknallen wie eine Bisamratte, wenn er ins Lenkrad fasste, ihn dann aber bei sich übernachten ließ, weil es sonst keine andere Möglichkeit gab.

Einer von Michaels obdachlosen Freunden war allerdings einmal bei jemandem mitgefahren, der ihn aus

purer Bosheit fünfzig Meilen in die falsche Richtung gebracht und in der Wüste vor einem winzigen Örtchen namens Truth or Consequences in New Mexico ausgesetzt
hatte.

Ray war aus Seattle gekommen und bereits über
450 Meilen gefahren. Sie nahmen die verschneiten Ser-
pentinenstraßen an dichten Fichtenwäldern vorbei in
Richtung der Oregon Route 66 und über den I-5. Die
schneebedeckten Berge gerieten außer Sicht, während sie
die ersten kalifornischen Städte passierten: Weed, Red-
ding, Willows.

»Wie bist du zu deinem Namen gekommen?«, fragte
Ray nach einer Weile.

»Ein paar Hippies haben ihn mir gegeben«, antwortete
Michael. »Ich war vor ungefähr zehn Jahren in Trinidad,
Kalifornien, und trampte den 101 entlang. Ein Pick-up
mit einigen Hippie-Mädchen hielt an. Ich sagte, ich sei
auf dem Weg nach Arkansas, zum Rainbow Gathering,
und sie wollten auch dorthin. Unterwegs halten wir so um
drei Uhr morgens an einem Supermarkt. Ich sehe einen
Einkaufswagen mit einer Kiste darin und gehe nachsehen.
Direkt davor finde ich auf dem Boden einen Zwanzig-
Dollar-Schein und bleibe stehen, um ihn aufzuheben.
Da stellt sich raus, dass es in Wirklichkeit zweihundert
Dollar sind, zehn Zwanzigdollarscheine. Und in dem Einkaufswagen war ein kaltes Sixpack Henry Weinhard's.
Damals nannte man mich eigentlich Montana Mike, aber
die Hippie-Mädchen fingen an, mich Groundscore zu
nennen. Meine obdachlosen Freunde in Portland moch-
ten den Namen, also hab ich ihn behalten.«

Alle Menschen, die Michael mitnahmen, hatten ihre eigenen Geschichten –, und einige von ihnen teilten sie nur

zu gerne, beichteten ihm alles, wie Sünder einem Priester, weil klar war, dass sie ihn wahrscheinlich nie wiedersehen würden.

Ray stellte sich als gute Reisebegleitung heraus, vor allem, weil er größtenteils das Reden übernahm. Er war ein alter Haudegen und besaß die raue Stimme von jemandem, der hundert Marlboro Red am Tag rauchte. »Ich habe meine Frau verlassen. Mein Leben ruiniert. Es war lange gut, und dann ist alles den Bach runtergegangen.«

Michael antwortete nicht. Er war müde und auf Tabor konzentriert, die schon halb schlief und ihren Kopf leise schnurrend auf ihre Tatzen gelegt hatte.

»Und wovor läufst du weg?«, wollte Ray wissen.

Von der Frage überrumpelt antwortete Michael stammelnd: »Ich, äh … Ich laufe vor nichts weg. Ich will nur raus aus dem kalten Portland. Es gab eine Zeit, in der ich quer durch Amerika getrampt bin, aber jetzt versuche ich nur, einen weiteren Winter zu überleben. Sonst nichts.«

Ray sah ihn an und lächelte. »Na ja, du siehst irgendwie aus wie ein Gangster.«

Das hatte Michael schon öfter gesagt bekommen. Der Typ, der das Foto für seinen Führerschein gemacht hatte, hatte ihn mit Billy the Kid verglichen. Diese Vorstellung gefiel Michael.

»Ich bin bloß immer unterwegs.«

»Das sind wir doch alle«, antwortete Ray lachend. »Alle auf der Flucht vor diesem oder jenem. Meine Großeltern sind vor der Hungersnot in Irland geflohen, meine Eltern vor der Armut und Perspektivlosigkeit einer Kleinstadt. Und ich vor der Enge meines Lebens und der Grausamkeit des Krieges.«

Nach fünf Stunden Fahrt, in Sacramento, fing es an

nach kalifornischem Farmland zu riechen. Sie kamen an Reisfeldern, Walnussplantagen und Rinderweiden vorbei. Es war eine angenehme Fahrt. Die Sonne schien, und im Wohnwagen war es bequem.

Sie fuhren durch San Francisco und nahmen in Daly City die malerische Küstenstraße Route 1. Während sie in Richtung Big Sur unterwegs waren, ließ Michael das Fenster herunter. Er spürte die kühle Meeresbrise im Gesicht und dachte an all die Orte, die Mercer während seiner Zeit in der Air Force besucht hatte, und von denen er Michael erzählt hatte. Vom frischen Fahrtwind schreckte Tabor auf und streckte das flauschige Köpfchen in die Höhe.

»Ich wollte immer die Welt sehen«, sagte er zu Ray, »einmal den Ozean überqueren – aus reiner Neugier.«

»Genau das hatte ich mir auch gedacht, als ich zur Armee ging. Aber lass es dir gesagt sein, manchmal ist Neugier tödlich.«

Der Pazifik kam in Sicht. »Sieh mal, Tabor, das ist das Meer«, sagte Michael und hob die Katze ans Fenster. »Dahin wollen wir.«

Ausgestreckt in Michaels Schoß beobachtete Tabor alles mit Argusaugen und schnurrte vor Begeisterung über die niedrigen Wolken, die dahintrieben, die Puderquastensträucher, die sich im Winterwind wiegten und die vorbeirasenden Autos. Die riesigen Monstertrucks dagegen beeindruckten sie überhaupt nicht. Sie zuckte nicht einmal mit der Wimper, wenn sie einen näher kommen sah.

Unter dem blasslilafarbenen Himmel folgte Ray den Drehungen und Wendungen des Highway 1, beängstigend nah an den Klippen, an deren Fuß die wilden, schaumigen Wasser des Pazifiks tobten.

Als sie Half Moon Bay erreichten, ein hübscher Küstenort mit im Nebel liegenden Felsen und Stränden, waren sie müde und schweigsam geworden. Michael roch den Seetang und hörte die See-Elefanten am Ufer bellen, während Tabor erneut tief und fest in seinem Schoß einschlief.

Sie fuhren bis nach Watsonville, hörten die Dead Kennedys, die Violent Femmes und einen Mix von kalifornischen Punkbands aus den achtziger Jahren und teilten sich eine Tüte Cheetos und eine Coca Cola nach der anderen.

Als Ray sie in Watsonville absetzte, einer landwirtschaftlich geprägten Stadt in der Nähe von Santa Cruz, war es bereits dunkel geworden. Michael fand einen abgelegenen Schlafplatz unter einem buschigen Schwarznussbaum auf einem Grünstreifen an der Hauptstraße. Er fütterte Tabor, machte ein Feuer und erhitzte eine Dose Heinz Spaghetti Hoops. Dann schliefen sie beide, erschöpft nach fast zehn Stunden Fahrt mit dem Wohnwagen.

Als die ersten schwachen Sonnenstrahlen Michael am nächsten Morgen weckten und Tabor neben ihm lag, war er trotz der Kälte froh und erleichtert, draußen zu sein. Er nahm Tabor an die Leine, steckte sie in seine Jacke und fuhr mit dem Bus ins nahe gelegene Santa Cruz. Der entspannte Strandort über der Monterey Bay – einst eine Zwischenstation von Jack Kerouac – war stolz darauf, die letzte Bastion der Gegenkultur der sechziger Jahre zu sein und wimmelte von alten Hippies, Surfern, Kiffern und Studenten. Die UC Santa Cruz besaß sogar einen eigenen Trailer-Park für ihre Studenten auf dem Campus.

Michael stieg mitten in der Stadt an der Pacific Avenue aus und schlenderte zu einem mexikanischen Imbiss nahe am Meer, von dem er wusste, dass Obdachlose dort morgens gratis etwas zu essen bekamen. Der Besitzer, ein inzwischen trockener Alkoholiker, führte das Lokal zusammen mit seiner Frau und seinen beiden erwachsenen Söhnen. Er hatte vor etwa 25 Jahren damit begonnen, kostenlos Mahlzeiten herauszugeben, nachdem er einen alten Mann beobachtet hatte, der im Müll nach etwas zu essen wühlte. Er hatte ihm etwas gegeben und gab seitdem jedem Bedürftigen und Hungrigen etwas, im Geiste von Jesus Christus, wie er sagte. Jeden Morgen stellten die Obdachlosen aus der Gegend sich still in die Schlange am Seitenfenster des Lokals und erhielten dort gegen die Parole »*Beans and rice for Jesus Christ*« einen Teller mit einer frisch zubereiteten Mahlzeit.

Nachdem er seine Portion bekommen hatte, setzte Michael sich auf eine Bank in der Nähe. Die Katze saß neben ihm, und er fütterte auch sie. Sie machte sich über ihr Frühstück her, während Michael seinen Reis mit Bohnen aß.

Der ganze Tag lag vor ihnen. Michael schlenderte die Pacific Avenue entlang, mit Tabor hinten auf dem Rucksack, die mit ihren großen, staunenden eukalyptusgrünen Augen die bunten Straßenmusikanten, die kunstvollen Ladenfronten und die riesigen Bäume am Straßenrand um sie herum aufsog.

Zahlreiche Seitenstraßen später, die alle nach Baumsorten benannt waren – Weide, Ahorn, Lorbeer –, dachte Michael gerade, dass er zum Weitergehen zu müde und das Gewicht der hin und her schwankenden Katze zu schwer sei, als er eine kleine Bar entdeckte. Es war eine freundliche, gemütliche Kneipe, eigenwillig auf eine Art, wie es nur Kleinstadtlokale sein können, mit dunklen, behaglichen Ecken, in die er sich mit der Katze zurückziehen konnte. In einer ganz hinten aß er zu Mittag und blieb bis zur Happy Hour, da Silvester war. Der Raum besaß eine antiquierte Eleganz mit eingerissenen roten Damasttapeten, einer Jukebox und altmodischen Surfer-Fotografien hinter der langen Bar aus Holz.

Gegen drei Uhr waren die einheimischen und durchreisenden Mittagsgäste wieder fort, und es blieben nur noch fünf Menschen an der Bar zurück – Stammgäste, die sich hier offensichtlich jeden Tag zu den Golden Oldies aus der Jukebox einen hinter die Binde kippten.

Der Barkeeper, ein schmaler, braunäugiger junger Kerl mit Sommersprossen, einer modischen Frisur und Ziegenbart, kam in Michaels und Tabors Ecke, stellte Michael einen kleinen Whiskey hin und sagte: »Der geht auf mich. Bisschen früh zum Feiern, oder?«

Michael lächelte und sagte: »Ich brauche keine Ausrede zum Trinken. Ich mache das jeden Tag.«

Nachdem er den Whiskey ausgetrunken hatte, setzte er sich mit Tabor an die Bar. Die Katze genoss die Aufmerksamkeit, als eine der Kneipenhockerinnen sich herüberbeugte und ihr das Kinn kraulte. Als sie jedoch länger ignoriert wurde, stolzierte sie davon und setzte sich in den offenen Eingang, von wo aus sie die Passanten mit einem freundlichen Schnalzen grüßte. Michael befürchtete, dass jemand über sie stolpern oder sie auf die Straße hinausspazieren könnte, deshalb holte er sie wieder herein. Sobald er jedoch kurz wegsah, flitzte sie wieder an ihren selbstgewählten Posten an der Tür. Als er sie zum dritten Mal zurückholte, sie auf den samtenen Barhocker neben sich setzte und an die Leine legte, protestierte sie, indem sie laut und jammernd miaute.

»Das ist unsere erste Auseinandersetzung«, erzählte Michael dem Barkeeper. »Ich zwinge sie zu nichts. Ich betrachte sie als intelligentes Wesen, aber leider muss ich das kleine Biest nun mal mit mir herumtragen.«

»Sie ist eine Prinzessin.«

»Ja, ihre königliche Hoheit regiert die Welt.«

Mit hoher Stimme sprach der Barkeeper Tabor an: »Geht's dir gut, Kitty?«

Zu den Gästen war er schnippisch und ungeduldig, aber Tabor wurde von ihm von hinten bis vorne bedient. Er gab ihr frische Sahne in einem Scotch-Glas. Tabor legte die Pfote um das Glas und trank. Der Barkeeper jubelte vor Begeisterung. »O Gott, das ist das Süßeste, was ich je gesehen habe.« Zu Hause, in den Black Hills in South Dakota, wo er mit Blick auf den Mount Rushmore aufgewachsen war, hatte er ebenfalls Katzen besessen, erzählte er. Als ihm der Ort irgendwann zu klein und verschlafen erschien, war er nach Kalifornien gezogen.

Tabor hatte die Sahne komplett aufgeschleckt und sah mit ihrem Milchbart am Kinn zu Michael auf. Sie wirkte immer noch verärgert und ihr Blick anklagend, als hätte er sie in die Kneipe verschleppt und würde sie dort wie eine Geisel festhalten.

»Ich hab dich nicht an die Heizung gekettet«, sagte er lächelnd zu ihr und hob sie hoch, damit sie nicht wieder davonlief. »Manchmal lässt sie mich echt schlecht dastehen, als würde ich sie vernachlässigen. Sie hat alles, was sie braucht, und miaut trotzdem Fremden hinterher.«

Der Barkeeper brachte ihr dann eine Handvoll Cocktailkirschen zum Spielen. Sie sprang auf die Bar, um die Kirschen hin und her zu schleudern. Wenn ihr eine auf den Boden fiel, erwartete sie, dass Michael sie aufhob.

Nach ein paar Minuten verlor sie das Interesse und setzte sich wieder auf seinen Schoß.

»Guck dir deine Pfoten an, sie sind ganz klebrig«, schimpfte Michael, aber sie sah ihn nur blinzelnd an.

»Katzen können sich nicht unterordnen«, erklärte er dem Barkeeper. »Sie sind es gewohnt, Bedienstete zu haben. Um sieben Uhr morgens hab ich meist schon 25 Mal nein zu Tabor gesagt. Alles muss sich ihrem Willen beugen.«

Er griff in die Tasche und holte eine Tüte Purina Party Mix hervor, um sie gnädig zu stimmen. Er nahm ein paar heraus, und Tabor setzte sich so auf seinem Schoß zurecht, dass sie ihm die Leckerlis mit einem zufriedenen, kehligen Schnurren aus der Hand fressen konnte. Dann wechselte sie wieder auf den leeren Hocker neben Michael. Eines ihrer Beine baumelte über den Rand; trotzdem schlief sie sofort ein.

Der Barkeeper stellte einen weiteren Whiskeyshot vor Michael und schenkte auch sich selbst einen ein.

»Ich bin im Dienst, muss auf sie hier aufpassen«, sagte Michael und zeigte auf die schlafende Katze neben sich. »Ich darf es nicht übertreiben, aber danke.«

Sie hoben die Gläser und stießen an.

Michael trank ein paar Whiskeys in der schwachbeleuchteten, gemütlichen Kneipe. Eine alte Byrds-Nummer über Einsamkeit dudelte im Hintergrund. Vor seinem inneren Auge tauchte das Bild des gutaussehenden, unrasierten Mercer auf, der ihn mit seinen ruhigen blauen Augen lächelnd ansah.

Von seinem Platz am Ende des Tresens, Tabor neben sich dösend und träumend, beobachtete Michael das Kommen und Gehen der Gäste und dachte an glücklichere Zeiten, bevor Mercer krank wurde. Ein paar Jahre lang, sie brauchten eine Pause von St. Louis, hatten sie auf dem Hof von Mercers Familie am Lake Wappapello im ländlichen Südwest-Missouri gelebt. Das dreistöckige Gebäude befand sich auf einem großen Gelände mit einem weitläufigen Garten, der sich bis zum See erstreckte. Michael arbeitete als Koch in einem Steakhouse, Millers House of Angus, ein paar Schritte die Straße hinunter. Das Restaurant wurde von einem alten Gauner aus St. Louis, Lefty Miller, der wegen Steuerhinterziehung im Gefängnis gesessen hatte, und seiner Frau Anita geführt. Sie servierten für die hauptsächlich einheimischen Gäste, die dort ihr wöchentliches Steak zu sich nahmen, *Surf and Turf*-Gerichte. Michael kam gut mit den Besitzern aus, aber sie waren Trinker, und deshalb spielten sich ständig irgendwelche Dramen ab.

Am Ende eines Abends um Silvester herum war Michael müde und gereizt. Eine Frau hatte ein Steak zurückgeschickt und sich beschwert, sie wolle es außen schwarz, innen roh. Michael tobte gerade in der Küche, als er im Restaurant ein lautes Krachen hörte und Leftys Frau Anita hereinstürmte. »Michael, ich brauche dich«, rief sie. »Komm her, du musst dich um Lefty kümmern.«

»Ich hab zu tun«, sagte er. »Warum muss ich das immer machen?«

»Weil du der Einzige bist, der ihn anfassen darf«, fauchte sie und stolzierte davon.

Michael war auf der Suche nach Arbeit in das Restaurant gekommen, nachdem er eine Anzeige in der Lokalzeitung gesehen hatte. Lefty stellte ihn vom Fleck weg ein und erkor ihn auch prompt zum Auserwählten, der ihn anfassen durfte, wenn er betrunken hinfiel.

Michael riss sich die fleckige Kochschürze vom Körper und ließ sie mitten in der Küche liegen. Er ging ins Lokal, wo er den gestürzten Lefty mit dem Gesicht nach unten, fluchend und meckernd an der Treppe zur Bar fand. Mit seinen ausgebreiteten Gliedmaßen sah er aus wie diese mit Kreide gezeichneten Umrisse menschlicher Körper an Tatorten.

Einer der jungen Kellner versuchte, ihm aufzuhelfen. »Fass mich, verdammt nochmal, nicht an«, knurrte Lefty und schubste ihn weg. »King soll kommen.«

»Ich bin hier«, sagte Michael und hob Lefty hoch. Er trug ihn raus zu dessen Lincoln und fuhr ihn quer über die Straße nach Hause. Lefty war so betrunken, dass er weinte. Michael trug ihn ins Haus, legte ihn aufs Sofa und ging zurück zur Arbeit.

Als er über den Parkplatz hinter dem Restaurant lief, hörte Michael ein Wimmern und Schnüffeln, das unter dem Müllcontainer hervorkam. Er legte sich auf den Bauch, um nachzusehen, und entdeckte einen kleinen Hund – ein flauschiges braunes Ding mit schmutzigem, verfilztem Fell. Er sah aus wie ein winziges Bärenbaby. Michael hob das verängstigte, zitternde Hündchen hoch, brachte es ins Restaurant und machte den Laden für die Nacht dicht. Er beschloss, den Hund nach dem Steak-house Angus zu nennen und nahm ihn mit nach Hause zu Mercer.

Sie wuschen ihn und gingen mit ihm zum Tierarzt. Dort stellten sie fest, dass der Hund eine Hündin war, fast ausgewachsen und außerdem schwanger – was wahrscheinlich der Grund dafür war, dass man sie ausgesetzt hatte. Michael benannte sie um in Aggie. Als sie ihre Welpen bekam, konnten sie diese auf Freunde und Familienmitglieder verteilen. Eines und die Mutter behielten sie selbst. Wenige Monate später rannte Aggie einmal aus dem Haus und wurde prompt von einem Auto überfahren. Sie benannten den Welpen, den sie behalten hatten, in Aggie jun. um.

Michael hatte es nie bereut, Aggie und ihre Welpen gerettet zu haben. Aggie jun. war eine tolle Hündin gewesen und hatte ihm viel Liebe entgegengebracht. Das war lange her, und nun hatte er Tabor, für die er sorgen musste. Er hoffte, dass sie lange etwas voneinander haben würden.

Am nächsten Morgen wachte Michael vom hellen Sonnenlicht auf. Er lag unter einem blühenden Magnolienbaum, vom Gehweg wehte der Duft nach Zuckerwatte, vermischt mit salziger Meeresluft, zu ihm herüber. Als er aufstand und das glitzernde Blau des Ozeans sah, packte er seine Sachen zusammen und machte sich mit Tabor auf den Weg zum Strand. Doch als Michael einen Bus ins dreißig Meilen entfernte Salinas entdeckte, stieg er ein, um Tabor die Heimatstadt von John Steinbeck zu zeigen. Steinbeck war Michaels Lieblingsautor. Was er über das kaputte Amerika schrieb, war immer noch gültig, und bedeutete Michael viel.

Der Bus rumpelte über den Highway durch die Heimat des Schriftstellers mit ihren waldigen Schluchten, Tälern und Weinbergen. Tabor hatte sich, eine Pfote über die andere gelegt, in Michaels Schoß gekuschelt. Ab und zu stand sie auf oder hob den Kopf, um aus dem Fenster zu sehen und sich die neue Landschaft anzuschauen. Als der Bus an den riesigen Aufstellern von Farmarbeitern vorbeikam, die wie Riesen auf den Feldern am Highway standen, machte sie große Augen.

Als sie in der alten Innenstadt von Salinas ausstiegen, ging Michael mit Tabor auf der Schulter zur Central Avenue, zu dem Haus, wo Steinbeck aufgewachsen war. Steinbeck war überall präsent, auf Straßenschildern, steinernen Monumenten und durch Schilder mit der Aufschrift *Hier hat Steinbeck gegessen und getrunken* an den Fenstern von Bars und Cafés. Sie spazierten durch dieses guterhaltene, verschlafene Städtchen mit seinem Labyrinth hübscher Straßen, viktorianischer Häuser und uralter Eichen, und die ganze Zeit über sprach Michael mit der Katze und machte sie auf dies oder jenes aufmerksam.

Nachdem sie Salinas erkundet hatten, erfuhr Michael von den Einheimischen, dass es einen Bus weiter nach King City gab. Also schliefen er und Tabor im Grasstreifen neben der Haltestelle, um den Bus nicht zu verpassen. Michael hatte Tabor versprochen, dass sie in der ersten warmen Stadt eine Weile bleiben würden, und das war zufälligerweise King City.

KAPITEL 12

KING CITY:
Sweetheart of the Rodeo

An dem verschlafenen Küstenstädtchen King City zwischen Salat- und Erdbeerfeldern kam Michael regelmäßig vorbei, wenn er an der Küste entlang nach Kalifornien zog. Im ganzen Ort roch es nach Erdbeeren und Sommer – selbst im Winter. Als sie dort ankamen, schien die Sonne und die Temperatur lag bei über zwanzig Grad. Die süßen Düfte und die Wärme der Sonne schienen dem Landstreicher und der Katze mit dem Vagabundenherzen wie das Paradies.

An ihrem ersten Tag spazierte Michael mit Tabor auf der Schulter durch das Stadtzentrum, das eine altmodische Einkaufspassage im Stil spanischer Missionen war. Sie sogen die zahllosen Eindrücke und Gerüche auf, während sie an Kunsthandwerkläden, einladenden Secondhandbuchhandlungen und idyllischen Innenhofcafés vorbeiliefen. Schließlich setzten sie sich vor einem Supermarkt in den Schatten eines Zitronenbaums, um zu betteln. Der Baum stand in voller Blüte und ab und zu fielen welche herunter.

Mit den weißen Blütenblättern im Fell grüßte Tabor die sich neugierig nähernden Kinder und Hunde wie eine erstklassige Diplomatin. Sie musste jedem hallo sagen, rollte sich auf den Rücken und zeigte ihren weißen Bauch, der von Tag zu Tag runder wurde. Die Kinder plapperten aufgeregt und quiekten vor Lachen, während sie die Katze streichelten und liebkosten.

Als ein kleiner Junge, auf dem Kopf ein roter Cowboyhut und um die Hüften ein Plastikholster mit Spielzeugpistole, zu Tabor sagte: »Du hast Flecken wie eine Kuh. Und du bist die schönste Kuh im Stall«, musste Michael grinsen.

In der Sonne wurde es zu heiß, und Michael suchte für sie einen geschützteren Platz vor einer McDonald's-Filiale. Eine flotte, rundliche junge Frau in abgeschnittenen Jeans und Flipflops kam aus dem Laden direkt auf sie zu und gab Michael eine volle Tüte. »Ein großer Cheeseburger für Sie und ein kleiner für die Katze.«

Michael bedankte sich, dachte aber: *Manche Leute haben einfach keine Ahnung.* Er würde die Katze niemals mit solchem Müll wie einem fettigen Burger füttern. Deshalb hatte er sich auch immer geärgert, wenn Stinson ihr Pommes Frites geben wollte. Dann griff die junge Frau in ihren Geldbeutel. »Und hier sind zwanzig Dollar, damit können Sie sich kaufen, was Sie wollen«, sagte sie und reichte ihm einen druckfrischen Schein. »Viel Glück.« Michael bedankte sich erneut. Er würde auch Tabors Miniburger essen und von dem Geld Katzenfutter kaufen.

Die Einheimischen waren hauptsächlich Latinos, größtenteils religiös und sehr freigiebig gegenüber Obdachlosen. Jemand schenkte Michael eine Taschenbibel mit einem Zehndollarschein darin. »Danke, Jesus«, flüsterte Michael, als sein Wohltäter weiterging. Tabor war ihm eine ständige Erinnerung daran, wie gut die Menschen waren, und er entschied, Gottes Geld für sie auszugeben.

»Tabor, wir bleiben hier«, sagte er zu der Katze, die sich ein paar Schritte von ihm entfernt auf einem Fleckchen, das von der Wintersonne beschienen wurde, auf den Rücken rollte. Sie sah ihn an, und ihre Augen waren wegen der Helligkeit nur noch zwei vertikale schwarze Schlitze. »Hier machen wir Urlaub.«

Michael und Tabor blieben zwei entspannte Wochen in King City. Das war genau das, was sie nach dem Schnee und der harten Zeit in Oregon brauchten.

Eines späten Nachmittags, nachdem Michael seine schmutzige Kleidung gewaschen hatte, setzte er sich in der Nähe des Waschsalons in eine Seitenstraße, in der sich überall blühende Kletterpflanzen rankten, auf eine Bank unter einem Grapefruitbaum. Er rauchte eine Selbstgedrehte mit etwas Pot und las zufrieden in der Lokalzeitung – Tabor hatte sich auf seinem Schoß ausgestreckt –, als auf einmal ein Minivan neben ihnen verlangsamte. Neben dem Fahrer saß ein kleiner Junge. Der Mann ließ das Fenster herunter und rief: »He, was willst du für die Katze?«

Das machte Michael wütend. »Das Auto und das Kind«, erwiderte er, worauf der Mann nicht mehr wusste, was er sagen sollte.

Kurze Zeit später kam eine junge Frau mit langen schwarzen Haaren, die einen weiten schwarzen Pullover und zerrissene Jeans trug, vorbei und blieb stehen, um Tabor hallo zu sagen. »Du bist aber eine Hübsche«, gurrte sie und streichelte Tabor. »Sie haben sie bestimmt sehr lieb.«

»Und wie«, antwortete Michael, die Zigarette im Mundwinkel. Er ließ die Zeitung sinken. »Sie ist eine tolle Katze. Irgendein Idiot wollte sie mir gerade abkaufen. Er hat wohl gedacht, ich sage, für zwanzig Dollar kannst du sie haben, oder so. Aber die Katze kann man für kein Geld der Welt kaufen. Sie ist unbezahlbar.«

Die Frau kraulte Tabor und fragte, woher sie kämen. Michael erzählte ihr die Geschichte, wie er die Katze gefunden hatte, wie sie aus dem Nichts im Regen aufgetaucht war. »Vom ersten Moment an waren Tabor und ich wie Pech und Schwefel.«

»Süß«, sagte die Frau. »Wahrscheinlich sollte es so sein, dass Sie ihr begegnen.«

»Wir sind das perfekte Team. Wir sind beide entspannt und nicht besonders ehrgeizig.«

»Darf ich fragen, wie es kommt, dass Sie obdachlos sind?«

»Na ja, irgendwann ging es bergab«, sagte Michael, plötzlich niedergeschlagen. »Ist eben einfach passiert.« Er starrte auf die Ritzen im Gehweg und sah unvermittelt das Gesicht des sterbenden Mercer vor sich. Michael hatte im Restaurant zwei Blocks entfernt gearbeitet, als die Hospizpflegerin, die er angestellt hatte, um nach Mercer zu sehen, ihn anrief und sagte: »Mercer stirbt, kommen Sie nach Hause.« Als Michael wenige Minuten später dort war, war Mercer nur noch kurze Augenblicke bei Bewusstsein und starb, bevor Michael sich verabschieden konnte.

Als die Frau sah, wie bedrückt Michael wirkte, sagte sie: »Es tut mir leid, ich wollte Ihnen nicht zu nahetreten. Wir haben alle unsere Probleme und Sorgen. Verlieren Sie nicht die Hoffnung. Wir können vierzig Tage lang ohne Nahrung, drei Tage ohne Wasser und drei Minuten ohne Luft überleben. Aber keine Sekunde ohne Hoffnung.«

»Ich weiß nicht«, sagte Michael. Walter, sein Stiefvater, hatte auch immer über die Bedeutung von Hoffnung gesprochen und ihm gesagt, er solle nichts erwarten, aber immer auf das Beste hoffen. Diese Lebensphilosophie war nicht ganz Michaels. »Hoffnung kann so grausam sein ... Was zu essen, Wasser, Bier und Zigaretten – das reicht mir normalerweise«, meinte er lächelnd. »Aber es geht mir nicht schlecht. Ich hab die Katze. Und die Freundschaft zwischen uns ist so tief wie der Mississippi.«

Tabor streckte sich und sprang von seinem Schoß. Als sie über die blühenden Ranken an der Backsteinmauer entlangstolzierte, warf sie einen Blick zurück zu Michael. Das traf offensichtlich einen Nerv bei der Frau. Sie trat einen Schritt nach hinten, und Tränen liefen ihr über das Gesicht und verschmierten ihre Wimperntusche. »Ihre Katze erinnert mich an meine eigene«, sagte sie. Dann holte sie einen Schein aus dem Portemonnaie, drückte ihn Michael in die Hand, sagte, er solle Tabor damit etwas zu fressen kaufen, und eilte davon.

Überrascht stellte Michael fest, dass sie ihm einen Fünfzigdollarschein gegeben hatte. Die Menschen mit den traurigsten Geschichten waren oft die großzügigsten.

Es wurde bereits dunkel, und er spürte, dass er ein wenig deprimiert war. Tabor kam leise zu ihm zurück und streifte ihm um die Beine. Sie roch muffig und süß wegen der kleinen Jasminblütensternchen in ihrem Fell. Wahrscheinlich hatte sie sich an den Kletterpflanzen gerieben. »Komm, wir gehen«, sagte Michael, hob die schnurrende Tabor hoch und setzte sie sich mit einem Schwung auf die Schulter. Mit dem Geld der jungen Frau suchte er den nächsten Spirituosenladen auf und kaufte eine Flasche billigen Whiskey, ein Sixpack Bier und eine Schachtel Zigaretten.

Als Michael am nächsten Morgen aufwachte, war es kalt, und er wusste nicht, wo er war. Er erkannte eine menschenleere Gasse und einen Haufen Müllsäcke, die von Kojoten oder Waschbären auseinandergepflückt worden waren. Er fühlte sich zerschlagen und hatte hämmernde Kopfschmerzen. Tabor lag zusammengerollt auf seiner Brust, die Pfoten eingeklappt, und starrte ihn schläfrig an. Vorsichtig, um sie nicht zu stören, griff Michael nach seinem Hut, einem abgetragenen grünen Filzhut, den er vor langer Zeit auf einem verlassenen Grundstück voller Kakteen im Südwesten gefunden hatte, und legte ihn sich aufs Gesicht, um sich vor der Sonne zu schützen. Dann schlief er wieder ein.

Eine Weile später spürte er einen festen Griff an der Schulter. Michael schob den Hut beiseite, um mit glasigem, unfokussiertem Blick nach oben zu schauen. Er sah nur verschwommen etwas Dunkelblaues in der Sonne. Ein schroffer Polizist mit kantigem Kinn stand vor ihm.

»Verdammt«, murmelte er leise und rieb sich den Schlaf aus den Augen. Er rappelte sich auf, wodurch Tabor verrutschte, und sank wieder zu Boden. Tabor huschte davon, blieb aber in Sichtweite.

»Sie dürfen hier nicht schlafen.«

»Tut mir leid, Officer. Ich bin einfach eingeschlafen.«

»Ich muss Ihnen ein Bußgeld abnehmen, weil Sie den Gehweg blockiert haben«, sagte der und schrieb ein Strafmandat wegen Herumlungerns.

»Ich kann mich nicht unsichtbar machen … Auch wenn ich das gerne würde.«

Der Polizist fragte ihn nach seinem Ausweis und schrieb weiter. Michael, zu verkatert und fertig, um richtig denken zu können, holte eine Sammlung Ausweise und Führerscheine aus verschiedenen Bundesstaaten hervor, die ihn mit unterschiedlichen Haar- und Bartlängen zeigten. Darunter waren auch längst abgelaufene. Er suchte seinen Führerschein aus Montana hervor und gab ihn dem Polizisten.

»Montana«, sagte der mit einem Blick nach unten zu Michael. »Da leben Sie?«

Der Polizist gab ihm den Führerschein und das Strafmandat zurück. Perplex starrte Michael auf das gelbe Papier. »Äh, im Ernst? 265 Dollar, weil ich auf dem Bürgersteig gelegen habe? Aber das hier ist doch nur eine kleine Gasse«, protestierte er halbherzig, während er seinen Notizblock hervorholte, in dem er die anderen nicht bezahlten Strafzettel der vergangenen Monate gesammelt hatte, und legte den neuen dazu.

»Die Leute müssen trotzdem vorbeigehen können.«

»Wie soll ich denn so viel Geld zusammenkratzen?«

Der Polizist sah ihn halb mitleidig, halb genervt an und streckte die Hand aus, um ihm aufzuhelfen. »Mein Rat wäre: aus den Augen, aus dem Sinn.«

»Okay, Officer. Tut mir leid«, murmelte Michael und wandte sich zum Gehen.

Tabor hatte sich auf einem sonnenbeschienenen Fleckchen ausgestreckt und still beobachtet, wie die Männer miteinander gesprochen hatten. Als der Polizist nun davonging und ihr dabei einen Blick zuwarf, schlenderte sie zu ihm, strich ihm um die Beine und miaute, weil sie hochgehoben werden wollte. Sie gab sich alle Mühe, ihn zu bezirzen, aber er ignorierte sie und ging einfach an ihr vorbei.

Sie drehte den Kopf zu Michael und ließ ein leises, enttäuschtes Miau hören.

»Es tut mir leid, Tabor«, sagte er und lehnte sich an eine Mauer, nur um ungeschickt wieder hinunter auf den Gehweg zu rutschen. Leere Dosen, Flaschen und Zigarettenstummel lagen verstreut um ihn herum.

Tabor gähnte herzhaft, streckte die Beine und kam dann zu ihm herübergeschlichen. Sie sprang ihm auf die Schulter und schmiegte sich an seine Wange.

»Das ist kein Leben für eine Dame«, sagte er zu ihr. Tabor starrte ihn an, als wüsste sie, was er meinte. »Ich werde mich bemühen, dass es besser wird.«

Sie rieb den Kopf an seinem Kinn und schnurrte laut. Ihr Fell war weich und warm von der Sonne, und sie vertraute darauf, dass sie mit ihm zusammen schon am richtigen Ort war.

KAPITEL 13

Bad Moon Rising

Der Regen prasselte nur so herunter. Die Palmen bogen sich im Wind, und es hagelte Kokosnüsse. Ron duckte sich in die Ruinen eines Steinhauses, hielt Mata in den Armen und sah Holzstücke und Äste vorbeifliegen. Als der Wind stärker wurde und an ihnen zerrte, entglitt Mata Ron und wurde ins Meer gefegt, während er hilflos zusehen musste.

Ron riss die Augen auf. Er wusste nicht, wo er sich befand, und war schweißgebadet. Er hörte einen dumpfen Aufprall und dann Creto, der über den Holzfußboden aus dem Schlafzimmer huschte. Wahrscheinlich hatte er sich erschreckt, als Ron aus seinem Albtraum erwacht war.

Es war fast elf Uhr an einem bitterkalten Januarmorgen. Ron kämpfte sich mittlerweile durch jeden einzelnen Tag. An den meisten kam er morgens kaum aus dem Bett. Am schlimmsten waren die Wochenenden. Er hatte sich angewöhnt, tagelang das Haus nicht zu verlassen. Seine Freunde spotteten, er rutsche ab in eine trübe Halbwelt, in der Antidepressiva, den ganzen Tag fernsehen und am Ende vielleicht sogar Waffen sammeln zur Tagesordnung gehörten. Benommen lag er da, starrte die drei alten Elvis-Drucke aus schwarzem Samt an der Wand an und dachte über die Bedeutung seines Traums nach. Er fühlte sich, als würden brennender Herzschmerz und Wut ihn verschlingen, ihm seine ganze Energie aussaugen.

Creto kam zurück, sprang auf das Kissen neben Rons Kopf und miaute. Ron streichelte ihm die pelzige Wange. *Ohne diesen Kater*, dachte er, *wäre mir alles egal. Wahrscheinlich würde ich wie Brian Wilson enden und nur noch im Bett leben.*

Keine Sekunde zu früh sprang auch Jim, ein Siamese mit schokoladenbraunem Gesicht, zu ihm aufs Bett und miaute, weil er gefüttert werden wollte. Jim gehörte Rons Mitbewohner Steve. Ron hatte den Musiker vier Jahre zuvor kennengelernt, als dieser gerade sein Dach über dem Kopf verloren hatte. Damals hatte Steve noch den älteren Kater Lennie besessen. Ron nahm die beiden auf, ohne dass sie Miete zahlen mussten. Nachdem Lennie gestorben war, adoptierte Steve das Kätzchen Jim.

Ron schleppte sich in die Küche. Seine Augen waren rot vor Übermüdung, und er ging träge zur Kaffeemaschine. Creto und Jim schossen an ihm vorbei und stellten sich vor ihre Fressnäpfe. Ron wusste, dass Steve die beiden bereits gefüttert hatte, aber sie wollten immer mehr und benahmen sich, als würden sie verhungern, um eine zusätzliche Mahlzeit zu ergattern.

Während Ron die Näpfe füllte, warf er einen Blick aus dem Fenster, auf die gegenüberliegende Straßenseite, wo Jack lebte. Ron war überzeugt davon, dass er ein Drogendealer war. Wie in einem chinesischen Take-Away gingen bei ihm Tag und Nacht zugedröhnte Leute aus und ein. Allein der Gedanke an Jack brachte ihn innerlich zum Kochen. »Junkie-Versager«, zischte er. »Ich hoffe, du stirbst an einer Überdosis.«

Doch als er den Katzen ihr zweites Frühstück hinstellte, sagte er sich, er müsse aufhören mit seinen ständig kreisenden Rachegedanken über seinen verhassten Nachbarn. Um sich zu zwingen, etwas Positives zu tun, setzte er sich an den Computer und veranlasste eine Spende an die Katzenrettungsorganisation, die er am liebsten mochte, und suchte dann im Haus nach Handtüchern, Decken, Schüsseln und anderen Gegenständen, die das örtliche Tierheim gebrauchen könnte. Danach schaute er bei ebay nach Stratocaster-Teilen für seinen Laden und geriet in einen Gitarrenkaufrausch. Später packte er die Weihnachtsdekoration ein. Er drehte einen Radiosender auf, der Oldies spielte, und während Linda Scott mit ihrer sinnlichen, zuckersüßen Stimme »I Told Every Little Star« sang, nahm er die Lichter und den Schmuck vom Weihnachtsbaum und verstaute sie. Er gab sich Mühe, sich zu beschäftigen, denn sobald er damit aufhörte, sehnte er sich wieder nach Mata, und das düstere Gedankenkarussell drehte sich wieder in seinem Kopf.

An diesem trüben Nachmittag war es um fünf Uhr schon dunkel. Steve kam früher als sonst von der Arbeit und schlug Ron vor, mit ihm zur Happy Hour in eine Kneipe zu gehen. Ron war nicht danach, das Haus zu verlassen, also zog Steve alleine los.

Creto hatte sich auf der anderen Seite des Zimmers unter der Heizung zusammengerollt. Jim strich Ron um die Beine und sah mit großen Augen zu, wie er den Baum nach draußen schleppte und eine rieselnde Spur Kiefernnadeln hinterließ. Zum Schluss brachte Ron die Kartons auf den Dachboden.

Dieser glich mit seiner Zedernholzverkleidung einer geräumigen Sauna. Ron fühlte sich dort wie in einem geheimen Baumhaus, es war sein Versteck vor der Welt. Manchmal ging er dort hinauf, um zu meditieren, einfach den Kopf freizubekommen oder Musik zu hören.

Die Dachfenster gingen nach vorn und hinten raus. Kisten mit Schallplatten waren an einer der schrägen Wände gestapelt, darüber hing ein Beatles-Poster aus den frühen sechziger Jahren. Ein altes Mikrophon stand neben einem kleinen Bücherregal mit einer roten Lavalampe darauf. Das Ganze strahlte Frieden und Gemütlichkeit aus.

Nachdem er die Kartons weggepackt hatte, ließ Ron sich in den antiken Barbierstuhl mit Blick durch das hintere Fenster fallen. Der Stuhl bestand aus Walnussholz und hatte dicke Lederpolster und Pedale aus Metall. Er hatte Rons Großvater gehört, der einen Friseursalon in St. Johns geführt hatte. St. Johns war ein winziger, idyllischer Vorort im Norden von Portland, auf der anderen Seite des Willamette Rivers. Ron war praktisch in diesem Stuhl aufgewachsen: Als kleinem, pausbäckigem Jungen mit strohblonden Haaren wurde ihm regelmäßig im Salon seines Großvaters ein militärischer Bürstenhaarschnitt verpasst. Mit seinem traditionellen *barber's pole*, der gewölbten Decke und den holzverkleideten Wänden, an denen vergilbte Fotografien von verschiedenen Herrenfrisuren hingen, sowie den bunten Flaschen Haarwasser auf dem Tresen verbreitete der Laden eine warme, anheimelnde Atmosphäre. Er war außerdem immer voller Pfeifenrauch von den schnurrbärtigen Männern, die dort saßen, sich unterhielten, lachten und dabei rauchten.

Der Friseurstuhl seines Großvaters war wie eine Zeitmaschine. Jedes Mal, wenn Ron sich hineinsetzte, wanderten seine Gedanken zurück in seine Kindheit. Damals hatte er unter den graublauen gotischen Bögen der St. Johns Bridge im Cathedral Park gespielt. Er war auch unheimlich gern in die kleinen Läden in der Nachbarschaft gegangen. Manche von ihnen gab es noch heute:

die Tulip Pastry Bakery zum Beispiel, wo seine Mutter ihm nach dem Friseurbesuch ein Hefeteilchen und Kirschlimonade kaufte, oder der vollgestopfte Comicladen mit den knarzenden Dielen, der einer netten iranischen Familie gehörte, die ihm immer Süßigkeiten schenkte. Dort ließ er fast sein gesamtes Taschengeld. Oder das alte St.-Johns-Kino, wo er im Sommer 1975 *Der weiße Hai* sah. Und schließlich noch die Kurzwarenhandlung Lion's Den Man's Shop, dessen Name – Löwengrube – ihn immer zum Grinsen brachte, wenn er dort vorbeikam.

Bevor er Friseur wurde, war Rons Großvater in den vierziger Jahren Musiker in einer Ragtime-Band gewesen. Er hatte Ron eine Mundharmonika und seine erste Gitarre geschenkt und ihn mit der ganzen musikalischen Bandbreite von den alten Jazzgrößen bis hin zu Johnny Cash und Bob Dylan bekannt gemacht. Als Ron sich in dem Friseurstuhl drehte, überlegte er, dass jetzt ein guter Zeitpunkt wäre, den Dachboden zu renovieren und das kleine Tonstudio zu bauen, das er immer gewollt hatte. Es würde ihn ablenken, und das war es, was er zurzeit am dringendsten brauchte.

Ron drehte sich wieder zu dem Fenster an der Rückseite und blickte nach oben. Inzwischen war es vollkommen dunkel, nur der Vollmond strahlte sein gräuliches Licht in die kalte Nacht hinaus. Eine Sekunde dachte Ron, es sei ein Blauer Mond. Doch zwei Vollmonde in einem Monat hatte es zuletzt im August gegeben, um Matas und Cretos dritten Geburtstag herum, also war es unwahrscheinlich, dass das Phänomen schon wieder auftrat. Für Ron bedeutete Vollmond immer innere Unruhe. So auch diesmal. Die Kälte und Trostlosigkeit des Januars schienen seine eigene Niedergeschlagenheit widerzuspiegeln. Sein

Geburtstag – am selben Tag wie Elvis Presley und David Bowie, wie er gerne erzählte – stand in drei Tagen bevor. Auf einmal fühlte er sich zittrig und fragte sich, wohin seine Jugend verschwunden war. Er hatte viele falsche Entscheidungen getroffen, die falschen Freunde gewählt und zahlreiche Gelegenheiten verpasst. Sein Leben jetzt sah nicht viel anders aus als mit 25, bloß dass er nun allein und deprimiert war und einen sadistischen Soziopathen als Nachbarn hatte.

Im Mondlicht glitzerte etwas verirrtes Lametta auf den Dielen des Dachbodens. Ron stand auf, um Besen und Kehrblech zu holen und es wegzufegen. Dann kramte er in einem Karton und fand Matas ungeöffneten Katzenweihnachtsstrumpf vom vorherigen Jahr, als sie zum ersten Mal verschwunden war. Er sah den noch in einem roten Plastiknetz verpackten Strumpf an und hatte das Gefühl, als wäre die Zeit stehengeblieben. Es erinnerte ihn an den letzten Winter, in dem Mata im Wald gelebt hatte.

Im Kopf ging er noch einmal alle Details von dem Tag durch, an dem er sie aus dem Tierheim in Vancouver abgeholt hatte. Sie war so abgemagert gewesen und hatte an Katzenschnupfen gelitten. Als er im Tierheim ankam, fand das Personal sie zunächst nicht. Sie war im Hinterzimmer und wartete auf ihren Tod. In wenigen Stunden wäre sie eingeschläfert worden, da sie als halbwild eingestuft worden war und zu krank, um noch behandelt zu werden. Ein Mitarbeiter brachte Ron zu dem sterilen Betonraum, in dem sich die hoffnungslosen Fälle befanden. Es war der traurigste Ort, den man sich vorstellen konnte.

Rons Herz klopfte wild, als er an den Reihen von Metallkäfigen mit verängstigen Katzen vorbeiging. Die schlimmsten Fälle hatten bereits aufgegeben und drängten sich stumm in die am weitesten entfernte Ecke ihres Käfigs.

Unter ihnen war Mata. Auch sie versteckte sich im hinteren Bereich ihres Käfigs und hatte den Kopf auf die Pfoten gelegt. Doch als Ron ihren Kosenamen »Honey Bunny« rief, spitzte sie die Ohren, sah zu ihm hoch und antwortete mit kurzen Klagelauten.

Auf der Heimfahrt hatte Mata eine Pfote durch das Gitter des Katzenkorbs gesteckt und sie um Rons Finger gelegt. Bei dem Gedanken daran, dass er so kurz davor gewesen war, sie zu verlieren, musste Ron weinen.

Deprimiert ging er nach unten, um auf seinem Laptop nachzusehen, ob ihm vielleicht wundersamerweise irgendjemand eine E-Mail wegen Mata geschrieben hatte. Er nahm den Laptop mit auf den Dachboden und postete auf seiner Facebook-Seite sein Lieblingsbild von sich selbst mit Mata und Creto und schreib: *Bitte komm nach Hause, Mata. Ohne dich sind wir nicht vollständig.*

Er klappte den Laptop zu, stellte ihn auf den Boden, ließ sich wieder in den Friseurstuhl sinken und legte die Hände vors Gesicht. In diesem Moment hörte er das leise Tapsen von Katzenpfoten auf der knarzenden Treppe. Als er aufsah, steckte Jim den Kopf durch die Tür. Der große Siamese starrte Ron an und blinzelte mehrmals mit seinen zweifarbigen Augen – das eine war blau, das andere gelb.

»O Jim, Jimmy, Jim, Jim«, murmelte Ron sanft. »Du bist so ein süßes Kerlchen.«

Als Ron mit ihm sprach, ließ Jim mit seiner rauen Stimme ein bedauerndes »Mrrr« hören. Er schlenderte zu ihm hinüber und sprang ihm wie ein kleiner Turner – seine Fellzeichnung sah aus, als würde er braune Strumpfhosen tragen – in den Schoß. Mit seinen David-Bowie-Augen schaute er Ron an. Dann rieb er sein Gesicht an Rons und tätschelte mit der Pfote sein Bein.

Jims reines Herz und seine kätzchenhafte Albernheit rissen Ron aus seiner düsteren Stimmung, und er musste lächeln.

Er hörte das Klappern von Schlüsseln auf der vorderen Veranda, als Steve heimkam. Sein Mitbewohner sollte ihn nicht in diesem Zustand sehen. Ron stand auf, hob Jim hoch und setzte ihn hinter sich in den Friseurstuhl. Er schaltete das Licht aus, atmete tief durch und wischte sich mit dem Pulloverärmel die Tränen weg. Er wartete, bis er Steve in der Küche rumoren hörte, der sich dort einen späten Snack zubereitete. Erst dann ging er nach unten und setzte ein Pokerface auf.

Irgendwie musste er sich zusammenreißen, dachte er, und den Winter überstehen. Er musste einfach daran glauben, dass er Mata finden und sie nach Hause holen würde.

KAPITEL 14

VENTURA, KALIFORNIEN:
Good Vibrations

Mitte Januar nahm Michael in King City einen Bus nach Süden. Dann trampte er mit Tabor auf dem Rucksack die Küste entlang. Sie mussten nicht lange warten, bis ein freundlicher älterer Mann sie mitnahm, der wegen einer Krebstherapie nach Santa Barbara fuhr. Auf dem Rücksitz saß ein riesiger, lieber Schäferhund. Tabor schien mit Hunden im Allgemeinen gut auszukommen und verschlief den ganzen Weg. Es war eine entspannte Fahrt – den Freeway 101 immer geradeaus bis Santa Barbara. Kaum waren sie aus dem Auto gestiegen, sah Michael einen glitzernden Meeresarm mit lauter Surfern. Die Wellen kamen dicht hintereinander herein, und die Luft roch nach warmem Asphalt und Salz. »So, Tabor«, sagte Michael, der sich sofort auf den Weg zum Strand gemacht hatte. »Ich will dir das Meer zeigen.«

Als sie ans Wasser kamen, wirkte Tabor begeistert. Sie hatte die funkelnden Augen weit aufgerissen, und ihr Näschen zuckte, während sie all die Eindrücke und Gerüche aufnahm: die donnernden Wellen, die Vögel auf den Wellenkämmen, die salzige Meeresluft. Als Michael sie auf dem Sand absetzte, hockte sie sich hin und tippte eine Pfote in die Gischt. Sie hatte keine Angst vor den Wellen oder dem Wasser, das bis an ihre Füße züngelte.

»Tabor, du bist echt komisch«, sagte Michael grinsend

angesichts ihrer Unerschrockenheit. »Normalerweise heißt es, Katzen mögen kein Wasser.«

Tabor entdeckte einen Schwarm Möwen, der am Strand landete. Sie duckte sich und fixierte die Vögel. Ihre Schnurrhaare zitterten, sie war im Jagdmodus und wiegte sich sprungbereit vor und zurück. Eine gute halbe Stunde jagte sie Möwen und kam mit jeder Menge Sand und Meerwasser im Fell zurück. Sie war so schmutzig, dass Michael sie in der Stadt zu einem Hundesalon brachte und dort baden ließ.

Sie blieben einige Tage in Santa Barbara und verbrachten die Zeit mit ein paar wohnungslosen Freunden, die staunten, dass Michael mit einer Katze reiste. Tabor wurde auch in den Straßen von Santa Barbara ein großer Hit, wie sie auf Michaels Schulter ritt und die Menschen begrüßte, wenn er bettelte.

Aber Michael wollte weiterziehen, und sie machten eine Fahrt nach Ventura klar. Ventura war ein friedlicher Ort, der sich vom Meer bis hinein ins Kalifornische Küstengebirge erstreckt. Michael steuerte einen alten Lieblingsschlafplatz an, der in einer abgeschiedenen Bucht unter Akazien lag, nur ein paar Schritte vom Highway entfernt und dennoch außer Sichtweite der Fahrer. Auch vom Strand aus war er nicht zu sehen, befand sich aber in Stadtnähe. Erleichtert stellte Michael fest, dass der Platz noch genauso wirkte wie im letzten Jahr, bevor er ihn verlassen hatte –, es hatte ihn also niemand entdeckt. Und so sollte es auch bleiben, weshalb er dafür sorgte, dass ihr Lagerfeuer sie nicht verriet. Er musste aufpassen, dass weder die ortsansässigen Obdachlosen ihn kommen und gehen sahen, um nicht Gefahr zu laufen, ausgeraubt zu werden, noch Anwohner, die die Polizei rufen könnten –, auch wenn er niemandem etwas tat. Er hatte die Worte des Polizisten nicht vergessen, der ihm ein Strafmandat wegen Herumlungerns gegeben hatte: »Aus den Augen, aus dem Sinn.«

Michael verlor keine Zeit und baute unter den Akazien ein kleines Zuhause am Meer für sie: eine Hütte aus Treibholz – einem Mix aus ramponiertem Sperrholz, abgebrochenen Ästen und Plastikstrandgut. In Brookings, Oregon, am Winchuck River (den Michael Woodchuck River nannte, weil sich an seinen Ufern so viel Holz sammelte) hatte er gelernt, Hütten zu bauen. Es war eine unverzichtbare Fähigkeit, weil das Meer sich wie ein Windkanal verhielt, und er Schutz vor der Kälte brauchte, die der Wind erzeugte. Aber selbst eine gute Hütte sah aus, als hätte sie ein Schiffbrüchiger gebaut.

In der ersten Nacht schien Tabor ihr neues Zuhause gleich zu genießen. Sie machte es sich in Michaels Schoß gemütlich, die Vorderpfoten eingeklappt wie ein Huhn auf der Stange, und schnurrte laut. Michael streichelte sie, ihr weiches, samtiges Fell bildete eine kleine Irokesenfrisur zwischen den Ohren, und sie schnurrte und schnurrte. Als die Sonne am Horizont verschwand, fühlte Michael sich fast glücklich.

An den meisten Morgen wurden Michael und Tabor noch vor Sonnenaufgang vom Gurren der Tauben geweckt. Nachts kuschelten sie sich im Schlafsack unter ihrem Treibholzdach aneinander. Tagsüber vertrieb Michael sich die viele freie Zeit, indem er Lokalradio aus L.A. hörte, in seine abgegriffenen Notizbücher schrieb oder in alten Taschenbüchern las, die er neben anderen nützlichen Dingen in Kartons vor Wohnhäusern gefunden hatte. Neben

Steinbeck mochte er klassische amerikanische Literatur und Bücher über amerikanische Geschichte.

Während Michael las oder schrieb, beschäftigte Tabor sich selbst. Häufig saß sie auf tiefhängenden Ästen über seinem Kopf oder spielte an seiner Seite. Sie war ziemlich gut darin geworden, Blätter, Federn und Weinkorken, die Michael am Strand fand, als Spielzeug zu nutzen. Manchmal saß sie stundenlang, die Vorderpfoten übereinandergelegt, den Blick aufs Meer gerichtet, da wie eine Löwin, die ihr wildes, unendlich großes Königreich bewacht. Sie entfernte sich nie weit von Michael, dennoch behielt er sie im Auge, wenn sie Libellen, winzige Eidechsen oder Krabben jagte.

Am späten Nachmittag, wenn das silbergrüne Meer ruhig und einsam dalag, spazierten sie am Strand entlang, Tabor an der Leine und Michael auf der Suche nach Seeigeln, Muscheln und Holz fürs Lagerfeuer. Es war ein einfacher, beruhigender Tagesablauf, der Michaels Depression in Schach hielt, die immer drohte, über ihn hereinzubrechen, doch nie ganz ausbrach.

Eines Tages, als Michael Tabor die Leine anlegen wollte, entwischte sie ihm und lief weg. Als sie einige Meter entfernt war, wo Michael sie nicht mehr erreichen konnte, sah sie auffordernd maunzend zu ihm zurück. Sie wartete, bis er auf ihrer Höhe war und rannte dann weiter über den Sand. Er rannte stolpernd hinterher, halb lachend und murmelnd: »Oh, Tabor … komm zurück.«

Michael erinnerte sich nicht, wann er das letzte Mal so ausgelassen gewesen war, ohne etwas getrunken zu haben. Jeder Zuschauer hätte wohl gedacht, dieser bärtige Obdachlose, der eine Katze über den Strand verfolgte, hätte den Verstand verloren.

Als Tabor sich ausgetobt hatte, sprang sie ihm auf die Schulter und erwartete, dass er sie nach Hause trug.

Gelegentlich spielte Tabor schon in der Gischt, wenn Michael aufwachte. Dann pfiff er, und sie rannte zu ihm. Aber eines Morgens, als er ihr den Rücken zuwandte, um Feuer zu machen und Kaffee zu kochen, verschwand sie. Ihr war nicht klar, dass sie bei ihren kleinen Ausflügen in die Wildnis urplötzlich in den Fängen eines Rotluchses oder Kojoten enden konnte. Er lief den Strand auf und ab, hielt Ausschau nach Pfotenabdrücken von ihr im Sand und rief verzweifelt ihren Namen. Als er kurz davor war, in Panik zu geraten, hörte er das Kreischen von Möwen und dazwischen ein schwaches, fernes MIAUUUUUU, und er entdeckte sie in weiter Ferne am Strand, wo sie Möwen jagte.

Geduckt kroch sie auf eine nichtsahnende Möwe am Rand des Schwarms zu, und ihr Schwanz schlug hin und her. Michael wurde nervös, denn er wusste, dass Möwen aggressiv werden und Katzen und kleine Hunde angreifen konnten, indem sie im Sturzflug auf sie hinunterstießen und mit ihren krummen Schnäbeln auf ihre Schädel einhackten.

Er rannte zu ihr und rief: »Tabor, was machst du da? Tabor! NEEEEEIN!« Tabor kannte die Bedeutung von »Nein«, doch sie sah Michael nur an und pflügte durch den Sand auf die gewaltige Seemöwe zu, die dann allerdings mit ihrem Schwarm davonflog.

»Tabor, lass die Möwen in Ruhe. Ihr Leben ist hart genug, auch ohne dass du sie belästigst!«, sagte Michael, als er sie eingeholt hatte und hochnahm. Sie gab ein kurzes Knurren von sich, weil er ihren Hinterhalt gestört hatte. Als er sie an die Leine nahm, fauchte sie wütend.

Es war das erste Mal, dass sie das tat. Aber sie musste die Leine tragen, damit er sie vor Gefahren beschützen konnte. Als er angefangen hatte, ihr beizubringen, an der Leine zu gehen, hatte sie sich auf den Boden gelegt und geweigert, einen Schritt zu tun oder auf seine Schulter zu springen. Aber ihre regelmäßigen Strandspaziergänge mochte sie, und nun folgte sie ihm in ihr Lager unter den Akazien.

Dort angekommen wandte sie Michael jedoch den Rücken zu, schlug gereizt mit dem Schwanz und schmollte. Wenn er sie streicheln wollte, lief sie mit einem genervten Maunzen davon. Zum Mittagessen servierte Michael ihr ihr Lieblingsessen, Fancy Feast Huhn, und sie steckte das ganze Gesicht in den Napf und vergaß endlich ihren Ärger.

Michael ging davon aus, dass Tabor im Grunde genau wusste, was sie tat –, wobei sie das nicht immer davon abhielt, Dinge zu tun, die sie nicht tun sollte. Und ihre spitzbübische Seite trug ja auch zu ihrem Charme bei. Manchmal rebellierte sie und lief davon auf irgendeiner geheimen Mission. Er versuchte, ihr zu folgen, ohne aufdringlich zu sein, aber meistens spürte sie seine Gegenwart, drehte sich um und ließ ein trillerndes, vogelähnliches Geräusch hören, das junge Katzen machen, wenn sie nach ihrer Mutter rufen.

An einem Vormittag folgte er Tabor zu einem Parkplatz am Strand. Er sah, wie sie in einen offenen Campingbulli schlich. Er brauchte ein paar Minuten, bis er dort angekommen war und einen Blick hineinwerfen konnte. Durch einen Marihuananebel sah er ein paar jugendliche Surfer, die dort herumhingen. Ein gutaussehender junger Mann, der abgeschnittene Jeansshorts trug, Wangenknochen wie

Steilklippen und wildes, sonnengebleichtes Haar hatte, schaute auf.

»Ich glaube, meine Katze ist hier reingeschlichen«, sagte Michael.

»Das glaube ich auch«, antwortete der Surfer lächelnd und zeigte auf die Katze hinter sich. Tabor lag auf dem Rücken ausgestreckt auf einem Haufen Neoprenanzüge. Faul drehte sie den Kopf, als sie Michaels Stimme hörte. »Sie chillt«, sagte er. »Willst du reinkommen? Ich glaube, sie ist zu breit, um sich zu bewegen.«

»Hoffentlich nicht«, sagte Michael, als er den Bulli betrat und von blauem Rauch umhüllt wurde. In Portland war er einmal wütend auf ein paar junge Leute von der Straße geworden, die Tabor aus Spaß Pot-Rauch ins Gesicht bliesen. »Ihr könnt meinetwegen alle Drogen nehmen, die ihr wollt«, hatte er sie angeschrien, »aber wagt es nicht, das Tier high zu machen. Ich muss mit einer eigensinnigen Katze klarkommen, ich will es nicht auch noch mit einer bekifften Katze zu tun haben.«

»Die Katze ist cool«, sagte der Surfer und nahm einen Zug an seinem Joint. »Sie kam hier rein, kletterte mir auf die Brust und fing an, mir die Augen abzulecken. Ich so: ›O Mann, Katze, echt mal, wir haben doch nichts miteinander, wir hängen nur zusammen ab.‹«

Michael lachte und nahm seine streunende Katze auf den Arm. »Das macht sie manchmal. Einmal, als ich am Betteln war, kam ein Polizist und sagte: ›Das dürfen Sie nicht.‹ Die Katze läuft zu ihm, klettert an seinem Bein hoch, weil sie es gewohnt ist, das bei mir zu tun, und dachte, sie könnte das bei jedem machen. Ich so: ›Nein, Tabor, nein. Das ist ein Polizist.‹ Ich musste sie richtig von ihm abpflücken. ›Tut mir leid, Officer‹, sage ich, und er:

›Ja, das war keine besonders gute Idee.‹ Irgendetwas an dem Bullen mochte sie. Bei manchen Leuten ist sie einfach so.«

Auf dem Rückweg zu ihrer Treibholzunterkunft entdeckte Michael eine zerknüllte *Los Angeles Times*, die in einem Mülleimer steckte, und nahm sie mit. Auf der Titelseite stand ein Bericht über einen ehemaligen LAPD-Beamten, der aus Rache in den schneebedeckten Wäldern des Big Bear einen Amoklauf verübt hatte. Er war noch auf freiem Fuß in den San Bernardino Mountains, die ungefähr drei Stunden entfernt waren. Es beruhigte Michael ein wenig, dass der Mörder relativ weit weg war.

Aber die größte Gefahr ging für sie ohnehin nicht von Polizisten, Drogensüchtigen oder Obdachlosen aus, sondern von den hier lebenden Kojoten. Michael hörte sie nachts und fürchtete, dass sie Tabor früher oder später schnappen würden. Er hatte bereits mehrere Nächte wach gelegen, mit Tabor im Schlafsack, und auf jedes Geräusch gelauscht. Sogar einen Fluchtweg hatte er sich überlegt. Er hatte einige Zweige von einem Baum abgebrochen, um Tritte und Griffe zu haben, damit er, wenn die Kojoten zu nah kamen, sich einfach die Katze schnappen, sie in die Tragetasche packen und mit ihr auf den Baum klettern konnte. Sie hatten das Ganze schon mehrmals durchgeführt – wie bei einer Brandschutzübung.

Michael musste ohnehin auf der Hut sein, aber andauernd auf Tabor aufzupassen und ihr beizubringen, dass es da draußen echte Gefahren gab, machte ihn nervös, und er trank wieder mehr, um sich zu beruhigen. Zwei Rotschwanzbussarde, die in einem benachbarten Baum lebten, machten ihm ebenfalls Sorgen. Sie flogen zumeist nur etwa drei Meter über ihren Köpfen hinweg. Meist waren sie auf Mäusejagd, aber einmal hatte er sie auch ein Eichhörnchen fangen und in ihr Nest schleppen sehen.

Mehrmals am Tag sagte Michael: »Guck nach oben, Tabor« und zeigte in den Himmel, und sie drehte ihr süßes Katzengesicht in die Richtung. Er brachte Tabor bei zu kommen, wenn er pfiff –, er bezeichnete es als den »Taborpfiff«. *In gewisser Weise war es wie Kinder haben*, dachte er. *Man ernährt sie, bewahrt sie vor schlimmen Dingen, gibt sich Mühe, ihnen etwas beizubringen und hofft dann das Beste.*

Michael hatte ein Händchen für die Erziehung von Tieren. Als Mercer und er in der Reihenhauswohnung in St. Louis gelebt hatten, hatte Michael die Bull Mastiffs des Vermieters trainiert, die auf Shows auftraten.

Eines Abends sah er einen einsamen Kojoten am Rand der Klippe. Sein silbriges Fell glitzerte im Mondlicht. Einige Abende später tauchte einer wie aus dem Nichts am Strand auf und schlich zielstrebig auf sie zu, seine schlauen, schrägen Augen glühten bernsteinfarben in der Abenddämmerung, während er immer näher kam. Zwei weitere gesellten sich zu ihm, und sie begannen, Michaels und Tabors Lager zu umkreisen. Rasch packte Michael die Katze, steckte sie in die Transporttasche, nahm ein paar Dosen Katzenfutter und kletterte den Baum hinauf. Als er hoch genug war, warf er eine Dose in Richtung des größten Kojoten, der der Anführer zu sein schien, und traf ihn an der Schnauze. Das Tier jaulte auf und knurrte, wich aber kein Stück zurück. Michael fühlte sich schlecht, weil er ihm Schmerzen zugefügt hatte – auch die Kojoten wollten nur in einer feindlichen Umwelt überleben –, aber er musste Tabor um jeden Preis verteidigen.

Nach einer Weile zogen sich die Kojoten zurück. Als Michael sicher war, dass sie fort waren, kletterte er vom Baum, schwang sich den Rucksack auf den Rücken, nahm die Tragetasche und machte sich ebenfalls davon. In dieser Nacht schliefen Tabor und er vor dem Eingang der Bank of America im Stadtzentrum. Aber Michael war unruhig und dachte die ganze Zeit: *Die wilden Tiere haben mir einen Schreck fürs Leben eingejagt. Ich werde nie wieder schlafen können.*

Am nächsten Morgen kaufte er in einer Zoohandlung eine Box aus Hartplastik. Durch dieses mobile Zuhause sollte Tabor besser vor wilden Tieren geschützt sein. Außerdem besorgte er eine längere Leine, damit Tabor zwar herumlaufen konnte, aber sicher mit ihm verbunden blieb. Trotz dieser neuen Schutzausrüstung beschloss er, dass es besser sei, sich nach Thousand Oaks, einer nahe gelegenen Stadt in Ventura County, zurückzuziehen – zumindest für ein paar Tage. Thousand Oaks besaß ein Einkaufszentrum und ein Altersheim, so dass dort viele Fußgänger herumliefen. So, hoffte Michael, würden sie genug Geld oder Lebensmittel erbetteln, um über die Runden zu kommen. Gegenüber dem Einkaufszentrum befand sich eine große Wiese mit einigen Palmen, wo sie nachts schlafen konnten und Michael unbehelligt von der Polizei oder sonst irgendjemandem trinken konnte.

In Thousand Oaks gewöhnte Michael sich schnell einen bestimmten Ablauf an. Jeden Tag um sechs Uhr ging er mit Tabor auf der Schulter von dem palmenbestandenen, kleinen Hügel zur Hauptstraße, um sich einen Kaffee zu holen. Auf dem Weg dorthin fiel Tabor den vorbeifahrenden Leuten auf, und sie hielten an und stiegen aus dem Auto, um sie zu streicheln und Michael Geld zu geben.

Alle schienen dieselben Fragen zu haben: »Wie sind Sie an die Katze gekommen? Wie haben Sie ihr beigebracht, auf dem Rucksack zu bleiben? Wie sind Sie obdachlos geworden?«

Nachdem er seinen Kaffee getrunken hatte, setzte er sich Tabor wieder auf die Schulter und ging zu dem Einkaufszentrum, wo er sich in der Nähe des Altersheims niederließ. Er stellte sein Pappschild mit der Bitte um etwas Kleingeld auf, und fast jeden Tag schenkte ihm jemand seine Stempelkarte von Starbucks und eine Tüte voller Katzenfutter. Ein wohlmeinender älterer Katzenfreund kaufte Michael sogar neue Kleidung und erlaubte ihm, bei sich zu duschen. Zuerst fand Michael es komisch, zu irgendeinem Typen zum Duschen nach Hause zu gehen. Aber der Mann war einfach nur ein Witwer, der selbst drei Katzen aus dem Tierheim besaß und froh war, etwas Gutes tun zu können.

Gegen Mittag am dritten Tag stakste eine alte Dame am Stock auf sie zu. Michael wollte ihr irgendwie helfen, fürchtete aber, sie könne das als Angriff interpretieren.

Die alte Dame bückte sich, um Tabor zu streicheln. »Sie haben so eine schöne Katze. Wie heißt sie denn?«

»Tabor.«

Sie wirkte überrascht, und Tränen traten ihr in die Augen.

»Warum weinen Sie?«, fragte Michael.

»Das ist mein Name«, antwortete sie. »Ich heiße Linda Tabor.«

Michael dachte: *Heiliger Bimbam, das ist Catwoman.*

»Sind Sie erst seit kurzem hier?«

»Ich verbringe seit vier oder fünf Jahren den Winter in Ventura«, sagte Michael.

»Wie kommt es, dass Sie mir nie zuvor aufgefallen sind?«

»Früher hatte ich noch keine Katze.«

»Oh«, sagte Linda und dachte auf ihren Stock gestützt nach. »Ich bin gleich wieder da.« Sie trippelte zu ihrem Auto und kam wenige Minuten später mit etwas Bargeld zurück. »Möchten Sie etwas von meinem Auflauf probieren? Ich komme morgen wieder vorbei. Und für das Kätzchen bringe ich auch Futter mit.«

Michael war gerührt. Seine Augen wurden feucht. Er wollte etwas sagen, brachte aber nur ein »Danke« heraus.

Linda erzählte ihm ihre Geschichte. Vor nahezu vierzig Jahren, nachdem ihr Ehemann unerwartet gestorben war, hatte sie massiv zu trinken begonnen. Sie hatte Kinder und ihre alte Mutter, für die sie sorgen musste, aber sie hörte einfach auf, sich um sie zu kümmern. Häufig war sie zu betrunken, um Auto fahren zu können, manchmal kam sie morgens nicht einmal aus dem Bett. Sie wusste, dass sie im Begriff war, die Kontrolle über ihr Leben zu verlieren, und so beschloss sie, Hilfe bei den Anonymen Alkoholikern zu suchen. Die Nummer fand sie im Telefonbuch. Als sie anrief, wurde sie nach ihrer Adresse gefragt, und kurze Zeit später stand eine Frau namens Pat vor ihrer Haustür. Sie nahm Linda mit zu einem Treffen der Anonymen Alkoholiker, verbrachte den Tag mit ihr und brachte sie dann wieder nach Hause. Linda trank nie wieder einen Tropfen und sah auch Pat nie wieder, von der sie sagte, es sei »die wichtigste Fremde, der ich je begegnet bin.« Seitdem versuchte sie stets, etwas von dem zurückzugeben, was sie damals bekommen hatte.

In den nächsten Wochen suchte Linda Michael ein- oder zweimal wöchentlich vor dem Einkaufszentrum auf und brachte ihm die verschiedensten selbstgemachten Aufläufe mit. Für Tabor hatte sie Brathähnchen, Katzenfutter und andere Leckereien dabei. Außerdem gab sie Michael Kleidung und ein wenig Geld. Michael hätte das zusätzliche Geld nur zu gerne in Alkohol umgesetzt, aber er hielt sich zurück und kaufte nur gelegentlich ein Sixpack Bier. Er fürchtete nach wie vor, dass jemand ihn betrunken sehen könnte und man ihm dann Tabor wegnehmen würde.

Irgendwann fiel ihm auf, dass die Schaufenster der meisten Läden mit großen roten Pappherzen, Papierrosen und Luftballons dekoriert waren. Es war Februar, und Valentinstag stand vor der Tür. Plötzlich stieg eine Kindheitserinnerung in Michael auf. Seine Lehrerin in der zweiten Klasse, Schwester Maureen Teresa, hatte ihm einmal Buntpapier und Stifte gegeben, damit er Karten basteln konnte, die am Valentinstag in der Klasse ausgetauscht wurden. Sie wusste, dass seine Familie kein Geld hatte, um Postkarten zu kaufen. Als Michael die Utensilien seiner Mutter zeigte, nahm sie ihm alles weg, legte die Sachen auf den Kühlschrank und sagte: »Du machst für niemanden eine Karte.« Erneut spürte er die Demütigung, das einzige Kind ohne Karten zum Verteilen gewesen zu sein.

Schwester Maureen Teresa starb wenige Jahre später. Michael hatte sich feingemacht, um zu ihrer Beerdigung zu gehen, aber seine Mutter erlaubte es ihm nicht. Zu allem Überfluss weckten diese deprimierenden Erinnerungen noch eine weitere: Ungefähr zu der Zeit, als Schwester Maureen Teresa starb, erhängte sich einer seiner Klassenkameraden, der von einem Priester missbraucht worden war, in seinem Elternhaus.

Michael dachte, wie seltsam es war, dass besonders niederschmetternde Ereignisse einen nie ganz losließen –, sie waren unauslöschlich ins Gedächtnis eingebrannt.

An diesem Nachmittag brachte Linda eine Valentinskarte mit einem selbstgeschriebenen Gedicht mit. Sie überreichte sie Michael zusammen mit dem Auflauf. Er klappte die Karte auf und las:

Meile um Meile mit seiner Katze im Gepäck
Läuft mein neuer Freund Michael –
Er läuft nicht weg, er zeigt nur seinem
Schönen Tier den wunderbaren Sommer hier.

Wieder war Michael so gerührt, dass er keine Worte fand. »Danke«, murmelte er und sah mit feuchten Augen zu Linda hoch. Er stand auf und umarmte sie fest.

Dies war eine gute Erinnerung, die er unauslöschlich im Herzen behalten würde.

KAPITEL 15

The Stars Are Out Tonight

An einem für die Jahreszeit ungewöhnlich warmen Samstagnachmittag im März brachte Ron genug Energie auf, um ein wenig im Garten zu arbeiten. Auf der anderen Straßenseite lud Jack zusammen mit seinen Neonazifreunden Möbel in einen Umzugswagen. Als er Ron sah, brüllte er ihm Beleidigungen zu.

Kniend jätete Ron Unkraut, während aus der Küchentür der Song »Rubber Soul« drang. Er gab sich alle Mühe, die Provokationen zu ignorieren. Wahrscheinlich wollte Jack eine Schlägerei anzetteln, um vor seinen Freunden anzugeben. Wenige Minuten später hielt der Umzugswagen vor Rons Haus, und Jack steckte den Kopf aus dem Fenster. »Ich wette, du bist froh, mich von hinten zu sehen, Schwuchtel. Hör besser auf, Lügen über mich zu verbreiten, du fette Klatschtante.«

Ron sah auf. »Ich nehme deine Version der Geschichte zur Kenntnis, aber ich glaube dir nicht«, sagte er kurz angebunden. »Ich habe keine Lust mehr, mich mit dir zu streiten.«

»Wenn du weiter Quatsch erzählst, ist Creto weg. Eines Tages kommst du nach Hause, und er ist verschwunden.« Und mit diesen Worten gab er Gas, raste davon und überfuhr das Stoppschild an der Ecke.

In dieser Nacht wurde Ron von einem lauten Knall geweckt. Er stieg aus dem Bett und ging ins Wohnzimmer.

Auf dem Fußboden lagen um einen Pflasterstein herum überall Glassplitter. Offensichtlich hatte ihn jemand durchs Fenster geworfen. Ron ging nach draußen und sah, dass quer über seine Haustür die Worte SCHWULE SAU gesprüht worden waren. Außerdem waren alle Reifen an seinem Auto zerstochen. Ron rief die Polizei, die ihn, Steve und die beiden Katzen für die Nacht zu einem Freund eskortierte.

Nachdem sie wieder zu Hause waren, ließen sie Creto und Jim nicht mehr nach draußen. Wenn Ron zur Arbeit in seinem Gitarrenladen ging und Steve ebenfalls unterwegs war, nahm er Creto und Jim mit. Er ging nur noch mit dem Telefon neben sich auf dem Kopfkissen und einem Baseballschläger am Bett schlafen. Die jüngste Attacke hatte ihn dermaßen erschüttert, dass er immer ängstlicher wurde. Weil er sich zunehmend unwohl fühlte, fing er an, über einen Umzug nachzudenken – in ein anderes Haus oder vielleicht ganz aus Portland weg. Aber er konnte nicht gehen, ohne zu wissen, was mit Mata passiert war.

Als Ron nach der Vandalismusattacke und der Hassbotschaft an der Tür mit seinem Freund Miguel telefonierte, lud dieser ihn ein, ihn und seinen Partner an dem verlängerten Osterwochenende auf Sauvie Island zu besuchen. Ron konnte Creto mitbringen – beiden würde der Tapetenwechsel sicher guttun.

Sauvie Island war weniger als eine Stunde von Portland entfernt, aber es war eine ganz andere Welt mit schilfbestandenen Klippen und sich durch Felder mit Rosen, Mais und Kürbissen windenden, an Apfel- und Pfirsichgärten vorbeiführenden Landstraßen. Georges und Miguels alter Hof stand auf einem grasbewachsenen Felsen mit Blick über den Columbia River. Ihr Haus, ein verwittertes, ehemaliges Landgasthaus mit Zedernschindeln, war von saftigen, hügeligen Wiesen umgeben. Sie besaßen einen kleinen Weinberg, pflanzten ihr eigenes Obst und Gemüse an und hielten Hühner und Truthähne, die alle Namen hatten.

Karfreitagnachmittag kam Ron mit Creto im Transportbehälter bei George und Miguel an. Miguel war gerade dabei, im Garten seine fünfzig Hühner und fünf Truthähne – seine Mädels, wie er sie nannte – mit Mais zu füttern. Er verkaufte ihre schönen blauen Eier in kleinen Mengen an Bauernmärkte. Ron hatte Miguel, einen bescheidenen Mann in den Dreißigern mit warmen braunen Augen und karamellfarbener Haut, zwölf Jahre zuvor auf der Insel kennengelernt. Sein Partner George, ein eleganter, um die dreißig Jahre älterer Gentleman mit silbergrauem Haar, war Winzer und Weinhändler. Er verkaufte seine Weine aus eigener Herstellung an Luxushotels und -restaurants.

George war nicht zu Hause. Ron und Miguel ließen Creto im Haus schlafen und unternahmen einen langen Spaziergang. Sie kamen an Surfern und vor sich hin rostenden kleinen Schiffswracks am Warrior Point Beach, einem glitzernden Sandstrand, vorbei. Sie liefen bis zu dem kleinen Leuchtturm Warrior Rock an der Nordspitze der Insel und stießen auf ein kleines, rustikales Gasthaus, wo sie zu Mittag aßen. Sie setzten sich ans Fenster und bestellten *Fish and Chips* – ein Essen, das Ron an Sommerferien mit seinem Großvater auf der Insel erinnerte, als diese noch ein raues Fleckchen war, bewohnt nur von einigen Fischern und Bauern. Damals, in den siebziger Jahren, hatten sie Drachen steigen lassen und danach Fisch in einer Surferbude gegessen. Seine Pommes Frites hatte Ron immer an die Möwen verfüttert.

Ron und Miguel gingen zurück, bevor es dunkel wurde. George war gerade nach Hause gekommen, und die drei setzten sich ins Wohnzimmer auf der zweiten Etage mit Blick auf eine Reihe Glastüren, die auf eine Terrasse hinausführten. Von hier aus hörten sie die Vögel am Meer und das Rauschen der Bäume, und sie konnten Rehe beobachten, die im Gestrüpp und im hohen Gras weideten. Es war ein kleines Paradies.

George hatte seinen besten Wein hervorgeholt und eine Käseplatte mit Melonen und Erdbeeren zum Knabbern auf den Tisch gestellt. Trotz des Friedens und der Schönheit, die ihn umgab, machte Ron sich Sorgen, jemand könnte in sein Haus einbrechen und es verwüsten, während er fort war. Steve war übers Wochenende zu seiner Schwester gefahren und hatte Jim mitgenommen. Ruhelos rutschte Ron auf dem Sofa herum, verschränkte die Arme und löste sie wieder. Creto lag neben ihm. Er trug sein Katzengeschirr und eine Leine, falls er von Miguels Vögeln ferngehalten werden musste.

Miguel bemerkte, dass Ron dunkle Ringe unter den Augen hatte, und versuchte, seine Befürchtungen zu zerstreuen.

»Ich weiß nicht mehr weiter«, sagte Ron. »Ich meine, wie soll man überhaupt mit einer derart psychisch kranken Person umgehen? Ich fühle mich wie ein Flüchtling im eigenen Haus, dem zahlreiche Ziegel durchs Fenster geworfen werden. Aber was mir am meisten Angst macht, ist seine Drohung, er würde Creto verschwinden lassen.«

»Du tust das einzig Vernünftige: Du lässt Creto nicht

aus den Augen«, sagte Miguel und füllte ihre Weingläser erneut. »Außerdem ist er ja jetzt weg.«

George sagte: »Du weißt, dass du hier so lange bleiben kannst, wie du möchtest.«

Plötzlich hörten sie ein Klopfen an der Tür. Als sie sich umdrehten, stand da ein gackerndes Huhn an der Glastür und pochte mit dem Schnabel dagegen.

»Lucy will rein«, erklärte George, während er aufstand, um die Tür für das flauschige, schwarz glänzende Huhn zu öffnen. »Jeden Abend bei Sonnenuntergang klettert sie draußen die Treppe hoch und hackt dann gegen die Scheibe.« Eine weitere, kleinere Henne mit einem Federbüschel auf dem Kopf und breiten, gefiederten Krallen folgte der ersten und kam ebenfalls mit einem kleinen Hüpfer ins Haus. »Die kleine Rote ist Helena. Sie ist blind. Es ist verblüffend zu beobachten, dass die anderen dies wissen und auf sie achten. Alle sorgen dafür, dass sie genug Futter bekommt. Sie führen sie und versammeln sich notfalls schützend um sie.«

Helena gackerte, während George mit ihr redete und ihr sagte, wie hübsch sie sei. Sie wollte auf den Arm genommen und gestreichelt werden, also hob George das blinde Huhn hoch, drückte es an sich und ließ sich mit ihm zurück in den Sessel fallen.

»Manche unserer Mädels haben wir aus der Massentierhaltung gerettet«, erzählte George und fütterte Helena mit Melonenstückchen. »Erstaunlicherweise sind sie am Ende meist die freundlichsten und anhänglichsten.«

Creto, immer noch an der Leine, erhob sich höflich auf dem Sofa und beobachtete von dort aus die merkwürdigen Kreaturen, die so komische Laute von sich gaben. Lucy neigte den schillernden schwarzen Kopf, musterte den Kater fragend und folgte dann Miguel, als der hinausging, um noch mehr Wein zu holen.

Als sie zurückkamen, näherte Lucy sich dem Sofa, gackerte und richtete ihre hellen, kupferfarbenen Augen auf Ron und den Kater. Creto, der vorher noch nie einen so großen Vogel gesehen hatte, schoss eingeschüchtert ans andere Ende des Sofas – so weit die Leine reichte. Miguel nahm den verängstigten Kater hoch und wiegte ihn in seinen Armen.

»Seit ihm letztes Jahr ins Gesicht getreten wurde, fürchtet er sich vor allem«, erklärte Ron.

»War das der fiese Typ von gegenüber?«

»Ich gehe davon aus«, sagte Ron. »Alle Katzen und Kinder in unserer Straße haben Angst vor ihm. Einmal habe ich mich mit Ann von nebenan über den Krähenmann unterhalten, einen älteren Herrn, der die Krähen mit Crackern füttert, so dass sie ihm die Straße entlang folgen wie die Ratten dem Rattenfänger von Hameln. Von da kamen wir auf Menschen, die Tiere mögen und andere, die sie nicht ausstehen können. Die beiden Kinder, die mit ihren Fahrrädern unterwegs waren und Anns Kater Gordon streichelten, sagten: ›Der Mann mit dem Bart und den Piercings im Gesicht von der anderen Straßenseite ist echt gemein. Und er hasst Katzen.‹ Ann fragte: ›Warum?‹, und sie erzählten: ›Wir haben gesehen, wie er Gordon von seinem Grundstück verjagt und ‚Verschwinde‘ geschrien hat.‹«

»Der arme Creto«, sagte Miguel. »Ich hasse Leute, die Tieren Leid zufügen.«

George streichelte das kleine, blinde Huhn in seinem Schoß und sah auf: »Vielleicht ist es an der Zeit, Portland zu verlassen?«

»All dieser Ärger sorgt wirklich dafür, dass mir Portland weniger gefällt. Aber ich denke nicht, dass ich noch Probleme wegen dieses Psychos haben werde. Er ist ja nun weit weg und lebt in irgendeiner anderen Drogenhöhle.«

Ron bückte sich, um Lucy zu streicheln, die immer noch neben dem Sofa stand. Sie wollte ihm auf den Arm springen, also nahm Ron sie hoch. Sie breitete die Federn aus und kuschelte sich an ihn, als würde sie spüren, wie aufgewühlt er war, und würde versuchen, ihn zu trösten. Ron spürte ihr kleines Herz gegen seine Handflächen pochen. Ihr sanftes Glucksen und ihre Wärme wirkten tatsächlich beruhigend, und er dachte darüber nach, ob er nicht an die Küste in eine kleine Fischerhütte ziehen sollte, mit einem großen Garten, in dem Creto herumstrolchen konnte. Still saß er auf dem Sofa, die Sterne erschienen am Himmel, und nun fiel es ihm leichter, Portland und seine Sorgen zu vergessen.

Aber er dachte immer noch an Mata. Solange sie nicht zurück war, musste er an dem Ort bleiben, den sie kannte.

KAPITEL 16

YOSEMITE:
Walk on the Wild Side

Ende April kam Stinson, Michaels und Tabors alter Kumpel aus Portland, nach Ventura, um sie zurück nach Portland zu fahren. Dort wollten sie den Sommer verbringen. Stinson hatte seine Freundin Madison aus Mississippi dabei. Sie war hübsch, dunkelhaarig, zurückhaltend und wirkte elfenhaft. Sie reiste mit einer Akustikgitarre und einem sandfarbenen Pitbull-Mischling namens Bobby. Der gutmütige Hund verstand sich sofort blendend mit Tabor. Stinson hatte Madison und Bobby die ganze Strecke aus dem tiefen Süden hergefahren.

Am Tag, bevor Stinson und Madison ankommen sollten, packte Michael zusammen und ging bei Linda Tabor in Thousand Oaks vorbei, um ihr zu sagen, dass er aufbrechen würde. Sie bat ihn, Tabor ein letztes Mal auf den Arm nehmen zu dürfen, und sie versprachen sich gegenseitig, in Kontakt zu bleiben. Dann trampten Michael und Tabor nach Ventura, um an ihrem alten Platz unter den Akazien zu warten.

Michael und seine Vagabundenfreunde trennten sich oft monatelang und trafen sich dann irgendwo in der Wildnis in Kalifornien oder in den rauen Straßen von Portland wieder. Stinson war – genau wie Michael – ruhelos. Ein Herumtreiber und Faulenzer. Er hatte Dienst in der Navy geleistet und festgestellt, dass Regeln und Routine nichts für ihn waren. Seine Freiheit war ihm wichtig, auch wenn das bedeutete, dass er gerade so über die Runden kam. Er sah keinen Sinn darin, viele Stunden am Tag unglücklich zu arbeiten, nur um sich Dinge zu kaufen, die er nicht brauchte.

Als Michael sich mit Stinson und Madison am Strand traf, verkündeten sie, dass sie einen Trip nach Yosemite einschieben wollten, bevor sie Richtung Norden fuhren. Sie redeten ununterbrochen davon, wie schön es dort war. Danach wollten sie noch zum Mount Shasta.

»Du kannst Tabor die ganze Welt zeigen«, sagte Stinson – obwohl es nicht besonders schwer war, Michael dazu zu überreden.

Tabor ihrerseits freute sich, Stinson wiederzusehen. Sie begrüßte ihn begeistert und kletterte ihm immer wieder auf den Schoß, schnurrte und zupfte an seinem Bart.

Nachdem sie einige Tage am Strand mit Trinken, Musikhören und Erzählen verbracht hatten, war Michael bereit, sich wieder mit der Katze auf den Weg zu machen. Da sie die Zeit am Strand offensichtlich genossen hatte, würde sie sicher auch die Berge mögen.

Sie begannen ihre langsame Fahrt die Küste hinauf. Ihr erster Halt war San Luis Obispo, eine romantische, alte Missionsstadt zwischen Pazifik und Weinbergen. Dort besuchten sie eine besondere Bucht, und Michael bekam ein weiteres Bußgeld wegen Bettelns aufgebrummt.

Am nächsten Morgen fuhren sie früh weiter und erreichten nach vier Stunden Fahrt um die Mittagszeit den Yosemite-Nationalpark. Durch die Schneeschmelze Anfang Mai waren die Flüsse voll, und im Park tummelten sich die Besucher. Sie fanden einen ruhigen Platz in der Nähe der Straße, an der sie das Auto abgestellt hatten. Er war umgeben von Granitmonolithen und Baumgiganten. Sie hofften, Begegnungen mit wilden Tieren wie Raubkatzen oder Bären zu vermeiden, indem sie sich nicht weit von der Straße entfernten.

Die Nachmittagssonne im Rücken, zog Michael die Schuhe aus und lehnte sich gegen einen Felsen. Tabor streckte sich neben ihm aus, um zu dösen, und Bobby lag ihm zu Füßen.

Simon machte ein Foto von den dreien und sagte: »Gab es überhaupt schon Kameras, als du ein Kind warst?«

»Ja, aber in den siebziger Jahren waren sie ungefähr so groß wie Rhode Island.«

Ein paar junge deutsche Touristinnen, die nebenan ihr Lager errichteten, konnten kaum glauben, dass Michael und seine Begleiter eine Katze in die Wildnis gebracht hatten, und erst recht nicht, dass der Pitbull und die Katze Freunde waren. Michael musste sich selbst davon überzeugen, dass der Katze keine besondere Gefahr im Nationalpark drohte –, es waren schließlich überall Menschen.

Am zweiten Morgen hängten Michael und Stinson zwei Hängematten auf und machten es sich darin gemütlich. Madison brach zu einem langen Spaziergang mit Bobby auf, und die beiden Männer verbrachten den Nachmittag mit Tabor unter den Bäumen. Von ihren Hängematten aus sahen sie den Half Dome und andere Felsformationen über dem Yosemite Valley sowie Kletterteams, die sich an den Steilwänden auf und ab hangelten.

Michael lag in der Hängematte, Tabor auf seinem Bauch, ihre Leine hatte er sich ums Handgelenk gewickelt. Die anderen Camper hatten ihn mit ihren Warnungen vor Kojoten, Bären und Pumas verrückt gemacht, deshalb ließ er sie nicht aus den Augen.

Tabor hob den Kopf und fixierte die Baumkrone über ihnen, dabei gab sie knirschende »Ack-ack«-Geräusche von sich.

Zwischen den Ästen der Pinie saß ein Rabenpaar; die Tiere drehten ihre seidigschwarzen Köpfe zu Tabor und Michael und krächzten. Ihr heller Blick war unnachgiebig und intensiv.

Michael lächelte die Katze an und sagte: »Auf keinen Fall wirst du diesen Baum raufklettern. Ich würde einen Kran brauchen, um dich wieder runterzubringen. Und diese Vögel würden dir einen Tritt in den Hintern verpassen.«

Sie schien ihn zu verstehen und rollte sich geschlagen zusammen. Während er halb in seinem Buch *Früchte des Zorns* las, beobachtete er nebenbei, wie Tabor eindöste und ihr Kopf auf die Pfoten sank.

»Du weißt, dass die amerikanischen Ureinwohner glauben, dass Raben heilig sind ... Gestaltwandler und Schöpfer alles Lebendigen«, sagte Michael zu Stinson, der nicht zuhörte.

Tabor wachte auf, putzte sich das Gesicht, hielt ab und zu inne und sah Michael mit ihren intensiven goldgesprenkelten grünen Augen an. Sie stieß mit dem Kopf gegen das Buch und zupfte an den Seiten. Als er sie ignorierte, schlug sie ihm mit der Pfote ins Gesicht. Er lachte und fing an, ihr einen Abschnitt über die Hauptfigur Tom Joad vorzulesen, wie der nach seiner Entlassung aus dem Gefängnis zu seiner Familie trampt. »Siehst du, Tabor, er reist genau wie wir. Und er hat Whiskey getrunken und mochte kleine Tiere. Einmal hat er eine Schildkröte von der Straße davor gerettet, überfahren zu werden.«

Stinson hob die Augenbrauen. »Verwandelst du dich

jetzt in eine verrückte alte Katzen-Lady, die ihren Tieren vorliest?«

»Tabor versteht alles, aber sie mag lieber Bücher mit Bildern.« Michael hatte das Gefühl, eine Geheimsprache mit der Katze zu teilen. Sie schien auf wundersame Weise seine Stimmungen und Gedanken lesen zu können. Manchmal testete Michael sie: Er stellte sich vor, dass sie irgendetwas tat – zum Beispiel auf seine Schulter springen – und sah ihr in die Augen. Und dann tat sie genau das.

»Vielleicht solltest du eine Schule für hochbegabte Katzen gründen«, stichelte Stinson.

»Katzen wollen nicht in die Schule gehen. Sie wollen Spaß haben. Tabor ist sehr kompliziert und klug, klüger als viele Menschen, die ich kenne.«

»Das spricht nicht gerade für Tabor.«

Michael war abgelenkt von ein paar Typen, die sich in der Ferne von einem Felsen abseilten. Plötzlich sah er im Augenwinkel, wie hinter ihnen ein dunkler Schatten durch den Wald trampelte.

Auch Stinson wandte den Kopf in diese Richtung, schoss aus der Hängematte und brüllte: »Hinter euch ist ein Bär … ein Bär … haut ab!«

Als Michael richtig hinschaute, sah er, dass ein riesiger Schwarzbär aus dem Dickicht gekommen war. Hastig griff er nach Tabor und steckte sie in die Transporttasche. Stinson und er rannten bereits zum Auto, als ein kräftiger Mann mit einem Igelschnitt und dem muskulösen Kiefer einer Bulldogge von einem der umliegenden Lager auf den Bär zustürmte. Beim Rennen fuchtelte er mit den Armen und schrie. Der Bär erstarrte, machte dann auf dem Absatz kehrt und lief zurück ins Gehölz.

»Was macht der?«, fragte Michael. »Will er den Bären fangen?«

»So wird man sie wohl los«, antwortete Stinson und sah zu, wie der Hüne das verängstigte Tier verfolgte.

Michael meinte, Schwarzbären würden Menschen so gut wie nie angreifen, sofern sie nicht überrascht würden oder ihre Jungen verteidigten. Sie waren bloß neugierig und kamen ihnen nur nahe, um Lebensmittel von Zeltplätzen zu plündern. Nach einer Weile kehrten Michael und Stinson daher zu ihrem Lagerplatz zurück.

Als Madison mit Robby von ihrem Ausflug zurückkam, beschlossen sie jedoch, die Hängematten zusammenzurollen und sich woanders niederzulassen. Sie fanden ein Stückchen Wildnis in Straßennähe, wo sie sich auf einem großen, flachen Felsen am Rand einer Lichtung ausbreiten konnten. Michael, Stinson und Madison setzten sich mit dem Rücken zum Wald auf den Felsen, und Bobby schlief in Madisons Schoß, fix und fertig von der langen Wanderung.

Michael stellte Tabor Futter und Wasser hin, öffnete eine Dose Starkbier und setzte sich neben die Katze.

Auf einmal sah Tabor von ihrer Mahlzeit auf. Ihre Ohren zuckten, und sie hielt die Nase witternd in die Luft. Plötzlich standen ihr die Haare zu Berge, und ihr Schwanz war buschig wie eine Bürste. Michael blickte über die Schulter in die Richtung, in die auch die Katze schaute. Etwa 45 Meter von ihnen entfernt war ein gewaltiger Braunbär aus dem Dickicht riesiger, alter Eichen und Kiefern aufgetaucht. Eine zimtfarbene Bärin mit Pfoten in der Größe von Esstellern hatte ihre goldbraunen Augen auf Michael und die Katze gerichtet und trottete auf sie zu.

Stinson saß Michael gegenüber und war damit beschäftigt, einen Joint zu bauen, weshalb er nichts von alldem mitbekam.

Michael bewegte sich nicht, wechselte aber besorgte Blicke mit Madison, die sich auch umgedreht und den Bären gesehen hatte. Michael flüsterte Stinson zu: »Hinter dir ist ein Bär.«

»Ich drehe mich jetzt nicht um«, erwiderte der lachend. »Du verarschst mich doch.«

»Nein, Mann, da ist ein Bär.«

»Ja, klar, Groundscore, halt die Klappe.«

»Nein, Stinson, verdammt, hinter dir ist ein Bär.«

Madison ließ das Tier nicht aus den Augen, als sie sich zu Stinson vorbeugte und flüsterte: »Er steht direkt hinter dir.«

Nun drehte Stinson sich endlich um und sprang sofort auf. »Oh, Scheiße, da ist wirklich ein Bär.«

Als das Tier näher kam, fing Tabor an zu fauchen und zu spucken, um es zu vertreiben. Bobby, den der Tumult geweckt hatte, bellte aufgebracht. Madison packte ihn am Halsband und rannte mit ihm zum Auto.

Michael schnappte sich wieder die Katze und steckte sie in die Transporttasche. Obwohl er wusste, dass er vor Raubtieren keine Angst zeigen oder wegrennen sollte, gewannen Furcht und Fluchtinstinkt die Oberhand, und auch er rannte erneut zum Auto, dicht gefolgt von Stinson.

Von der relativen Sicherheit in Stinsons Auto aus sahen sie zu, wie der Bär zu ihrem Platz lief, Tabors Mahlzeit auffraß und dann wieder zwischen den Bäumen verschwand.

»O Mann, der ist bestimmt mit einem Riesenhunger

aus dem Winterschlaf aufgewacht«, sagte Michael. Ihm wurde klar, wie dumm es gewesen war, dort die Katze zu füttern: Bären konnten Futter buchstäblich meilenweit riechen.

Tatsächlich, und das realisierte er erst jetzt, hatten sie fast jede Sicherheitsvorschrift des Parks verletzt: Sie hatten außerhalb der Picknickbereiche gegessen, hatten nicht die bärensicheren Lebensmittelkisten aus Metall verwendet, die der Park bereitstellte, und sie hatten eine Hauskatze mit in die Wildnis genommen.

Schnell räumten sie ihre Sachen zusammen und suchten sich einen anderen Schlafplatz für die Nacht.

Bei Tagesanbruch kurz vor sechs Uhr stiegen sie in Stinsons Auto und fuhren zurück an die Küste. In den nächsten zwei Tagen hatten sie zwei platte Reifen und mussten in King City haltmachen, um sie flicken zu lassen, bevor sie weiterfahren konnten. Tabor und Bobby kuschelten sich aneinander und verschliefen die Pannen und auch sonst das meiste.

Nun, da sie wieder unterwegs waren, beschlossen sie, als Nächstes am Mount Shasta haltzumachen. Er gilt als heiliger Ort, wo Himmel und Erde aufeinandertreffen, und ist ein Pilgerort für spirituelle Menschen aus aller Welt. Auch für Outdoor-Begeisterte und Kletterer ist der schlafende Vulkan und fünfthöchste Berg Kaliforniens ein beliebtes Reiseziel.

Es war warm und sonnig, und der Park war voller Camper. Kurz vor Sonnenuntergang fanden sie jedoch noch einen ruhigen Schattenplatz am Rand des Castle Crags State Parks.

Stinson errichtete ein Feuer und holte ein Sixpack aus

dem Auto. Michael ließ Tabor von der Leine, damit sie mit dem Hund spielen konnte. Madison tischte ein bescheidenes Picknick aus Brot, Käse, Doritos und Bier auf. Als sie den krümeligen Cheddar teilte, sah Michael, dass es nicht genug für alle drei war.

»Ich hab keinen Hunger«, behauptete er. »Mir reicht mein Bier.«

»Du kannst doch nicht mit leerem Magen rumlaufen«, sagte Stinson. Er wusste, dass Michael in Wirklichkeit durchaus hungrig war und nur höflich sein wollte.

»Man darf hier keine Wildtiere füttern«, erwiderte Michael lachend. Er zeigte auf ein Schild an einem Baum hinter Stinson und Madison: DAS FÜTTERN VON BÄREN UND ANDEREN WILDTIEREN IST VERBOTEN.

Michael lehnte sich an einen Baum, trank sein Bier und löste ein Kreuzworträtsel aus der *Los Angeles Times*, die er aus dem Müll gefischt hatte. Nachdem die anderen Camper im Yosemite-Park ihm geraten hatten, dort besonders auf die Katze achtzugeben, hatte er sich zurückgehalten, aber hier glaubte er, dass sie einigermaßen in Sicherheit wären. Von Zeit zu Zeit hob er den Blick, um zu schauen, ob mit Tabor und Bobby alles in Ordnung war. Die beiden tobten um die Bäume. Die Katze wartete auf einer Seite des Baumstamms, der Hund auf der anderen, bis einer von ihnen – normalerweise Tabor – davonflitzte und sie wie zwei Rennpferde auf Amphetamin durchs Unterholz rasten.

Irgendwann konnten sie nicht mehr, und als Michael erneut hochblickte, um zu gucken, was Tabor machte, hielten Bobby und sie ein Nickerchen in der Abenddämmerung – die Köpfe aneinandergelegt und die Pfoten umeinander gewunden. Michael nahm noch einen großen

Schluck Bier, und ein Gefühl wilder Freude durchzuckte ihn. Aus der Ferne drang schwaches Geplauder, Gelächter und Musik von den umliegenden Zeltlagern zu ihnen herüber. Das, der Alkohol und das Zirpen der Grillen lullten ihn in einen kurzen, aber sehr tiefen Schlaf.

Als er aufschreckte, wusste er nicht, wie lange er geschlafen hatte. Inzwischen war es dunkel geworden. Stinson und Madison unterhielten sich auf der anderen Seite des Feuers. Der Hund saß allein neben dem Baum, neben dem er zuvor mit Tabor gelegen hatte. Und Tabor war weg.

»Habt ihr die Katze gesehen?«, fragte Michael.

Stinson blickte sich um. »Ich dachte, sie wäre bei dir«, sagte er.

Michael erhob sich steif und ging um das Feuer herum. »Bobby, wo ist Tabor?«, fragte er den Hund. Der sah ihn aus seinen treuen, karamellfarbenen Augen an und legte nachdenklich den Kopf schief. Dann veränderte er seine Position, legte den Kopf auf die Pfoten und schlief wieder ein.

In Panik stapfte Michael in den Wald und suchte das Gebüsch rund um die gewaltigen Ponderosa-Kiefern nach der Katze ab. Nichts. »Tabor, wo bist du?«, rief er. »Tabor, Mädchen, komm schon – wo bist du?«

Auch Madison und Stinson suchten sie nun, und Bobby trottete hinter ihnen her. Sie gingen weiter in den Wald hinein, riefen nach Tabor und lauschten.

Nach etwa einer Dreiviertelstunde trafen sie sich wieder am Lager.

»Was hab ich mir nur dabei gedacht, sie hierherzubringen?«, fragte Michael verzweifelt. »Ich wollte doch nur, dass sie die Wildnis kennenlernt und versteht, dass die Welt nicht nur aus Straßenecken und Highways besteht.«

»Ich war mir auch nicht sicher, ob es eine gute Idee ist, Bobby hierherzubringen«, sagte Madison. »Hier sind lauter Pumas und Bären.«

»*Verdammt*«, sagte Michael. Er hatte überhaupt nicht an die Pumas gedacht. »Soooo ein verdammter Mist.«

Stinson ging zu ihm und legte ihm die Hand auf den Rücken. »Ganz ruhig, Groundscore. Sie ist bestimmt irgendwo in der Nähe.« Darin war Stinson gut: Wenn Michael sich aufregte oder angespannt war, konnte er ihn meist runterbringen. »Aber wir suchen sie besser, bevor sie noch aufgefressen wird.«

Die drei trennten sich erneut. Im Mondschein sah Michael große Pfotenabdrücke in der Erde, zu groß für eine Hauskatze. Überall um sich herum hörte er es in den Büschen und Bäumen rascheln und sah irgendwelche Kreaturen vorbeihuschen und wieder in der Dunkelheit verschwinden. In gewisser Weise fühlte es sich an, als würde er dafür bestraft, dass er als Kind so oft von zu Hause weggelaufen war. Der Unterschied war nur, dass es seine Eltern nicht gekümmert hatte und sie ihn nicht zurückwollten, während Tabor ihm alles bedeutete.

Als er tiefer in den Wald hineinging, verschlang ihn die Finsternis. Er hatte keine Taschenlampe dabei, und seine Augen brannten vom Starren ins Nichts. Immer wieder stolperte er über Wurzeln und Steine.

»Hallo da«, sagte eine Stimme auf dem Weg vor ihm.

Als Michael den Kopf hob, sah er einen kräftigen kleinen Mann mit einem Cowboyhut auf dem Kopf, der von einem dicken, schokoladenbraunen Labrador vorbeigezogen wurde. Der Mann wirkte mit seinen struppigen Augenbrauen und dem buschigen Schnurrbart wie ein Cowboy aus dem Comic oder wie Yosemite Sam.

»Ich habe gerade einen riesigen Puma auf dem Weg gesehen. Und wir haben Kojoten gehört«, sagte Yosemite Sam. »Ich hoffe, Sie finden Ihren Hund bald.«

Michael antwortete nicht. Es hatte keinen Zweck, den Mann zu korrigieren oder ein Gespräch mit ihm anzufangen. Seit zwei Stunden suchte er Tabor nun und war krank vor Sorge. Eulen riefen über seinem Kopf und ständig raschelte es irgendwo.

Zweige brachen, Äste schnellten zurück, und eine Hand legte sich auf seine Schulter. Michael fuhr zusammen. Es war Stinson, der ihn zurück zur Lichtung holen wollte. Unterwegs kamen sie an einem Schild vorbei: ACHTUNG! PUMAS AUF DEM WILDPFAD.

Madison war bereits wieder da. Sie saß auf einem Felsen am Feuer und streichelte Bobby. »Nichts«, sagte sie beunruhigt, die dunklen Augen weit aufgerissen. »Ich hoffe wirklich, dass es Tabor gutgeht und sie sich einfach nur irgendwo versteckt.«

Stinson zündete sich eine Zigarette an, löschte sie nach ein paar Zügen wieder an seiner Schuhsohle und sagte: »Wir finden sie. Kommt, wir versuchen es noch einmal.«

Michael stellte sich vor, wie verängstigt Tabor sein musste. »Ich glaube es nicht«, sagte er. »Monatelang hab ich weniger getrunken, weil ich nicht wollte, dass man mir Tabor wegnimmt. Und jetzt verliere ich sie im Nationalpark.«

»Alles wird gut«, sagte Madison tröstend.

»Nein, wird es nicht«, widersprach Michael, seine Stimme klang müde und rau. »Sie ist alles, was ich habe.«

Hoch über ihnen stieß ein Vogel einen Warnschrei aus. Und noch einmal.

»Pssst, warte mal«, sagte Stinson und sah sich konzentriert um. »Hast du das gehört? Das klang wie ein Miauen.«

Stinson leuchtete mit seinem Handy hinauf in die Baumwipfel. Der Lichtstrahl wanderte über die Zweige, bis er auf ein glühendes Augenpaar traf: Tabor, die auf einem Ast saß und zu ihnen hinuntersah. Ihr schlaftrunkener Blick zeigte deutlich, dass sie die ganze Zeit dort oben gewesen war und seelenruhig geschlummert hatte.

»Sie hat einen eigenartigen Sinn für Humor«, sagte Stinson lachend.

»Juchhu! Stinson, du bist mal wieder die Rettung«, sagte Michael – schließlich war Stinson es gewesen, der Tabor in jener Regennacht in Portland eingefangen hatte. Michael war überglücklich. In diesem Moment gab es nichts Wichtigeres auf der Welt als diese Katze.

Als sie vom Baum herunterkletterte, nahm Michael sie auf den Arm und drückte sein Gesicht an ihre weiche Wange. Sie roch nach frischen Blättern und Rinde. »O Gott. Dir geht es gut«, sagte er mit Tränen in den Augen. Er war erleichtert, dass Tabor nichts passiert war, und froh, sie wiederzuhaben. Aber er war enttäuscht von sich: Er hatte sich nicht genug zusammengerissen, um gut auf sie aufzupassen. Dies war nun das zweite Mal gewesen, dass seine Unachtsamkeit sie in Gefahr gebracht hatte.

Er sagte Tabor, dass er sie liebte, und sie stupste ihn mit ihrem Köpfchen an und leckte ihm mit ihrer rauen Zunge übers Gesicht. »Ich reiße mich zusammen«, flüsterte er in ihr Fell. »Du wirst sehen.« Und er meinte es ernst.

Am nächsten Morgen hielten sie erst im Ort Mount Shasta, um sich mit Vorräten zu versorgen, und fuhren dann nach Süden weiter. Sie wollten zu einem Campingplatz in der Nähe des Buddha Holes südlich des Sacramento Rivers.

Auf schwierigen, kaum markierten Wanderpfaden wanderten sie immer tiefer in den Wald hinein, bis sie auf einen verborgenen, sonnenbeschienenen Flusslauf stießen. Sie kletterten das felsige Ufer hinab und ließen sich auf einer mit Büschen bewachsenen Hügelkuppe neben dem Fluss nieder. Das Buddha Hole war ein kristallklares, smaragdgrünes natürliches Schwimmbecken umgeben von Geröll, Zedern und Pinien. An diesem besonderen Abschnitt machten all die Hippies auf ihrem Weg zum Burning-Man-Festival in der Wüste halt und badeten nackt.

Während Stinson und Madison das Lager aufbauten, legte Michael Tabor an die lange Leine und band diese an ein junges Bäumchen. Tabor streckte ihre Beine und gähnte, dann lief sie in den Schatten eines Baumfarns, wo Bobby sich bereits eingerollt hatte, legte sich zu ihm und machte ein langes Nickerchen.

Den Nachmittag über plantschten Stinson und Madison im seichten Wasser; Michael hingegen saß lesend neben Bobby und Tabor und passte auf, dass die Katze nicht von einem Puma oder einem Kojoten geschnappt wurde. Später rauchten die drei ein wenig Gras, tranken und unterhielten sich bis spät in die Nacht.

Nach dem Stress und der Anspannung des vergangenen Tages wollte Michael sich ein, zwei Bier gönnen. Zwar konnte er wochen- oder gar monatelang ohne einen Tropfen auskommen, aber da er gekifft hatte, schlug er über die Stränge.

Als er sich durch ein weiteres Sixpack trank, begann Michael eine seiner Geschichten von der Straße zu erzählen: »Letzten Sommer traf ich diese Frau auf dem

Gehsteig. Sie sagte zu mir: ›Sie trinken also Bier?‹, und ich antwortete: ›Ja.‹, worauf sie fragte: ›Wie viele Biere trinken Sie an einem Abend?‹. Ich sagte: ›Weiß nicht, um die sechs.‹ Und sie sagte: ›Seit wie vielen Jahren trinken Sie Bier?‹, ich antwortete: ›Um die dreißig Jahre.‹ Darauf sagte sie: ›Ist Ihnen bewusst, dass Sie sich heute ein Flugzeug kaufen könnten, wenn Sie das Geld, das Sie dreißig Jahre lang in Bier gesteckt haben, stattdessen monatlich in einen Investment-Fond eingezahlt hätten?‹ Ich dachte: *Verdammt nochmal ... so viel?*, und sagte zu ihr: ›Trinken Sie Bier?‹ Sie sagte: ›Nein.‹ Ich sagte: ›Wo ist dann Ihr verfluchtes Flugzeug?‹‹«

Vom Sacramento River her blies ein kräftiger Wind, und es wurde kalt. Michael zündete ein Lagerfeuer an und bereitete ihnen auf dem Campingkocher eine Mahlzeit zu. Als das Feuer heruntergebrannt war, entfachte er es erneut.

Am Feuer liegend beobachtete er, wie Tabor in tiefen Schlaf fiel. Er hob sie vorsichtig hoch, wickelte sie in ihre Fleecedecke und legte sie in ihre Box. Stinson und Madison waren schon lange eingeschlafen. Da ihm kalt war, kroch Michael mitsamt seinen Klamotten und Schuhen in seinen Schlafsack. Er wollte nicht einschlafen, bevor das Feuer ausgegangen war, doch dann tat er es doch.

Michael wachte davon auf, dass Tabor in ihrer Box jaulte. Sie hatte verzweifelt versucht, ihn zu wecken. Michael roch Rauch, und als er nach unten schaute, sah er, dass der Schlafsack bis hinauf zu seinen Knien weggebrannt war.

Tabors Heulen und Kreischen weckte auch Stinson. Er sprang auf, als er den kokelnden Schlafsack sah, und schrie: »Du brennst!«

»Ja, das sehe ich«, sagte Michael, immer noch betrunken. Er strampelte mit den Beinen und stampfte auf, um das Feuer zu ersticken.

Dass er sich schwere Verbrennungen hätte zuziehen können, hatte er noch nicht realisiert.

Am nächsten Morgen war er jedoch erschüttert. Beinahe hätte er Tabor verloren, und dann war er auch noch in einem brennenden Schlafsack aufgewacht. Michael dachte, dass er sein Leben in den letzten Jahren hauptsächlich damit verbracht hatte, sich zuzudröhnen, um schlimme Erinnerungen zu verdrängen. Nur dass er nun eine Katze hatte, die von ihm abhängig war und ihn von ganzem Herzen liebte, und er sie mit diesem Verhalten in Gefahr brachte. Er fasste den Entschluss, dass er für die Zeit der Heimreise von Mount Shasta bis Portland keinen Tropfen Alkohol mehr anrühren würde.

KAPITEL 17

DAS LAND UNTER DEM WEITEN HIMMEL:
Devils & Dust

Wenige Wochen, nachdem er aus Mount Shasta zurück in Portland war, überlegte Michael sich, dass es an der Zeit war, Walter in Montana zu besuchen. Walter war am ehesten so etwas wie Familie für ihn. Wann immer Michael besonders stark unter Hunger oder Kälte litt, konnte er sich darauf verlassen, dass Walter ihm etwas Geld überwies, damit er sich Lebensmittel oder ein Zimmer im Motel leisten konnte. Wenn Michael wegen Landstreicherei oder Trunkenheit in der Öffentlichkeit ins Gefängnis kam, bezahlte Walter die Geldstrafen oder die Kaution. Dabei grummelte er zumeist vor sich hin: »Ich würde gerne unter einem Baum sitzen und nichts tun, mit meinem persönlichen Banker auf der Kurzwahltaste.«

Walter erinnerte Michael daran, dass er nicht wertlos war, dass es jemanden gab, der ihn liebte.

Kurz nachdem sie an ihren üblichen Platz an der UPS-Rampe zurückgekehrt waren, lud Michael seinen Freund Kyle ein, ihn und Tabor nach Montana zu begleiten. Kyle war erst 19, forsch, und tough und gleichzeitig verletzlich – nicht unähnlich dem jüngeren Michael. Jugendliche Ausreißer lassen sich normalerweise nichts von Erwachsenen sagen, schließlich haben die meisten von ihnen schlechte Erfahrungen mit denen gemacht, die sie kannten. Aber Michael lebte auch auf der Straße und war daher so etwas wie eine Vaterfigur für Kyle: jemand, der selbst viele Aufs und Abs erlebt hatte, bereit war, zuzuhören und seine Erfahrung weiterzugeben.

Michael und Kyle waren beide fasziniert von rauer Natur. In Montana erstreckte sich der blaue Himmel scheinbar endlos, und die dramatischen Gebirge und wilden Prärien wirkten wie aus einer anderen Welt, so schön waren sie. Manchmal sah man von der Straße aus Wildtiere wie Elche, Dickhornschafe oder Bisons in den Tälern grasen und durch dichte Teppiche des gelben großblütigen Hundszahns streifen.

Von vergangenen Reisen wusste Michael, dass Idaho zu durchqueren ein Albtraum sein würde. Trampen war dort verboten. Deshalb postete Kyle Fotos von Michael und sich im Internet auf einer Plattform für Mitfahrgelegenheiten. Nachdem Michael wochenlang mit Stinson und Madison unterwegs gewesen war, hoffte er nun, rasch und ohne Verzögerungen nach Montana zu gelangen. Aber als keine Reaktionen auf ihre Anzeige kam, beschlossen sie, sich trotzdem auf den Weg zu machen. Sie konnten unterwegs noch nachsehen, ob sich Mitfahrgelegenheiten ergeben hatten.

Knapp vier Stunden, nachdem sie Portland verlassen hatten, wurden sie in Hermiston abgesetzt, einer ländlichen Gemeinde im östlichen Oregon. Der Ort war im ganzen Nordwesten für seine Wassermelonen bekannt. Die Landstraßen waren gesäumt von trockenen Wiesen, Telefonmasten und selbstgemalten Schildern, die für frische Erdbeeren, Rhabarber oder Eier warben. Einen halben Tag lang standen sie am staubigen Straßenrand unter der Stromleitung von Hermiston und kamen nicht weg.

Als Michael sah, dass Kyle nervös wurde und zu jammern begann, versuchte er, ihn zu beruhigen: »Die Straßen sind hier ziemlich leer.«

Sie waren gezwungen, die zehn Meilen nach Stanfield, einer weiteren Provinzstadt, zu Fuß zu gehen. In der Hoffnung, dort eine bessere Stelle zum Trampen zu finden, ließen sie sich an einer Kreuzung nieder, wo der Verkehr einigermaßen floss. Hauptsächlich kamen dort Trucks, Wohnwagen und ein paar Hippie-Bullis vorbei. Nach einer deprimierenden Stunde, in der sie ohne Erfolg verschiedene Schilder hochgehalten hatten – OSTEN, MONTANA, HELENA –, schrieben sie ein neues: DRINGEND MITFAHRGELEGENHEIT MIT KATZE GESUCHT. Trotzdem hielt niemand an.

Es war Kyles erste weite Reise per Anhalter, und er war nicht auf die anstrengenden Phasen des Wartens, der absoluten Erschöpfung, Monotonie und Langeweile vorbereitet. Er hatte sein Skateboard mitgenommen und konnte sich einige Nachmittage damit ablenken, aber es war heiß – Temperaturen an die dreißig Grad Celsius –, und nirgendwo war Schatten, so dass er nicht lange durchhielt. Nachdem sie drei trostlose Tage in Stanford am Straßenrand gesessen und in den Himmel gestarrt, Steinchen weggekickt und Autos vorbeirasen gesehen hatten, waren sie beide frustriert und ihre Moral im Keller.

Irgendwann hatte Kyle genug. »Das nervt«, sagte er, stand auf und schwang sich den Rucksack über die Schulter. »Wenn uns keiner mitnimmt, fahre ich zurück nach Hause.« Mit diesen Worten ging er auf die andere Straßenseite.

Auch Michael hatte es satt, aber er sagte nichts. Er hatte Geduld im Umgang mit Jugendlichen von der Straße gelernt – genau wie mit Tabor. Ohne die Katze hatte es ihm nichts ausgemacht, am Straßenrand zu hocken. Aber nun fürchtete er, dass es zu heiß für sie sein könnte. Er sorgte stets dafür, dass sie Schatten bekam – entweder mit seinem breitkrempigen Hut oder in ihrer Box. Glücklicherweise war Tabor extrem entspannt und begnügte sich damit, tagsüber auf seinem Schoß zu schlafen und nachts im Schlafsack im Unterholz.

Kyle wurde sofort von einem zotteligen Mann mitgenommen, der aussah, als würde er im Auto leben. Aber anscheinend ging die Fahrt noch tiefer in die Einöde, wo es meilenweit nichts als trockenes Gras gab. Also überlegte Kyle es sich anders und bat den Fahrer anzuhalten. Wieder wechselte er die Straßenseite, und augenblicklich bremste ein Auto und ließ ihn einsteigen.

Nach etwa einer Stunde, Michael blinzelte in die grelle Mittagssonne, die immer heller und heißer wurde und überlegte, ob er in die nächste Stadt gehen sollte, als er sah, wie sich ein Auto mit Kyle auf dem Beifahrersitz näherte. Sie blieben stehen und nahmen Michael und Tabor an derselben Kreuzung auf, an der Kyle sie verlassen hatte.

Zusammen fuhren sie die drei Stunden bis nach Idaho, wo ihr Fahrer sie am späten Nachmittag an einer Abfahrt in einer ländlichen Gegend irgendwo nordwestlich von Boise absetzte. Michael, Tabor und Kyle befanden sich nun in der High Desert von Idaho. Nachdem sie ein paar Meilen gelaufen waren, konnten sie nicht mehr und verloren fast den Verstand in der Hitze. Obwohl sie in ihrer Tragebox saß, fühlte auch Tabor sich sichtlich unwohl. Als die Sonne schon tiefer stand, fanden sie ein paar zerzauste Bäume und Gebüsch, wo sie sich verkrochen und auf eine weitere Nacht am Straßenrand einrichteten.

Früh am nächsten Morgen brach Tabor aus ihrer Box aus, rannte zu Kyle in seinem Schlafsack und zupfte ihn am Bart. Michael wachte auf, weil Tabor laut miaute und Kyle »Hau ab« rief. Als Tabor sah, dass Michael die Augen geöffnet hatte, lief sie zu ihm, sprang ihm auf die Brust und zog ihn am Bart.

»Och, Tabor ... Es ist erst vier Uhr«, stöhnte Michael und schob sie von seinem Gesicht weg. »Nein, Tabor, nein ... Lass es.«

Aber sie hörte nicht auf. Also beschlossen die Männer, noch vor Sonnenaufgang loszuziehen. Michael fütterte die Katze und packte seine Sachen zusammen. Als sie aufbrachen, erzählte Michael, dass Nomaden sich in der Wildnis an der Sonne und den Sternen orientierten. Aber irgendwie verirrten sich Kyle und er in der Dämmerung und landeten weit entfernt von der Straße nach Montana in einem winzigen Städtchen, das mit seinen Ladenzeilen aus dem 19. Jahrhundert wie ein verlassenes Western-Filmset aussah. In den Seitenstraßen befanden sich zusammengesackte Holzhäuser und Hütten, über deren Haustüren BETRETEN VERBOTEN-Schilder hingen.

Den ganzen Morgen liefen sie durch die heißen, staubigen Straßen der Ortschaft und hielten sich so dicht wie möglich im Schatten der Häuserfronten, um nicht der sengenden Sonne ausgesetzt zu sein. Schweiß tropfte Michael das Gesicht herunter. Sein Kopf hämmerte. Tabor hechelte in seinen Armen. Er befürchtete, dass sie einen Hitzschlag bekommen könnte, da Katzen ausschließlich über die Zunge und die Pfoten schwitzen. Um sie abzukühlen, goss er sich deshalb in regelmäßigen Abständen Wasser in die Hände und befeuchtete ihr Fell.

Am Ende der Hauptstraße entdeckte Michael schließlich einen Schattenplatz vor einem ehemaligen Antiquitätenladen. Das dreistöckige Gebäude war aus Holz gebaut, hatte ein schiefes Metalldach und ganz oben einen Balkon. Es sah aus wie ein vom Meeresboden geborgenes Schiffswrack.

»Wir sind mitten im Nirgendwo gelandet«, sagte Michael und ließ sich auf einen türkisgrünen Metallgartenstuhl fallen, von dem die Farbe abblätterte. Er streckte die Beine aus und betrachtete die alten Werbeschilder für Coca Cola, Virginia-Slim-Zigaretten und Eisenbahnverbindungen, die draußen herumlagen. Plötzlich sprang Tabor von seinem Arm und schoss durch ein Loch in der Wand in den verlassenen Laden.

Erschöpft und verschwitzt wie er war, zuckte Michael nur die Achseln. »Na ja«, sagte er und legte die Füße auf den Rand einer Löwenfußbadewanne. »Müssen wir wohl eine Weile hierbleiben. Zumindest ist sie an der Leine und kann nicht allzu weit weg.«

Kyle sah ihn skeptisch an und fragte: »Und wie kriegen wir sie da wieder raus?«

»Sie wird schon rauskommen, wenn ihr danach ist – wahrscheinlich, sobald sie Hunger bekommt. Sie ruht sich bloß aus. Lass sie mal machen.«

Während sie warteten, stöberte Kyle in dem herumliegenden Schrott herum. Er fand uralte Straßenschilder, klapprige Fahrräder, rostige Autoteile und Landmaschinen, eine Art-Decó-Spirit-of-66-Zapfsäule und andere kuriose Dinge.

»Ich habe noch nie so was Seltsames gesehen«, sagte er und kramte weiter. Danach schaute er durch die trüben, schmutzigen Fenster in den alten Laden hinein, ging einmal um das Gebäude herum, lugte durch jeden Spalt in den Wänden und versuchte, Tabor in dem Müll und der Finsternis dort drinnen zu entdecken.

»Sie steckt überall ihre Nase rein«, sagte Michael und wickelte das braune Tuch ab, das er unter seinem Hut trug, um sich damit den Schweiß von seinem glühenden Gesicht zu wischen. »Sie wollte nur aus der Sonne und sich ein bisschen abkühlen. Wir können nicht einfach gehen, wohin wir wollen, wenn sie keine Lust hat. Sie ist eine Katzendame, und so muss ich sie auch behandeln – sie entscheidet.«

Etwa eine halbe Stunde, nachdem sie verschwunden war, steckte Tabor – genau wie Michael es vorausgesagt hatte – den Kopf durch die zersplitterten, von der Sonne gebleichten Bretter. Er lockte sie mit ein paar Leckerlis hervor, versperrte das Loch in der Wand mit einem Waschbrett und hielt ihre Leine nun kürzer.

Der völlig erschöpfte Kyle fürchtete, dass sie den ganzen Tag dort festhängen würden. »Das ist echt ätzend«, sagte er. Er saß an dem einzigen Schattenplatz weit und breit gegen das Gebäude gelehnt. Stumpfsinnig rupfte er Gräser und Löwenzahn aus der Erde. »Ich hätte nicht gedacht, dass man in solchen Temperaturen überleben kann.« Sein Mund war trocken und seine Lippen verbrannt. Michael hatte alles Wasser verbraucht, als er versucht hatte, Tabor zu kühlen. »Es ist, als wären wir auf einem anderen Planeten. Venus oder so.«

»Idaho ist wirklich wie ein anderer Planet«, sagte Michael, der nur halb zugehört hatte. Er fixierte einen Skorpion, der an seinen Füßen vorbeilief. Er wollte Kyle nicht darauf aufmerksam machen, um ihn nicht zu beunruhigen. Gleichzeitig musste er aufpassen, dass er nicht in Tabors Nähe kam, die gerade ihr Futter verschlang.

Kaum hatte die Katze aufgegessen, war Kyle aufgesprungen und weit vorausgelaufen.

Michael nahm Tabor hoch, setzte sie auf seinen Rucksack und folgte ihm.

Ein Stück die Straße hinunter standen sie auf einmal vor einem alten Gemischtwarenladen mit angeschlossenem Café, und es wirkte, als wäre beides noch in Betrieb. Ein paar Einheimische gingen dort ein und aus.

Michael band Tabor an die Bank auf der Veranda des Ladens. »Brauchst du irgendwas?«, fragte er Kyle, der sich auf die Bank fallen ließ.

»Wasser.«

»Willst du irgendwas?«

»Wasser.«

Michael ging in den Laden, und Kyle wartete mit Tabor auf der Veranda. Michael war froh, nicht allein unterwegs zu sein, sondern mit einem Freund, der auch mal ein Auge auf die Katze werfen konnte. Normalerweise, wenn er in ein Geschäft ging, lief er hastig durch die Gänge und wurde beim Bezahlen nervös, weil er Angst hatte, jemand könnte die Katze mitnehmen. Ein weiterer Grund, weshalb er Tabor nicht lange allein lassen konnte, war, dass sie dann anfing zu miauen und wie ein Baby zu wimmern, bis er zurückkam. Er fürchtete, dass sie damit unwillkommene Aufmerksamkeit auf sich lenken könnte.

Michael füllte ihre Wasserflaschen auf der Toilette und brachte sie Kyle, dann lief er in den Laden, um sich mit Vorräten einzudecken. Er kaufte Bier und Tabak, Erdnussbutter, Käse, Brot und einen Lottoschein – also alles, was Crazy Joe als »Überlebenspaket für Zigeuner« bezeichnete.

»Das ging schnell«, sagte Kyle. Jetzt, da sie etwas zu

essen und Wasser hatten, besserte sich seine Laune schlagartig.

»Ich fackele eben nicht lange«, antwortete Michael. Sie aßen ihr Mittagessen auf der Veranda, und dann setzte Michael Tabor in ihre Box, um sie vor der Sonne zu schützen. Sie gingen einige Stunden und gelangten bis an den Stadtrand von Boise. Von dort aus folgten sie den Schienen nach Süden und gerieten in eine weitere ausgestorbene Minenstadt, die noch gespenstischer und verlassener wirkte als die erste. In einem leeren Einkaufszentrum befanden sich ein paar entkernte Geschäfte, das Skelett einer Tankstelle und einige verstaubte, verbarrikadierte und mit Graffiti übersäte Hotels. In der kargen Landschaft lag inmitten von Wüstenbeifußsträuchern ein ausgetrocknetes, altes Boot, und im Sand glitzerten grüne und braune Glasscherben. Vom Wind umhergewehte Plastiktüten hingen in Kakteen und trieben über den Boden wie Steppenläufer.

»Ich schätze, das ist der Ort, an den sich die Plastiktüten zum Sterben zurückziehen«, sagte Kyle.

»Oder Tramper, die hier nicht weggekommen sind«, sagte Michael und zeigte auf ein kleines, selbstgebasteltes Kreuz mit einem zerfallenden Turnschuhpaar oben drauf, das auf einem Steinhaufen zwischen ein paar vertrockneten Blumen stand.

Schließlich bekamen sie eine Mitfahrgelegenheit ins Zentrum von Boise hinein und wurden dort am Stage Stop abgesetzt, einer schicken Fernfahrerkneipe, die sich in einem Gebäude im Neu-Tudor-Stil befand. Davor stand eine alte Postkutsche. Die Temperaturen kletterten allmählich über dreißig Grad.

Benommen und sonnenverbrannt glitten sie in eine der

Sitzecken mit türkisfarbenem Polster ganz am Ende des hell erleuchteten Diners. Es war im Cafeteria-Stil eingerichtet und voll mit Stammkunden, die Jeans, Hüte und abgewetzte Cowboystiefel trugen – Männer, die ihr Leben größtenteils draußen verbracht hatten, wie man unschwer an ihren wettergegerbten Gesichtern und den Händen, die schwielig wie Sattelleder waren, erkennen konnte.

Die beiden Tramper und die Katze hingen in dem klimatisierten Raum herum, tranken geeistes Wasser und wässrige Eiskaffees und warteten, bis die Akkus ihrer Handys geladen waren. Nachdem sie sich auf diese Weise abgekühlt hatten, gingen Kyle und Michael mit Tabor auf dem Rucksack wieder nach draußen. Michael wusste, dass es sinnlos war, hier zu warten – Fernfahrer nahmen generell kaum noch Tramper mit, da es gegen die Versicherungspolitik ihrer Firmen verstieß. Also liefen sie die Straße entlang zu einer belebten Kreuzung in der Nähe der Ausfahrt eines mehrspurigen Highways, des I-84, und setzten sich mit ihrem MONTANA-Schild an den Straßenrand. Michael aß ein Käsesandwich, und Tabor, wie immer an der Leine, streckte sich unter einem Wüstenbeifußbusch aus.

Ein verbeulter, alter Chevy-Avalanche-Pick-up hielt mit quietschenden Bremsen vor ihnen und wirbelte eine Wolke von Staub und Schotter auf.

Der Cowboy am Steuer streckte den Kopf aus dem Fenster. »Wohin wollt ihr?«, fragte er gedehnt.

Michael antwortete: »Egal« und Kyle gleichzeitig: »Montana.«

»Ganz so weit fahre ich nicht, aber ich kann euch zumindest ein Stückchen mitnehmen«, sagte er und sprang aus dem Auto, um ihnen mit ihrem Gepäck zu helfen. Er war groß, gutgebaut und sah auf eine zerlumpte Art nicht schlecht aus. In seiner abgetragenen Jeans, einem einfachen Westernhemd mit Bart, Schnurrbart und Haaren wie Stroh, wirkte er wie ein Trapper.

»Haben Sie noch eine Sekunde?«, fragte Michael, stopfte sich schnell die letzten Bissen in den Mund und griff nach Tabors Leine.

»Keine Eile«, antwortete der Cowboy und lehnte sich gegen seinen Pick-up. Er klappte ein silbernes Feuerzeug auf, steckte sich eine Zigarette an und sah mit seinen knallblauen Augen, die unter seinem abgegriffenen braunen Wildleder-Stetson aufblitzten, wie die reinste Verkörperung des Marlboro-Mannes aus.

Kyle kletterte auf die Rückbank, und Michael reichte ihm ihre Rucksäcke. Als er sich umdrehte, um Tabor in den Wagen zu heben, sträubte sie sich. Sie sah Michael trotzig an, zerrte an der Leine und wollte offensichtlich abhauen. Er dachte, er hätte die Leine fest im Griff, aber als er sich bückte, um die Katze hochzuheben, entkam sie ihm und schoss auf die stark befahrene Zufahrtsstraße, die Leine im Schlepptau.

»O Gott, nicht jetzt«, sagte Michael und verfolgte sie. Autos sausten an ihnen vorbei. Aus dem Augenwinkel sah er, wie umsichtige Fahrer vom Gas gingen und dem Tier auswichen.

»Tabor, NEIN!«, brüllte er. »Tabor, komm zurück!«

Sie lief ihm davon, als wüsste sie, dass er sie an einen Ort bringen würde, an den sie nicht wollte, oder sie hatte ihren ganz eigenen unerklärlichen Grund.

»Bitte lass das«, bettelte Michael, während er ihr mit raschen Schritten folgte. Er wusste, dass man verängstigte Katzen nicht verfolgen oder in die Enge treiben durfte, da es sie nur umso mehr verängstigte und stresste. Große Sattelschlepper donnerten vorbei, und ihr Luftstrom zerrte an ihnen. Tabor verfiel in einen gemächlicheren Trab die weiße Linie entlang. Dann blieb sie stehen, wandte sich um und sah Michael mit einem ängstlichen, gequälten Gesichtsausdruck an. Auch Michael wurde langsamer und näherte sich vorsichtig seiner nervösen, hilflosen Katze. Sein Herz hämmerte. Er redete beruhigend auf sie ein: »Es ist alles gut, Tabor ... alles gut.«

Tabor sah ihm direkt in die Augen und miaute.

Nach einer nervenzerreißenden Minute konnte Michael ruhig auf sie zugehen und sie hochnehmen.

»Tabor, du böses, böses Mädchen«, schimpfte er mit ihr und hielt sie fest an sich gedrückt.

Die Katze zappelte zuerst und legte die Ohren an, lehnte sich dann aber gegen seine Brust.

»Wie konntest du nur?«, fragte Michael, als er mit ihr zurück zum Pick-up trabte. Kyle und der Cowboy hatten sie aus dem Fahrerhaus beobachtet.

»Wildes Kätzchen, was?«, sagte der Cowboy zu Michael, als der auf den Beifahrersitz kletterte, Tabor immer noch fest umklammert. »Dachte schon, die könnte man abschreiben.«

»Sie hat mir einen Heidenschreck eingejagt«, sagte Michael. Er war so aufgewühlt, dass seine Hände zitterten, als er ihr über den Kopf strich. »Der Katze darf auf keinen Fall etwas passieren. Sie ist meine Prinzessin.«

Der Cowboy lächelte breit, und sie fuhren auf den Highway. Die heiße Mittagssonne brannte durch die Windschutzscheibe. Der Mann war Rancher. Und gerade erst aus dem Gefängnis entlassen worden. Er warf Michael einen Blick zu, grinste, seine blauen Augen strahlten in der Sonne, und er fragte: »Was ist mit der Katze?«

Nachdem Michael ihm die ganze Geschichte von der Begegnung mit Tabor und ihrer gemeinsamen Reise die gesamte Westküste entlang erzählt hatte, lachte er herzhaft. »Junge, was für eine verrückte Geschichte.«

Der Cowboy verließ die Schnellstraße, um kurz an seinem Haus vorbeizufahren. Er raste über die holprigen Landstraßen, passierte ein Patchwork an Feldern und winzigen, urigen Westernstädtchen und schaltete dabei die ganze Zeit knirschend zwischen den Gängen hin und her. In der Luft hing der Geruch von Pferden, Rauch und Wildblumen. Einfache Farmhäuser und Weiden mit einzelnen Kühen und Pferden rauschten vorbei.

Bei sich zu Hause ließ er Michael, Kyle und Tabor im Auto warten, kam aber nach wenigen Augenblicken mit Tüten voller Lebensmittel, Grillkohle und Anzünder für sie zurück. Dann setzte er sie in der Nähe des Indian Creek Reservoirs ab, einem wunderbaren Sumpfgebiet auf dem Weg nach Montana mit unendlichen Wanderpfaden und Weiden.

Als er ihnen half, ihre Sachen aus dem Wagen zu heben, fragte der Cowboy: »Raucht ihr Gras?«

»Jo«, antwortete Michael.

Und sie bekamen als Abschiedsgeschenk von ihm ein großes Glas voller Gras, außerdem Blättchen und ein Feuerzeug.

Vor ihnen erstreckte sich das sonnengebleichte Büffelgras bis zum Horizont und wogte wie Wellen einer stürmischen See in alle Richtungen. Tabor war in Entdeckerlaune und stolzierte an ihrer sechs Meter langen Leine voran. Sie blieb kurz stehen, um an ein paar wilden Rosen am Wegesrand zu schnuppern, und Michael, der ihr folgte, fragte sich, ob sie Heimweh nach Portland hatte, nach den Rosen, die in der ganzen Stadt wuchsen.

Die Männer beschlossen, im Park zu übernachten, um etwas Schlaf nachzuholen, bevor sie weiterzogen. Sie ruhten sich ein wenig in einem Feld aus, Tabors Leine war an Michaels Rucksack befestigt. Während Kyle und Michael sich am Boden austreckten, fing sie sofort an herumzuschnüffeln und stöberte Mäuse auf. Mit einer süßen, knopfäugigen Hirschmaus im Maul pirschte sie sich kurze Zeit später an Michael heran. Das Tierchen fiepte panisch. Tabor sah Michael an und legte ihm die Maus vor die Füße, wie um mit ihren Jagdkünsten anzugeben.

»O Tabor«, sagte er, während er der Maus zusah, wie sie davonhuschte und zwischen den langen Gräsern verschwand. »Du hast die arme, kleine Maus fast zu Tode erschreckt.«

Sie rollten die Leine zusammen, nahmen ihre Rucksäcke und liefen einen abgeschiedenen, von Kiefern gesäumten Hang hinauf, um dort ihr Lager aufzuschlagen. Von dieser Stelle aus sahen sie zu, wie die Sonne im See versank. Sterntaucher und Teichhühner schossen im Sturzflug am Ufer hinunter, und in den Tannen schnatterten Felsengebirgshühner. Sie blickten über die Felder, und Michael konnte Kyle und Tabor all die Wasservögel erklären, die auf der Suche nach einem Platz für die Nacht durchs Schilf flogen.

Als es dunkel wurde, entfachte Michael ein Feuer und kochte ihnen ein Abendessen aus den Lebensmitteln, die der Cowboy ihnen gegeben hatte: selbstgefangener Lachs, Pilze und Frühkartoffeln. Zum Schluss wärmte er ihnen noch einen hausgemachten Pfirsichauflauf auf.

Beim Kochen erzählte Michael Kyle, wie er seinen ersten Küchenjob bekommen hatte, damals im Jahr 1979, als er mit 14 Jahren wieder einmal von zu Hause ausgerissen war und nachts an den Bahngleisen schlief. »Ich hatte Kartoffelpuffer und Toast bei Webster Bar & Grill gegessen«, erinnerte er sich. »Ich öffnete die alte Fliegengittertür und wollte die Zeche prellen. Ich dachte, auf keinen Fall kriegt die fette Lady hinterm Grill mich. Aber zack, war sie an der Tür. ›Wohin willst du?‹, fragte sie und versperrte mir den Weg. ›Hattest du etwa vor abzuhauen, ohne deine Rechnung zu bezahlen?‹ Ich so: ›Ja.‹, sie: ›Hast du Geld?‹, und ich darauf: ›Nein, nichts‹, und sie wieder: ›Du kannst spülen, oder ich hole die Polizei.‹ Ich entschied mich fürs Spülen. Wie sich herausstellte, war die Lady die Besitzerin. Sie war zufrieden mit meiner Arbeit und hatte vielleicht Mitleid mit mir, jedenfalls stellte sie mich am Ende dieses Tages ein. Eine Zeitlang spülte ich, aber bald durfte ich auch kochen, Eier braten, Gebäck und Saucen machen. Das war mein Einstieg in die Gastronomie. Als Kind wollte ich immer Koch werden. Mit acht konnte ich schon Käsetoast und Pfirsichauflauf machen.«

»Das riecht gut«, sagte Kyle, als Michael ihm seinen Teller gab.

»O Mann, heute Abend gibt es mal was richtig Feines.«

Auch Tabor war ausgehungert. Bevor Michael selbst zu essen begann, füllte er ihre Schüssel mit Katzenfutter, das sie allerdings ignorierte: Sie hatte es auf seinen Lachs abgesehen. Obwohl er eigentlich Wert darauf legte, dass sie immer dasselbe zu fressen bekam, gab er ihr ein halbes Fischfilet, und sie stürzte sich gierig darauf. Danach verfiel sie in einen leichten Schlaf, ihr flauschiger Kopf ruhte auf ihren gekreuzten Pfoten, und ihre Schnurrhaare zuckten.

Als Michael zusah, wie Tabor nach ihrem Festschmaus einschlief, dachte er, das Leben konnte so einsam und monoton sein, aber jemanden zu finden, der einen durch alles begleitete, machte es doch lohnenswert.

Michael und Kyle blieben noch lange wach, unterhielten sich und rauchten Gras, bis die Mücken sie zu sehr quälten. Michael setzte Tabor in ihre Box und trug sie und seinen Schlafsack zu einer kleinen Anhöhe unter einer großen Kiefer. Dort würden sie vom Tau geschützt sein und über Nacht trocken bleiben.

Am nächsten Morgen wachte Michael bei Tagesanbruch auf und ließ Tabor aus der Box. Nachdem er sie gefüttert hatte und für sich und Kyle Kaffee gekocht hatte, packte er ihre Sachen. Die beiden Männer rauchten noch etwas Gras und ließen den Rest in dem Glas unter einem Busch zurück. Vielleicht würde es jemand finden. Die Menge hätte sie sonst ins Gefängnis bringen können –, in Idaho konnte man allein für Drogenbesitz zwei Jahre oder mehr bekommen.

Als sie auf die Hauptstraße zurückkamen, streckten sie wieder den Daumen raus und versuchten, einen freundlichen, ungefährlichen Eindruck auf die vorbeikommenden Fahrer zu machen. Idaho war nicht nur für Tramper und Bettler gefährlich. Hier lebten in manchen kleineren Orten besonders furchteinflößende, mies gelaunte Typen, die einem eine Kugel verpassten, wenn man sie nur falsch ansah – und die wahrscheinlich auch nicht zögern würden, die Katze zu skalpieren. Nachdem die beiden Männer fast den ganzen Tag kein Glück hatten, gingen sie zurück in den Wildpark, um das Glas mit dem Gras zu suchen. Sie aßen ihr restliches Essen auf und schliefen früh unter einer Baumgruppe unweit der Straße ein.

Bei Tagesanbruch machten sie sich wieder auf den Weg und liefen den ganzen Tag. Ihr Ziel war Mountain Home. Eingeklemmt zwischen der Wüste und den Bergen hatte die Stadt einen Stützpunkt der Air Force, einige Dutzend Kirchen, ein Rodeo und einmal im Jahr ein Country-Musik-Festival zu bieten, zu dem die Leute von weither strömten. Sie verteidigte außerdem regelmäßig ihren Platz als eine der unwirtlichsten Städte Idahos: Die Sommer waren extrem heiß und trocken, es gab ständig Waldbrände, die Arbeitslosenquote war hoch, und der Verkehr rauschte mitten durch die Stadt.

Michael und Kyle gingen zu einem großen Fernfahrerrastplatz und zu mehreren Tankstellen in der Hoffnung, eine Mitfahrgelegenheit aufzutun. Auf diese Weise sahen die Fahrer sie, wenn sie zum Tanken an die Zapfsäulen fuhren und hatten Zeit, sich beim Bezahlen zu überlegen, ob sie die beiden Männer und die Katze mitnehmen wollten. Zugleich füllten sie ihre Wasserflaschen auf, luden ihre Handys und setzten sich dann draußen hin, Tabor an der Leine. Zum Zeitvertreib spielten sie Karten, bis es irgendwann zu heiß wurde, um am Straßenrand zu warten. Dadurch hatten sie jeweils nur ein Zeitfenster von zwei Stunden sehr früh am Morgen und spät am Abend, aber sie wollten Tabor nicht der extremen Hitze aussetzen. Sie tranken zu viel, aßen zu wenig, wurden von Insekten zerstochen und schliefen unter Bäumen auf verlassenen Grundstücken. Fünf Tage vergingen – und sie warteten immer noch darauf, Mountain Home verlassen zu können, wo alles staubig und farblos aussah, ausgebleicht von der heißen, unbarmherzigen Wüstensonne.

Am sechsten Tag saßen sie morgens vor einer Tankstelle, tranken verbrannten Automatenkaffee, atmeten den Benzingestank ein, und Michael fühlte sich ausgelaugt. Von allen Trips quer durchs Land, die er über die Jahre unternommen hatte, war dies der härteste.

Als es für Tabor zu heiß wurde, gingen sie zu einem Einkaufszentrum in der Nähe. Auf einem Walmart-Parkplatz fanden sie ein Schattenplätzchen, wo sie sich ausruhen und die Handys laden konnten. Kyle sah noch einmal nach, ob es Reaktionen auf ihren Post wegen der Mitfahrgelegenheit gegeben hatte, und aktualisierte ihren Standort.

Michael schrieb mit Kyles Edding und seinen Filzstiften auf ein Stück Pappe, auf dem er nachts geschlafen hatte: VATER, SOHN & KATZE SUCHEN MITFAHRGELEGENHEIT NACH MONTANA.

Tabor schien es nichts auszumachen, dass sie nicht weiterkamen. Sie schlief einfach die ganze Zeit, lag zufrieden auf dem Rücken und drehte ihr Gesicht wie eine Sonnenblume Richtung Sonne. Mit geschlossenen Augen und eingerollten Vorderpfoten sah sie so süß aus, dass Kyle sie fotografierte und das Bild mit dem Kommentar *Tabor in Mountain Home, Idaho* auf Facebook postete. Und dann fügte er noch hinzu: *Scheißstadt. Seit sechs Tagen sitzen wir hier fest.*

Den Rest des Nachmittags lungerten sie herum, rauchten und unterhielten sich mit den Leuten, die wegen der Katze stehen blieben. Als die Hitze nachließ, wachte Tabor auf und war streitlustig. Wie ein aufgedrehtes Katzenkind steckte sie immer wieder die Pfoten in Kyles offenen

Rucksack. Kyle schob ebenfalls eine Hand in den Rucksack, zog sie wieder raus und schwenkte sie vor Tabor, um ihr zu zeigen, dass er bereit war zu spielen. Sie duckte sich, machte ein wild entschlossenes Gesicht und fixierte seine Hand, als wäre sie eine in die Enge getriebene Maus. Sie sprang hoch und zwickte Kyle in spielerischem Kampf in die Hände und Handgelenke.

»Au ... au ... auuuuu, Tabor, das tut weh«, sagte Kyle und zog die Hände weg, außer Reichweite ihrer spitzen Schneidezähne. »Tabor, lass es sein.«

»Ich hab dich gewarnt, sie schlitzt dir die Haut auf. Sie macht keinen Unterschied zwischen Beißen und Kratzen«, sagte Michael. Kyle versorgte seine Bisswunden. »Sie ist traumatisiert. Wahrscheinlich ist sie deshalb so unerschrocken und hat versucht, diesen Bären zu verjagen. Ohne sie wäre er vielleicht rübergekommen und hätte Stinson gefressen.«

Michael drehte sich eine Zigarette, krümelte Tabak auf das Blättchen und verschloss es mit Spucke.

»Wir sollten einfach losgehen«, sagte er und stand auf. »Ich hab keine Lust, den Rest meines Lebens hier zu verbringen.« Die Sonne ging unter, und er wollte eine Unterkunft suchen.

»Wir könnten irgendwo auf einen Güterzug springen«, schlug Kyle vor.

»Klar, ich zaubere mal eben einen her«, sagte Michael, während er seine Sachen zusammenklaubte. Gerade als die letzten Sonnenstrahlen über den Parkplatz strichen, kam ein Mann auf sie zu. Er hatte einen glattrasierten Schädel, Silberringe mit Totenköpfen an den Fingern und trug kurze Hosen und oben herum so etwas wie einen weißen Jutebeutel. Tätowierte blaue Schlangen krochen seine kräftigen Waden hoch. Um die Hüfte hatte er einen Pistolengürtel gelegt, in dem sich ein Revolver befand und eine Automatikpistole. An seiner Seite lief ein respekteinflößender blaugrauer Pitbull.

»Seid ihr die Typen aus dem Internet?«, fragte er.

Kyle glaubte, dass er sie von ihren Fotos bei der Mitfahrplattform erkannt hatte. Er zögerte kurz und antwortete dann: »Äh, ja … Die sind wir.«

»Tja, mein Name ist Jesus Christus, und heute ist euer Glückstag. Ich habe jemanden, der euch mitnehmen kann«, sagte er und ging wieder davon.

Sobald er außer Hörweite war, lachten sie sich schlapp.

»Was war das denn?«, fragte Kyle.

»Kein Plan«, antwortete Michael. »Aber ganz schon unheimlich, oder?«

»Ich hatte noch nie so viel Schiss.«

Michael war sich nicht sicher, ob der Typ ironisch sein wollte oder ein bewaffneter Straßenprediger war. Auf jeden Fall war Michael argwöhnisch gegenüber religiösen Menschen, nachdem er auf der katholischen Schule gewesen war, wo es vor pädophilen Priestern nur so gewimmelt hatte. Doch etwa zehn Minuten später, als sie ihre letzten Sachen zusammenpackten, hielt ein blauer Corolla-Viertürer vor ihnen.

Jesus Christus lehnte sich aus dem Beifahrerfenster. »Hier ist eure Mitfahrgelegenheit«, sagte er und zeigte mit dem Kinn auf den ungepflegten, hohlwangigen Fahrer mit strähnigen Haaren. »Er fährt nach Dillon, Montana.«

»Mann, das wäre perfekt«, sagte Michael. Sein Zwillingsbruder JP, der einzige seiner Geschwister, zu dem er noch sporadisch Kontakt hatte, lebte in Dillon, und das war nur wenige Stunden von Walters Heimatort entfernt.

Kyle zögerte erst, doch dann nahm er seinen Rucksack und folgte Michael und Tabor zu dem Auto.

Michael fand, dass Jesus' Jünger aussah wie ein Drogensüchtiger und Jesus selbst, als wäre er bereit, jederzeit jemanden umzulegen, aber er dachte sich: *Egal ... Hauptsache raus aus Idaho.*

Jesus' Pitbull nahm die gesamte Rückbank ein und wirkte nicht besonders glücklich, sie zu sehen. Durch das Fenster starrte er Tabor an, und sie starrte ungerührt von ihrem Hochsitz auf Michaels Armen zurück. In Portland war sie mit vielen Hunden befreundet, und Michael erinnerte sich an nur einen Hund, den sie nicht leiden konnte. Jener Hund hatte gelernt, sich von ihr fernzuhalten. Als toughe Reisekatze jagten ihr nicht einmal Pitbulls Angst ein.

Jesus schob den Hund nach vorne auf den Beifahrersitz und fegte die leeren Energy-Drink-Dosen und Schokoriegelverpackungen von der Rückbank. Auf dem Boden lag eine schmutzige Glaspfeife.

Als sie ihr Gepäck in den Wagen luden, fragte Michael nur halb im Scherz: »Wollt ihr uns umbringen oder mitnehmen?«

»Wir bringen euch nicht um. Aber wenn du mitfahren willst, musst du voranmachen«, antwortete Jesus. Die Waffen dienten seinem Schutz, erklärte er, da er sonst meistens alleine unterwegs war. Er musste sie mit dem Jutebeuteloberteil bedecken, um den Walmart betreten zu dürfen.

Jesus ließ sich auch nur bis zu seinem eigenen Auto mitnehmen, das zwei Häuserblöcke weiter vor einer mo-

numentalen weißen Kirche geparkt war. Das hohe neon-
blaue Kreuz auf der Kirche schien wie ein Leuchtfeuer
durch die einsetzende Dämmerung. Ein glänzender, alter
Cadillac in Mintgrün stand davor. Auf dem Nummernschild stand: JC.

»Gruselig«, formte Michael mit den Lippen in Kyles
Richtung.

Als sie vor dem Cadillac hielten, sagte Jesus: »Mein
Freund hier wird euch bringen, wohin ihr wollt.« Dann
stiegen er und sein Pitbull aus.

Nachdem Jesus und sein Höllenhund weg waren, drehte der andere Typ sich zu ihnen um und fragte die üblichen Dinge – woher sie kamen, warum sie eine Katze
dabeihatten – und erzählte nuschelnd ein wenig von sich.
Er behauptete, als Farmer in Idaho zu arbeiten und nun
unterwegs nach Montana zu sein, wo er seine Frau besuchen wollte.

Aber so sah er nicht aus. Michael war sich sicher, dass
er abhängig von Crystal Meth war – er hatte einen Tick,
blutunterlaufene Augen und schlechte Zähne –, und sie
würden ungefähr dreihundert Meilen mit ihm unterwegs
sein. Michael erzählte ihm, dass sie fast eine Woche in
Mountain Home festgesessen hatten, ihr letzter Fahrer
ihnen aber Gras geschenkt hatte.

Da wurde der Junkie hellhörig und fuhr an den Straßenrand. »Wir können ja erst mal zusammen einen
durchziehen«, sagte er, während seine Augen verstohlen
die Rückbank absuchten. Seine manische Intensität erinnerte Michael an einen Abhängigen, den er in Portland
kannte und der sich dort in fremde Gärten schlich und
Mohnblumen aufschnitt, um so an die Samen für sein
Opium zu gelangen.

Michael gab dem Junkie das fast leere Glas. Er drehte einen fetten Joint, nahm einen tiefen ersten Zug und gab ihn dann weiter an Michael und Kyle.

»Blas den Rauch nach draußen«, sagte Michael zu Kyle und beugte sich zu ihm, um sein Fenster aufzumachen. »Ich will keine bekiffte Katze haben.«

Nachdem sie den Joint zu Ende geraucht hatten, setzte Kyle sich auf den Beifahrersitz und Jesus' Drogenteufel fuhr mit quietschenden Reifen an. Er raste über Nebenstraßen durch hügelige Kartoffelfelder und schließlich auf den Highway.

Dreißig Meilen hinter Mountain Home fiel ihm auf, dass der Tank nur noch zu einem Drittel voll war. Er machte einen hastigen U-Turn und fuhr zurück in die Stadt, um zu tanken. Als er wieder auf der zweispurigen Schnellstraße war, wechselte er achtlos zwischen Trucks und anderen Autos hindurch die Spuren. Michael hielt Tabor fest, aber sie döste unbeeindruckt von dem Schwanken und dem Gestank verbrannten Gummis in seinem Schoß.

»Ihr wisst, dass Jesus auch obdachlos war«, sagte der Junkie und sah Michael im Rückspiegel an. »Er hat 44 Nächte in der Wüste verbracht.«

»Ich bin der Kerl, der täglich 24 Stunden draußen ist«, antwortete Michael. »Nicht, dass ich mich mit Jesus vergleichen würde, oder an wen auch immer du glaubst, aber ich hab mindestens vierzigtausend verfluchte Nächte draußen verbracht.«

Mitten im Fahren drehte der Typ sich zu Michael nach hinten: »Ich glaube, wir sind alle vom rechten Weg abgekommen, wie Schafe.«

»Pass auf«, rief Kyle. »Da ist ein Kaninchen.«

Anstatt dem Tier auszuweichen, hielt der Junkie absichtlich darauf zu und wechselte dafür erneut die Spur auf dem dunklen Highway. Als er ein weiteres Kaninchen am Straßenrand entdeckte, machte er einen plötzlichen Schlenker darauf zu, um es zu überfahren.

Michael war schon Tausende Meilen mit fremden Menschen gefahren und konnte sich auf sein Bauchgefühl verlassen. Selten hatte er den Eindruck gehabt, in Gefahr zu sein. Aber als nun sein Rausch nachließ, dämmerte es ihm: *Was zur Hölle habe ich mir nur dabei gedacht?*

Da auch Kyle überzeugt war, dass ihr Fahrer sie umbringen würde – Michael sah es an seinem verängstigten Gesichtsausdruck –, sagte er: »Hey, soll ich ein Stück übernehmen? Dann kannst du dich ausruhen.« Er war seit Jahren nicht mehr gefahren, nachdem er in Montana und Missouri mehrere Strafen wegen Trunkenheit am Steuer bekommen hatte, aber er wollte verhindern, dass der Junkie die örtliche Tierwelt dezimierte – und sie gleich mit in den Tod riss.

Der Typ wirkte erleichtert, trat in die Eisen und schlitterte auf den Kies des Seitenstreifens, ließ den Motor laufen und stieg aus. Er kroch auf die Rückbank und streckte sich aus. Michael gab Kyle Tabor zum Halten und rutschte auf den Fahrersitz. Hinter dem Steuer zu sitzen fühlte sich zuerst merkwürdig an, wie etwas aus einem vergangenen Leben, aber dann rollte er langsam auf den leeren pechschwarzen Highway und fuhr sie die letzten zweihundert Meilen durch die Wüste.

Die Fahrt brachte die Erinnerung an den einzigen Urlaub zurück, den seine Familie jemals gemacht hatte. In einem Sommer in den siebziger Jahren waren seine Eltern, seine Schwester und seine drei Brüder in einem VW-Bus durch den schwülen Süden gefahren. Sie hatten Lousianas mondbeschienenes Sumpfland durchquert und waren am nächsten Morgen zum Sonnenaufgang in Florida aufgewacht. Als sie Missouri hinter sich gelassen hatten, war es ihm erschienen, als könnte alles, was vor ihnen lag, nur besser sein. Aber als sie ankamen, hatte sich nichts verändert: Seine Mutter war immer noch streng und sein Vater distanziert. Michael hatte jedoch nie das Gefühl vergessen, das Versprechen, dass Reisen auf eine gewisse Weise alles verändern konnte.

Entlang der Route des I-15 ging die bergige Wüste Idahos in Hochebenen und Wälder mit schönen, jahrhundertealten Bäumen über, als sie die Grenze zu Montana überquerten. Motten flatterten im Scheinwerferlicht. Kyle hielt Tabor auf dem Schoß. Sie schlief, und ihre Schnurrhaare zuckten, während sie von ihren Abenteuern träumte. Ein warmer Wind wehte durch das offene Fenster herein.

Michael schaltete das Radio ein. Gerade lief »Devils & Dust« von Bruce Springsteen, ein schwermütiger, meditativer Song, der um ein Uhr nachts allerdings erstaunlich fröhlich klang. Es fühlte sich gut an, wie ein echter Familienausflug – sofern man den schlafenden Meth-Junkie auf der Rückbank ignorierte.

Sie wechselten auf den MT-41 und kamen schließlich in Dillon an, einer hübschen, kleinen Präriestadt im südwestlichen Rinderland von Montana. Es war zu spät in der Nacht, um Michaels Bruder zu besuchen, und bei ihm konnten sie ohnehin nicht bleiben. JP hatte selbst zwei Katzen, eine kranke Frau und insgesamt genug Scherereien. Also parkte Michael gegenüber von JPs Haus vor dem Beaverhead County Museum. Er setzte Tabor in die Box, Kyle und er nahmen ihre Sachen, weckten den Junkie und bedankten sich bei ihm.

Sie winkten zum Abschied und schauten den allmählich kleiner werdenden Rücklichtern hinterher. Michael warf sich den Rucksack über die Schulter, hob Tabors Box hoch, und Kyle und er wankten an der Straße entlang, zerlumpt und abgekämpft. Sie beschlossen, unter dem Sternenhimmel zu schlafen, auf einem Stück Wiese neben dem Museum. Michael kannte den Platz schon. Sie mussten über einen Zaun klettern, aber da sich auf beiden Seiten eine Leiter befand, war das kein Problem.

Als sie auf der anderen Seite waren, legte Michael der Katze die Leine an, holte sie aus der Box und setzte sie ins Gras. Sie gingen zu einer riesigen, hohlen Eiche. »Hier können wir schlafen«, sagte Michael. Er blickte hoch zu dem aufgehenden Mond. »Und morgen früh versuchen wir, eine Mitfahrgelegenheit nach Helena zu bekommen.«

Sie ließen ihre Rucksäcke fallen und rollten die Schlafsäcke neben einigen dichten, niedergetrampelten Sträuchern aus. Michael setzte Tabor zurück in die Box, während Kyle die Schuhe auszog und sich erschöpft auf seinen Schlafsack plumpsen ließ, als wäre er direkt aus dem Himmel gefallen. Er schlief sofort ein. Michael kroch auch in seinen Schlafsack und lauschte Tabors Schnarchen dicht neben seinem Kopf.

Er sah wieder hinauf zum Mond und dachte daran, was der Junkie gesagt hatte: Wie die Schafe in der Bibel war Michael vom rechten Weg abgekommen. Sein ganzes Leben lang war er davongelaufen. Er wusste, woher seine Wut und seine Ruhelosigkeit kamen, aber nicht, wie er damit umgehen sollte. In den vergangenen zehn Jahren hatte er geglaubt, im Grunde allein zu sein. Häufig hatte er sich verloren gefühlt und sich danach gesehnt, woanders zu sein. Nun, mit Tabor an seiner Seite wollte er die

Vergangenheit hinter sich lassen, richtig leben und sich nicht länger wie ein Geist durchs Land treiben lassen. Tabor erinnerte ihn daran, was für ein unglaubliches Gefühl es war, seine Zeit mit jemandem zu verbringen, der einem wichtig war, und wie dies die Sicht auf alles andere verändern konnte.

Der Mond schien so hell, dass die knallroten Elefantenohrpflanzen, die den Baum umstanden, leuchteten. Michael war angespannt und konnte nicht schlafen. Er setzte sich auf, um eine Zigarette anzustecken, und dachte, dass sie gleich am nächsten Morgen bei JP vorbeischauen sollten – schließlich lebte er auf der gegenüberliegenden Straßenseite. Immer wieder döste Michael ein, wachte aber immer wieder auf. Einmal hörte er einen Schrei, und als er nach oben sah, saß in dem hohlen Baum ein riesiger Virginia-Uhu. In der Stille hörte er das ferne Heulen von Kojoten und die Krabbelgeräusche der kleinen, nachtaktiven Tiere im Unterholz.

Als Michael wieder einschlief, wurde es bereits hell und Tabor miaute, um sie zu wecken. Michael und Kyle standen auf, rafften ihre Sachen zusammen und gingen über die Straße zu JP. Sie verbrachten eine Weile bei ihm, seiner Partnerin und einigen Freunden der beiden, die im selben kleinen Apartmenthaus lebten. Später fuhr JP sie zu einer Weide, wo Michael bei früheren Besuchen schon sein Lager aufgeschlagen hatte

Nun stand die letzte Strecke nach Hause zu Walter an – und eine lange, entspannte Pause weit weg von allem.

KAPITEL 18

Black Magic Woman

In Portland schaute Ron aus dem Erkerfenster im Wohnzimmer. Es war ein schönes Wochenende Anfang Juni. Die Krähen tummelten sich in den Ahornbäumen, und die Magnolien blühten. Eine warme Brise kam durch die offenen Fenster und die Fliegengittertür der Veranda herein, blähte die zarten weißen Vorhänge auf wie Segel und ließ draußen die Blüten auf den Gehweg regnen.

Sonst liebte Ron es, wenn der Sommer begann, aber nun verließ er kaum das Haus, außer um zur Arbeit in seinen Gitarrenladen zu gehen oder Lebensmittel einzukaufen. Seine Freunde, die Grillpartys veranstalteten, auf Musikfestivals und ins Open-Air-Kino im Berkeley Park gingen und Wochenenden an der Küste verbrachten, versuchten immer wieder, ihn zum Ausgehen zu bewegen. Sie machten sich Sorgen, er könne zum Einsiedler werden. An diesem Tag hatte Rons Freund Evan ihn tatsächlich überreden können, abends ins Pok Pok zu gehen, Rons Lieblings-Thai-Restaurant, das sich ein paar Straßen weiter auf der Division Street, Portlands belebtem kulinarischem Zentrum, befand.

Nachdem er fürs Wochenende eingekauft und geputzt hatte, wurde Ron von der schwarzen Welle überrollt, wie er es nannte. Damit sich seine trübe Laune hob, zwang er sich, in den Park zu gehen, etwas frische Luft zu schnappen und sich unter die sommerlich gestimmten Leute zu mischen, aber er schaffte es kaum einmal um den Block. Im Endeffekt verbrachte er den ganzen Nachmittag damit, auf dem Sofa zu liegen und 93.2 FM zu hören, einen Radiosender, der Rockklassiker brachte. Aber Bonnie Tyler, die über irgendeinen Herzschmerz jammerte, half ihm auch nicht, und der bloße Gedanke an die Sängerin mit ihrem schrecklichen Vokuhila und ihrer anstrengenden Musik nervte ihn. Er musste irgendetwas unternehmen, um die Zeit zu überstehen, bis Evan ihn abends abholen würde.

Genau im richtigen Moment schlüpfte Jim mit einem heiseren Miauen und lauter Blättern am Schwanz durch die Tür. Manchmal zog er die Fliegengittertür zur Veranda mit den Krallen auf – und hatte diesen Trick auch Mata und Creto beigebracht. So konnten sie sich aus dem Haus schleichen, wann immer sie wollten. Ron rechnete aus, dass Mata inzwischen insgesamt 15 Monate verschwunden war –, und sie war erst drei Jahre alt. Er nahm Jim hoch, streichelte ihn und zupfte ihm die Blätter aus dem Fell.

Auf dem Sofa neben ihm lag Creto ausgestreckt und putzte sich. Wie ein Boxer ballte er seine kleine schwarze Pfote zur Faust, leckte sie ab und stopfte sie sich in die Ohren. Normalerweise fand Ron das lustig, aber in letzter Zeit hatte Creto begonnen, es mit dem Putzen zu übertreiben, hatte sich das Fell vom Bauch und von den Beinen gerissen. Er sah aus, als hätte er Räude, aber in Wirklichkeit war es Ausdruck einer Angststörung und Trauer um seine Schwester. Der Tierarzt verschrieb verschiedene Mittel und Hautöle, aber nichts half. Seit Mata weg war, folgte Creto Ron im Haus und im Garten auf Schritt und Tritt und wartete jeden Abend auf der Veranda auf seine Schwester.

Nach neun Monaten hatte Ron Mata immer noch

nicht aufgegeben. Ihr Verlust machte ihm nach wie vor zu schaffen. Er vermisste und betrauerte sie täglich – all ihre verrückten, kleinen Eigenarten: Wie sie sich um seine Schultern legte, wenn er am Schreibtisch saß, oder sich bei Regen unter die geöffnete Katzenklappe hockte, um nicht nass zu werden. Ihre Vorliebe für hochwertiges Olivenöl, das sie mit Hilfe ihrer Pfoten aus einer Espressotasse trank. Wo er auch hinsah, irgendetwas erinnerte ihn immer an sie. Wenn Steve nicht zu Hause war, schlug die schwarze Welle über Ron zusammen. An manchen Tagen versteckte er sich auf dem Dachboden, seinem Rückzugsort, um in Ruhe zu weinen. Er wollte nicht, dass seine Freunde sahen, wie deprimiert er war, dass sie ihn verurteilten oder Dinge sagten wie »Es ist doch nur eine Katze« oder »Warum holst du dir keine neue?«.

Wenige Tage zuvor hatte Ron erneut bei Rachel, dem Tiermedium, angerufen und ihr eine Nachricht auf dem Anrufbeantworter hinterlassen: Er habe das nagende Gefühl, seine Katze sei irgendwo da draußen, und das mache ihn wahnsinnig. Als Rachel ihn am Tag darauf zurückrief, sagte sie, sie hätte einen so intensiven Traum gehabt, dass sie in der Folge einen 24 Stunden anhaltenden Migräneanfall erlitten habe.

In diesem Traum sei Mata »aus dem Paradies« zu ihr gekommen: »Sie hat mir gesagt, dass sie dort ziemlich glücklich ist. Ich soll Ihnen ausrichten, dass sie Sie sehr lieb hat, Sie vermisst und dass Sie sich keine Sorgen um sie machen sollen. Sie hat außerdem gesagt, dass ihr Leben bei Ihnen wunderbar war, so kurz es auch gewesen sein mag. Aber es gibt auch Dinge, von denen Mata nicht will, dass ich sie Ihnen verrate – wie sie gestorben ist oder wo ihr Leichnam sich befindet, zum Beispiel.«

Ron hörte schweigend zu, nahm aber nur die Worte »gestorben« und »Leichnam« wahr, und das Herz schlug ihm bis zum Hals. »O Gott«, sagte er entsetzt. »Ich muss auflegen.« Zutiefst verzweifelt rief er umgehend bei Suzy an. Seit Jack weggezogen war und Rons Haus und Auto beschädigt hatte, hatten sie nicht miteinander gesprochen. Ron berichtete, was das Medium erzählt hatte, aber Suzy wiederholte nur, was sie ihm schon vor Monaten gesagt hatte: Dass sie und Jack am Labor-Day-Wochenende nicht in der Stadt gewesen waren.

Trotz Rachels Vorahnung wurde Ron das Gefühl nicht los, dass Mata noch lebte.

Als es Abend wurde, wurde Ron seltsam aufgedreht und zappelig. Er versuchte, zur Ruhe zu kommen, und ihm fiel etwas ein, das ihm seine Großmutter erzählt hatte: Während des Bürgerkriegs hatten Familien Kerzen in die Fenster gestellt für die Soldaten, die aus dem Krieg zurückkehren würden. Wie das Licht eines Leuchtturms hatte ihr Schein die abgekämpften, vom Krieg gezeichneten Männer durch die Dunkelheit in die Sicherheit nach Hause geleitet. Da Ron zu Hause nur eine halbheruntergebrannte Kerze fand, kaufte er beim Supermarkt an der Ecke ein Dutzend roter Votivkerzen und stellte sie überall im Haus auf – auf die Fensterbänke und den Glascouchtisch im Wohnzimmer.

Er zündete sie an, und bald leuchtete alles rot. Als Ron gerade fertig war, kam Evan, um ihn abzuholen. Creto, inzwischen jedem Menschen und Geräusch gegenüber misstrauisch und nervös, hatte ihn schon gehört, bevor er überhaupt die Veranda betreten hatte, und hatte die Fliegengittertür aufgestoßen. Nun warnte der Kater Ron und drängelte sich hinter ihn.

»Mein Gott«, sagte Evan, ein schmaler, feingliederiger Mann mit kurzen kupferbraunen Haaren, einer irisch-hellen Haut und mädchenhaften Schmetterlings-Tattoos an den Armen. Er stand in der Tür, ließ den Blick über das Wohnzimmer schweifen und unterdrückte ein Lachen. »Hier sieht es aus wie in *Der Exorzist*. Willst du dein Haus abfackeln?«

»Ha, ha, sehr witzig«, sagte Ron mit einem halben Lächeln.

»Wäre es nicht klüger, wenn du einfach über die Straße gehst und das Haus des elenden Mistkerls abfackelst ... am besten mit ihm darin?«

Mit Evan gab es immer etwas zu lachen. Bevor er nach New York zog und Fotograf wurde, arbeitete er für eine britische Boulevardzeitung. Dort verfasste er die Bild-unterschriften unter den halbbekleideten Seite-3-Mäd-chen – und schrieb Sätze wie *Süße Susa ... sie hat große Brüste.*

Ron fühlte sich zu seiner Schlagfertigkeit und Schrul-ligkeit hingezogen. Evan sagte Sachen wie: »Sie haben den neuen Bond ausgewählt, und er hat nur eine Augen-braue.«

»Seit wann bist du so ein Mystiker geworden?«, fragte Evan nun.

»Seit mein Leben zerstört wurde«, sagte Ron, hob Cre-to vom Boden hoch und drückte ihn an sich. »Ich ver-misse sie einfach so sehr.«

»Ich weiß«, sagte Evan mitfühlend und setzte sich auf die Sofalehne neben Ron. »Aber das hier ist ein bisschen abgedreht.«

»Creto vermisst sie auch. Abends will er nicht rein-kommen, und ich höre ihn auf der Veranda wimmern«, erzählte Ron, setzte den Kater ab, der sich sofort neben ihm zu einem schwarzweißen Fellknäuel zusammenrollte. »Sieh ihn dir an. Er wird langsam kahl und wiegt nur noch halb so viel wie früher. Er schleicht durchs Haus, versteckt sich in der Matratze, in die er sich ein kleines Loch gegraben hat. Wenn es klingelt, verschwindet er im Keller. Da unten ist es feucht und kalt, aber er hat sich eine alte Decke vom Regal heruntergezogen und sich eine Höhle gebaut. Er unternimmt keine Streifzüge mehr oder besucht die Nachbarn, wie er es sonst getan hat. Das Einzige, was ihn glücklich macht, ist Minzeis.«

»Du gibst der Katze Minzeis?«

»Ja, er liebt das«, antwortete Ron nicht ganz bei der Sache. »Vielleicht sollte ich einen Katzenflüsterer suchen.«

»Für Creto?«

»Nein, jemand, der mit Tieren kommunizieren kann, damit er mir hilft, Mata zu finden.«

»Hast du den Verstand verloren?«, fragte Evan.

»Ja, habe ich wohl. Diese Ungewissheit bringt mich um. Ich habe immer wieder diese Träume, in denen sie mir weggenommen wird, von einem Orkan aus den Armen gefegt oder so. Oder ich sehe sie, kann aber nicht zu ihr. Letzte Nacht habe ich geträumt, ich wäre in einer verfallenen, alten Villa voller Spinnweben, die wie eine Zeitkapsel versiegelt war. Endlos folgte ich dem Schatten einer Katze irgendwelche Treppen hinauf. Je höher ich kam, desto kaputter und geheimnisvoller war alles. Irgendwie war ich dann auf einmal draußen in einem apokalyptischen Waldgebiet. Überall war Schlamm, und Creto und ich suchten Mata. In der Ferne sah ich immer wieder eine abgemagerte, kleine Katze mit blutenden Pfoten, die den Weg nach Hause durch diesen Wald suchte.«

»Kerzen aufzustellen wird sie aber nicht zurückbringen«, sagte Evan. »Und du musst dich darauf einstellen, dass sie vielleicht tot ist.«

»*Stopp*«, fuhr Ron ihn an. »Sie ist nicht tot.«

Evan sah die Verzweiflung in Rons Augen und nahm ihn in die Arme. Auch er liebte Mata, aber er machte sich zunehmend Sorgen um Rons Geisteszustand. »Ich bin sicher, sie erlebt irgendwo da draußen die tollsten Abenteuer«, sagte er, um ihn aufzumuntern.

KAPITEL 19

DILLON, MONTANA:
Holy Cow

Es war der 10. Juni, einer dieser brütend heißen Sommertage, an denen die Luft zu stehen scheint und der Himmel stechend blau ist. Vor der Stadtgrenze von Dillon, Montana, versuchten Michael, Tabor und Kyle, nach Helena zu gelangen, folgten jedoch nur staubigen, einsamen Straßen, die nirgendwohin zu führen schienen. Gegen Mittag kamen die einzigen Lebenszeichen in der flimmernden Hitze von einem Hasen, der in ein Gestrüpp huschte, und einem Schwarm wilder Truthähne, die durch das verbrannte Gras stolzierten, um in der Erde zu picken.

Sie kamen an einer verlassenen roten Scheune an einer stillen Landstraße vorbei. Ans Tor war ein schiefes Schild genagelt: UNBEFUGTE WERDEN KALTGEMACHT.

Kyle lachte: »Das ist nicht besonders nett.« Er lehnte sich gegen das Tor. Schweiß tropfte ihm vom Gesicht. »Ich kann nicht mehr. Ich habe überall Blasen an den Füßen.«

Hinter dem Tor war das Gelände mit struppigem Gebüsch und rüschigen weißen Trauben von Riesenbärenklau überwuchert. Ein Stück von der Scheune entfernt lag eine von Pappeln umstandene, weitläufige, aber völlig heruntergekommene Farm.

»Komm«, sagte Michael und drehte sich um. »Nur noch ein paar Schritte, dann sind wir an einem Schattenplatz unter Bäumen.«

»Nein, ich *kann* nicht mehr«, stöhnte Kyle und ließ sich auf ein Stück weiches, kissenartiges grünes Moos fallen. Er war von der Hitze und dem schweren Gepäck völlig erschöpft. »Es fühlt sich an, als würden meine Füße in die Schuhe bluten.«

»Fass den Bärenklau nicht an. Davon kriegst du einen Ausschlag wie von Giftefeu.«

Michael ging weiter, und schließlich stand auch Kyle wieder auf und folgte ihm mürrisch mit einigem Abstand, den Blick auf den Boden gerichtet. Sie waren beide erschöpft und reizbar, aber selbst wenn sie sich stritten, versöhnten sie sich schnell wieder. Kyle sagte gerne, ihre Freundschaft sei wie ein Fluss: Man könne Steine hineinwerfen und dadurch Wellen oder sogar große Unruhe erzeugen, aber er würde immer weiterfließen.

Auch die Katze hatte schlechte Laune und beschwerte sich schon seit ein paar Meilen von ihrem Hochsitz auf Michaels Rucksack aus. »Sie braucht etwas zu essen«, sagte Michael, während sie an Feldern vorbeiliefen. »Wenn es ihr zu heiß wird und sie zu viel Hunger hat, wird sie wütend wie ein Tiger.«

Plötzlich blieb Kyle stehen und lief knallrot an. »O Gott!«, sagte er.

Michael drehte sich entnervt um. »Was ist denn jetzt schon wieder? Sind dir die Füße abgefallen?«

»Da kriecht eine große Schlange aus dem Gras.«

Michael blieb stehen. »Welche Form hat ihr Kopf?«

»*Was?* Dreieckig. Und sie zischt mich an.«

»Giftschlangen haben normalerweise dreieckige Köpfe.«

»Das ist ein Scherz, oder?«

»Nein, das ist mein voller Ernst. Aber wenn sie noch

nicht an deinem Bein hängt, ist alles in Ordnung. Es gibt auch ein paar harmlose Schlangen mit dieser Kopfform. Und manche von ihnen tarnen sich als Giftschlangen.«

Michael ging zurück, um sich selbst ein Bild zu machen, ohne Tabor oder sich selbst in Gefahr zu bringen. Die Schlange war beigefarben mit braunen Flecken. »Das ist nur eine Prärieklapperschlange«, sagte er. »Die sind eigentlich nicht aggressiv, du hast sie nur erschreckt. Bleib einfach ruhig und geh langsam vorbei.«

Das tat Kyle und machte dabei einen großen Bogen um die Schlange. Dann rannte er, als wäre der Teufel hinter ihm her.

»Die Schlange sah relativ klein aus. Sie ist wahrscheinlich noch jung«, sagte Michael, als er Kyle eingeholt hatte. »Die Babys sind allerdings am gefährlichsten, wenn sie beißen, weil sie noch nicht gelernt haben, die Giftmenge zu regulieren.«

»Warum will einen hier draußen alles umbringen?«

»So ist es ja gar nicht. Es gibt sogar ziemlich wenige giftige Tiere, die Menschen töten können. Es ist eigentlich ganz einfach: Lässt du sie in Ruhe, tun sie dir nichts. Klapperschlangen sind eigentlich ziemlich schön, und sie sind wichtig für das Ökosystem.«

Kyle sah Michael an, als wäre er verrückt geworden. »Ich hätte nichts dagegen, niemals wieder eine zu sehen.«

Sie kletterten über einen Zaun auf eine hügelige Weide, wo Michael im vergangenen Sommer auf dem Weg zu Walter sein Lager aufgeschlagen hatte. Als sie an einem steinernen Wassertrog vorbeikamen, setzte Michael die Katze ab, beugte sich über den Trog und spritzte sich Wasser ins Gesicht. Er schöpfte einige Handvoll heraus und strich sie über Tabors Fell, um sie ein wenig abzukühlen. Sie schien das zu mögen, denn sie blieb ruhig stehen und schnurrte.

Michael führte sie zu seinem geheimen Schattenplatz, wo sie sich unter einer Reihe blühender Pappeln fallen ließen, deren silberweiße Äste bis zum Boden herabhingen. Michael packte einige Sachen aus und legte Tabor an die lange Leine, die er an seinen Rucksack band, damit sie ein wenig herumstreunen, aber nicht davonlaufen konnte.

Einige hundert Meter von ihnen entfernt tauchte eine einsame Kuh auf einem Hügel auf. Dann ein paar weitere, und schließlich waren es jedes Mal, wenn Michael aufsah, während er im Rucksack nach Katzenfutter suchte, mehr.

Kyle holte das Radio und einen Satz Karten hervor, damit sie sich die Zeit vertreiben konnten, bis sie weitergingen. »Wollen wir eine kleine Runde Poker spielen? Five Card Draw oder so? Der Verlierer gibt die Karten aus. Nicht um Geld oder so.«

»Das kommt mir gelegen, ich hab nämlich keins«, antwortete Michael. Er füllte Tabors Futter in ihre Schüssel und suchte dann nach seinen Zigarettenutensilien.

»Oder wir spielen um Pennys«, schlug Kyle vor und holte eine Handvoll aus seinem Rucksack. »Guck mal, hier ist einer aus deinem Geburtsjahr ... 1916.«

Doch Michael war in Gedanken meilenweit entfernt. Er dachte an die warmen Sommernächte, die Mercer und er mit Pokerspielen mit wechselnden Leuten zu Hause in St. Louis verbracht hatten. Eine Zeitlang hatten sie ihre Dreizimmerwohnung mit einem weiteren Typen geteilt, und manchmal war ihr Zuhause mehr eine Absteige gewesen – mit verschiedensten Besuchern, während Drogen die Runde machten. Michael sagte damals immer, er und Mercer seien Hausherren eines Sündenpfuhls.

»Ich bringe dir bei, wie man richtig Poker spielt«, sagte Michael und drehte sich eine Zigarette.

»Cool«, sagte Kyle, der nur halb zuhörte. Er kratzte buchstäblich den letzten Rest Erdnussbutter aus dem Glas, um Sandwiches zu schmieren. »Wo hast du das gelernt?«

»Montana.«

»Bei Walter?«

»Neeeein«, sagte Michael und steckte sich die Zigarette an. »Pokerspielen hab ich gelernt, als ich 16 war. Damals hab ich in einem privaten Spielclub als Croupier gearbeitet. Dass ich ein paar Cocktails mixen konnte, hat auch nicht geschadet. Als Mercer und ich in St. Louis lebten, haben wir jeden Sonntag einen Pokerabend veranstaltet. Da sind ein paar berühmte Leute vorbeigekommen, unter anderem einer von den Hiltons. Er war mit unserem ehemaligen Vermieter befreundet und kein besonders guter Spieler. Wir dachten, wir könnten ein bisschen Geld machen, aber dieser Hilton war ein geiziger Mistkerl. Nachdem er 25 Dollar verloren hatte, ist er sofort ausgestiegen. Ich hab damals im Schnitt sieben von zehn Spielen gewonnen.«

»Hast du alle über den Tisch gezogen?«

»Nein, ich konnte einfach spielen. Als ich 17 war, hab ich als Croupier beim Blackjack in einem Kasino in Montana gearbeitet. Ich war gut darin, die schwächsten Spieler auszumachen.«

Michael fing an, die Karten zu verteilen. Als er innehielt, um seine Zigarette auszudrücken, sah er kurz über die Schulter und bemerkte, dass die Rinderherde auf dem Hügel noch größer geworden war.

Tabor war jedoch diejenige, die als Erste spürte, dass

sich die Stimmung der Herde veränderte. Sie blickte von ihrem Schälchen zum Hügel hoch und riss die Augen auf. Ihre Ohren zuckten vor und zurück. Ihre Schwanzhaare und das Fell am Rücken stellten sich auf. Sie sah aus wie ein Stachelschwein. Höchst alarmiert fing sie wie besessen an zu knurren und zu spucken.

»Ach du Kacke«, sagte Michael, als er erneut über die Schulter sah. Die Herde war nun sehr groß und unruhig. Die Anführer in der ersten Reihe senkten die Hörner und starrten in ihre Richtung. Frühsommer war Kälbersaison, eine Zeit, in der Kühe ihr Territorium verteidigen und ihre Jungtiere beschützen. Da Michael auf einem Milchhof gearbeitet hatte, wusste er, wenn Rinder in deine Richtung starrten, würden sie sich auch in diese Richtung bewegen. Und diese hier waren Langhornrinder, nicht die sanfteren Milchkühe, mit denen er es damals zu tun gehabt hatte.

Hastig stand Michael auf. Gleichzeitig setzte die Herde sich in Bewegung, den Hügel hinab auf sie zu. Michael trat auf Tabors Leine, bevor sie die ganze Länge ausnutzen und bis an deren Ende rasen konnte, und warf sich den Rucksack über. Im nächsten Moment drehte die Katze durch. Sie versuchte, sich aus dem Halsband zu befreien, biss in die Leine und warf sich dann auf den Boden, zerrte, buckelte und trat wütend in die Luft wie ein winziger, wilder Mustang. Als Michael sie hochheben wollte, schlug sie ihm die Krallen in den Unterarm und riss eine tiefe Wunde. Er konnte sie kaum festhalten.

»Wir müssen abhauen«, rief er Kyle zu, während er die Katze umklammerte. »Pack, so schnell du kannst.«

»Was zum Teufel …?«, fragte Kyle, für einen Augenblick erstarrt wie ein aufgeschrecktes Kaninchen. Ihr Zeug lag überall verteilt. Er schnappte sich wahllos irgendetwas und stopfte es in seinen Rucksack, wobei manches wieder herausfiel.

Plötzlich bebte die Erde. Dutzende hochbeiniger Langhornrinder drängelten den Hügel hinunter und näherten sich ihnen durch die Bäume. Eine immer noch anschwellende Herde wogte muhend, mit den Hufen scharrend und Staub aufwirbelnd auf sie zu.

Michael hielt Tabor schützend an sich gedrückt, drängte Kyle, sich zu beeilen, und rannte dann zu einem dichten Pappelwäldchen. Er dachte, die Kühe würden es wahrscheinlich nicht riskieren, zwischen den Bäumen hängen zu bleiben. Tabor schrie und schlug mit den Krallen, versuchte, aus Michaels Armen zu entkommen und in die Bäume zu klettern. Ihr kleines Herz raste. Voller Angst biss sie ihm ins Handgelenk und versenkte wieder die Krallen in sein Fleisch und riss beide Hände böse auf. Aber Michael spürte keinen Schmerz. Seine ganze Aufmerksamkeit war darauf gerichtet, sie nicht fallen zu lassen und unter den stampfenden Hufen der Herde zu verlieren.

Die Rinder waren nun etwa 45 Meter entfernt und kamen rasch näher. Michael fürchtete, dass sie es nicht rechtzeitig bis zum Zaun und hinunter von der Weide schaffen würden. Kyle holte auf und war schon fast bei ihnen, als Michael der kräftige Typ im Yosemite-Park einfiel, der sich dem Bären entgegengestellt hatte. Er rief Kyle zu: »Renne auf sie zu, wedele mit den Armen und schrei, so laut du kannst. Mach das so lange, bis sie zurückweichen.«

Kyle gefiel die Idee nicht besonders, aber er lief ein paar Schritte auf die Kühe zu, schwang die Arme und brüllte halbherzig. Die Herde stoppte. Ein paar Tiere zogen sich sogar kurz zurück, was Michael und Tabor Zeit verschaffte, durch die Baumgruppe zum Zaun zu rennen. Dann setzte die Herde sich wieder in Bewegung, trampelte auf Kyle zu.

»Diese verdammten Kühe bleiben nicht stehen!«, rief Kyle.

»Mach einfach weiter!«, rief Michael zurück. »Wenn sie zurückweichen, lauf zum Feldrand und dann renn, so schnell du kannst.«

Kyle schrie und rief so lange, bis sich die Herde nach und nach zerstreute.

Michael warf seinen Rucksack über den Zaun und kletterte mit Tabor hinüber. »Komm, beeil dich«, rief er Kyle zu, der nun durch das Wäldchen preschte.

Kyle erreichte den Zaun, ließ seinen Rucksack fallen und wand sich durch ein Loch auf die andere Seite. Er hatte keine Zeit hinüberzuklettern. Seine Hände wurden von Brombeersträuchern und Nesseln zerkratzt, trotzdem griff er noch einmal durch das Loch, um seinen Rucksack hindurchzuziehen. Als er mit dem schweren Rucksack auf die Straße stolperte, brach er zusammen.

Einige der größeren Kühe waren immer noch aufgebracht und folgten ihnen bis zum Zaun. Erregt drängten sie sich dagegen, entschlossen, die Eindringlinge dafür zu bestrafen, dass sie ihr Territorium betreten hatten. Michael trat ein paar Schritte zurück. Tabor hing an seiner Brust wie eine Klette. Er rieb sich die blutenden Hände an seinem olivgrünen T-Shirt und der beigefarbenen Hose ab, die schon ganz fleckig von Bier, Erde und Gras war.

Hochrot und zitternd rang Kyle nach Luft. Er war ein Stadtkind und so gut wie nie aus Portland herausgekommen.

»Hier, kannst du Tabor mal kurz halten?«, fragte Michael und drückte ihm die Katze in den Arm. »Ich will ihr nicht das Fell versauen.« Er holte seine Wasserflasche heraus und wusch sich das Blut und den Schmutz von den Händen. Dann ging er zu einer Kiefer, die in der Nähe stand, kratzte eine klebrige, honigfarbene Flüssigkeit von ihrer Rinde und rieb sich damit die Arme und Hände ein.

»Was machst du da?«, fragte Kyle.

»Du wirst nie ein echtes Landei«, sagte Michael grinsend. »Mit Kiefernharz kann man die Blutung stoppen und Wunden desinfizieren. Verletzte Bäume produzieren es, um sich vor Infektionen und Insekteninvasionen zu schützen. Man kann übrigens auch Schnaps daraus brennen.«

Kyle betrachtete die Wunde, die sich Michaels gesamten Unterarm vom Handgelenk bis zum Ellbogen zog und sagte: »Das sieht echt fies aus.«

»Und es tut weh! Mannomann.«

»Diese Kühe waren so nah, ich hätte sie anfassen können.«

»Ja, das war knapp«, sagte Michael und nahm ihm die Katze wieder ab.

»Arme Tabor«, sagte Kyle. Sie keuchte, sabberte und zitterte in Michaels Armen immer noch. »Ich wusste gar nicht, dass Kühe so wütend werden können. Was war da los, Groundscore?«

»Das war eine Stampede wie aus dem Lehrbuch. Lektion gelernt: Wenn du Kuhfladen siehst, geh lieber woanders hin.« Die Kühe hätten sie leicht umbringen können, aber Michael wusste in diesem Moment, dass er ohne zu zögern sein Leben für Tabor gegeben hätte.

Während sie die Straße entlangliefen, um ein anderes Feld zu finden, auf dem sie gefahrlos ihr Nachtlager aufschlagen konnten, hielten die Kühe auf der anderen Seite des Zauns die ganze Zeit mit ihnen Schritt.

Am Morgen nach diesem Erlebnis bekamen Michael, Kyle und Tabor eine Mitfahrgelegenheit nach Helena. Als sie die Stadt erreichten, ging gerade die Sonne über den Big Belt Mountains auf und ließ die alten Ladenzeilen in den leeren Straßen messingfarben schimmern. Last Chance Gulch, Hauptstraße und zugleich Stadtzentrum, war seit Jahrzehnten unverändert. Dort befand sich auch die Konditorei Parrot mit einem hundert Jahre alten Getränkespender, Daves Pfandleihhaus, in dessen Schaufenster alte Edelsteine und Pistolen glänzten, und das Fire Tower Café mit seiner funkelnden Art-déco-Rock-Ola-Jukebox im Fenster.

Als Michael an all diesen altbekannten Orten vorbeilief, freute er sich, mit seinen zwei besten Freunden wieder in seiner Wahlheimat zu sein. Mit jedem Gebäude, jeder Ecke und jeder kleinen Seitenstraße an dem vier Häuserblöcke langen Boulevard verband Michael Erinnerungen, gute wie schlechte. Sie kamen am Montana-Flohmarkt vorbei, wo er gebrauchte Taschenbücher gekauft hatte, und wo immer noch dasselbe alte Schild aus den achtziger Jahren hing: DAS LEBEN IST ZU KURZ, UM SCHLECHTEN WEIN ZU TRINKEN.

Als sie zur Rock's Western Bar kamen, hob Michael Tabor ans Fenster, damit sie hineinschauen konnte. »Hier hab ich praktisch gelebt«, erklärte er ihr. »Nach einem langen Arbeitstag bin ich auf ein Feierabendbier und eine Partie Pool hingegangen und geblieben, bis sie mich rausgeworfen haben.«

Irgendwie war er stolz auf seine Arbeit in Helena. »Hier

hab ich Milch ausgeliefert. Da war ich ungefähr so alt wie du«, erzählte er Kyle, als sie über den breiten Boulevard zwischen viktorianischen Gaslampen und rosa Steinhäusern der Jahrhundertwende vorbeispazierten, von denen viele mit Geld aus Goldgräberei und Viehzucht gebaut worden waren. »Damals hättest du mich wohl gerne gekannt, Tabor«, sagte er zu der Katze auf seiner Schulter.

Tabor sah sich neugierig um und beäugte alles. Michael zeigte ihr und Kyle das Gerichtsgebäude, wo der Fall von Ted Kaczynski, dem Unabomber, verhandelt worden war, nachdem das FBI ihn in seinem Versteck in einer Hütte in den Wäldern von Montana aufgespürt hatte.

Kyle kannte die Geschichte nicht, also erzählte Michael sie ihm: »Das war ein amerikanischer Terrorist. Er hat in den neunziger Jahren viele Menschen durch Briefbomben umgebracht oder verkrüppelt. Aber er war intelligent. Er schrieb darüber, wie die Technik die Menschen entmenschlicht. Und jetzt kann man sehen, dass der alte Mistkerl recht hatte.«

Als sie den nächsten Block erreichten, sagte Michael: »Jedes Jahr im Frühling hab ich aus Ringelblumen und Silberblatt den Schriftzug Montana vor dem Parlamentsgebäude gepflanzt, das ist nicht weit weg von hier. Damit hab ich genug Geld verdient, um fast den ganzen Sommer über zelten zu gehen.«

»Du warst Gärtner?«

»Ich hatte eine Visitenkarte, auf der stand: *Michael King, Ihr königlicher Gärtner: Fürstliche Gärten für kleines Geld.*«

»Cool, das wusste ich gar nicht. Ich habe dich irgendwie immer als Stadtmenschen gesehen.«

»Ich hatte schon immer eine Vorliebe für Natur und

Pflanzen. Als ich sieben Jahre alt war, hab ich die großen Tigerlilien ausgegraben, die an den Bahnschienen wuchsen, und sie zu Hause im Garten wieder eingepflanzt.«

Michael hielt inne und zeigte auf die Wasserspeier und die geflügelten Eidechsen auf dem Dach eines imposanten grauen Gebäudes an der nächsten Straßenecke. »Siehst du das? Das ist ein magischer Salamander. Er kann nicht durch Feuer zerstört werden. Die beiden Drachen an seiner Seite beschützen ihn. Die Stadt ist viele Male abgebrannt, deshalb wurden diese Figuren angebracht, um Brände zu verhindern. Im Okkultismus gilt der Salamander als alchemistisches Wesen, das im Feuer überleben kann. Und siehst du die Statue von dem Mann auf dem Gebäude? Das ist der Titan Atlas, der griechische Gott, der die Welt auf dem Rücken getragen hat.«

Sie spazierten die Euclid Avenue entlang, vorbei an niedrigen Holzhäusern, die ordentlich in einer Reihe standen und alle gleich aussahen. Dann gingen sie über die Garrison Street bis zur Cannon Street. Sie befanden sich nun in den Ausläufern der Rocky Mountains, unterhalb des historischen Mansion Districts von Helena, eine sich über fünf Meilen erstreckende Gegend mit viktorianischen Häuser, die oberhalb der Innenstadt lag. Als sie eine bescheidene, gelbweiße Schindelhütte am Ende einer ruhigen Sackgasse erreichten – Walters Haus –, ging Michael zur Hintertür. Kyle folgte ihm. In dem quadratisch geschnittenen Garten blockierten eine Flotte alter Autos und ein rostiger Pick-up den von struppigem Gras und Unkraut überwucherten Weg. Als Michael das Grundstück durchquerte, fiel ihm auf, dass die Sonnenblumen, die er im Sommer zuvor auf einer Seite am Maschendrahtzaun gepflanzt hatte, riesig geworden waren. Ihre hübschen, löwenähnlichen Köpfe hatten sie Richtung Himmel gewandt.

»Walter«, rief er, öffnete selbst die Fliegengittertür und hielt sie für Kyle auf. Aus einer Stereoanlage tönte Countrymusic.

Walter, groß und gebeugt, kam aus dem Wohnzimmer in die Küche. Er war in den Siebzigern, hatte weiße Haare, trug eine Brille mit silbernem Rand, und seine Stirn war permanent gerunzelt. Er war Rentner, lebte allein und wirkte wie ein herzensguter Mensch, den das Leben ausgelaugt hatte. Als er Michael und die Katze, die wie eine Raupe auf seiner Schulter hockte, sah, traute er seinen Augen nicht.

»Ist das eine Katze?«, fragte er und schaute Michael an wie ein Kalb mit zwei Köpfen. »Du bist mit einer Katze auf dem Rücken durch Amerika gelaufen? Das ist verrückt. Einfach nur verrückt.«

»Ich hab sie auf der Straße gefunden. Sie war verletzt und am Verhungern.«

Walter musterte Michael von Kopf bis Fuß – den Dreck, das Blut, die Grasflecken auf seiner Kleidung und seine verkrusteten, vernarbten und zerkratzten Arme, die aussahen, als hätte ihn ein Grizzlybär erwischt. »Du siehst furchtbar aus«, sagte er und verließ die Küche.

»Danke«, sagte Michael und starrte ihm hinterher.

Er setzte Tabor auf den Boden, sah Kyle an und seufzte. »Tut mir leid. Walter hat schlechte Laune. Und nenn mich vor ihm nicht Groundscore. Er *hasst* das. Er verbindet damit Obdachlosigkeit, Unter-Bäumen-Schlafen, Saufen.« Obwohl Walter mürrisch sein konnte, hatte er einen trockenen Humor. Einmal, als Michael ein Foto von sich auf Facebook gepostet hatte, bettelnd und mit seinem Kar-

tonschild KÖNNTE HEUTE ETWAS HILFE GEBRAU-
CHEN, da kommentierte es Walter mit: MICHAEL, DU
BRAUCHST MEHR ALS NUR EIN WENIG HILFE.
DU BRAUCHST VIEL HILFE!

Genau wie Michael hatte auch Walter eine Schwäche für
Tiere und hatte früher streunende Katzen, verletzte Vögel
und andere hilflose Kreaturen bei sich aufgenommen. Er
stellte immer noch Essensreste für die Waschbären raus.
Nachdem er 1967 aus dem Vietnamkrieg zurückgekehrt
war, hatte er selbst Zuflucht vor seinen traumatischen
Erlebnissen bei Tieren gesucht. Tiere waren es auch, die
ihm geholfen hatten, 38 Jahre lang trocken zu bleiben.
Als er Michael damals bei den Anonymen Alkoholikern
kennenlernte, sagte er: »Jeder, und sei er noch so fertig,
wird mit Hilfe von Tieren gesund.«

Kyle setzte sich mit einem müden Seufzer an den Küchentisch und schaute sich um. Die Küche strahlte eine
bodenständige Gemütlichkeit aus. In den Schränken aus
Fichtenholz stapelten sich bunt gemischte Teller, und über
den Fenstern, die zum Garten hinausführten, hingen stau-
bige Kupferbecher. Den Doppeltürkühlschrank schmück-
te ein Mosaik aus ausgebleichten *Vote for Obama-* und
*Ready for Hillary-*Aufklebern, einem Magneten in Form
der amerikanischen Flagge mit der Aufschrift *God Bless
America* und einer vergilbten Postkarte mit einem auf
dem Rücken schwimmenden Otter. Über dem Küchentisch hingen Fotos von Michael und seinem Zwillingsbruder JP, auf denen sie 17 Jahre alt waren, und welche von
Elliot, einem 15-jährigen, halb koreanischen, halb amerikanischen Waisenjungen, den Walter adoptiert hatte,
nachdem Michael ausgezogen war.

Michael ging an den Kühlschrank und holte eine Dose

Mountain Dew für Kyle raus. Dann folgte er Walter ins Wohnzimmer. In diesem heimeligen Raum befanden sich ein Holzofen, handgefertigte Holzmöbel und auf dem Boden abgetretene Teppiche. Unbefangen lief Tabor Michael hinterher – und blieb plötzlich wie angewurzelt stehen. Auf dem Sofa saß eine andere Katze.

Walter hatte einen großen rauchgrauen, blauäugigen Himalaya-Kater namens Gus. Als dieser merkte, dass eine andere Katze in seinem Haus war, fauchte er und schlug mit seinem buschigen Schwanz. Mit seiner flachen Schnauze und dem grimmigen Gesichtsausdruck sah der flauschige Kater aus wie ein kleiner, alter Mann. Tabor kraxelte an Michaels Bein hoch bis hinauf zur Schulter und starrte Gus von diesem sicheren Platz aus an. Gus sprang vom Sofa und rannte die Treppe hinunter in Walters Schlafzimmer, sein übliches Versteck.

Walter saß in einem abgewetzten senfgelben Fernsehsessel mit dem Rücken zu Michael. Dort hatte er seine morgendliche Tasse Nescafé getrunken und der beruhigenden, melancholischen Musik von Johnny Cash gelauscht, bevor Kyle und Michael gekommen waren.

»Bist du sauer auf mich?«, fragte Michael, der Tabor jetzt im Arm hielt. »Hab ich irgendetwas falsch gemacht?«

Walter zögerte und schnaubte. »Na ja, zunächst einmal hast du Gus aufgeregt. Ich höre ewig nichts von dir, und dann tauchst du plötzlich mit einer anderen Katze auf.«

»Tut mir leid, ich war unterwegs und hab versucht, mich um die Katze zu kümmern.«

»Du hättest ein Telefon benutzen und mich anrufen können. Oder ist das zu viel verlangt?«

»Ich weiß. Du hast recht ... Es tut mir leid –«

»Ich will nicht noch eine Katze«, unterbrach ihn Walter. »Ich bin jetzt in Rente.«

»Aber sie soll ja gar nicht hierbleiben.« Über die Jahre hatte Michael zahlreiche Streuner gerettet und sie zu Walter gebracht. Als Jugendlicher hatte er einmal zwei Stallkätzchen in seinen Taschen mitgenommen und sie Sassy und Kassy genannt. Walter war es, der ihm gezeigt hatte, wie man sie aufzieht, und Sassy und Kassy hatten sich zu zufriedenen erwachsenen Katzen entwickelt.

»Wenn Gus stirbt, begrabe ich ihn hinten im Garten neben Sassy und Kassy, und danach will ich keine Katze mehr haben.«

Walter nannte Gus manchmal »alter Freund«. Der launische Kater war inzwischen 13 Jahre alt. Auch ihn hatte Michael gefunden, im Sommer vor zwölf Jahren. Zusätzlich hatte Walter einen riesigen, halbwilden Kater adoptiert, nachdem dieser plötzlich in seinem Garten aufgekreuzt und nie wieder gegangen war. Walter hatte ihn Michael genannt. Er holte sich zweimal täglich an der Treppe vor der Küchentür sein Futter ab, schlief aber lieber unter der Veranda oder im Gebüsch.

»Ich schwöre es, wir sind nur zu Besuch da.«

»Ich will nicht, dass die Katze Gus nervös macht«, fuhr Walter fort. »Er hasst Veränderungen und regt sich schnell über alles auf.«

»Aber Tabor ist wirklich entspannt und versteht sich gut mit anderen Katzen.«

»Das ist mir egal«, sagte Walter mit einer Stimme trocken wie Staub. »Wenn du ein Tier hast, und zwar egal, ob es ein Hund ist, eine Katze, ein Papagei oder ein Bär, dann ist das eine echte Verpflichtung.«

»Ich weiß«, sagte Michael. »Und ich gebe mir wirklich Mühe.«

Kyle erschien im Türrahmen. »Das stimmt«, pflichtete er seinem Freund bei. »Michael kümmert sich gut um sie. Sie hätten Tabor sehen sollen, als er sie fand.«

Walter taute ein wenig auf. »Ich weiß, dass Michael eine Schwäche für Katzen hat. Wir hatten früher das Haus voll mit erwachsenen und jungen Katzen, und für ihn war es der siebte Himmel. Er stand immer draußen im Garten und warf sie aufs Garagendach, und sie drehten sich um und sprangen auf ihn drauf. Das war zirkusreif. Aber jetzt habe ich Gus im Haus. Er ist mittlerweile ein alter Herr, und ich will kein Risiko eingehen. Am besten bringen wir die Katze morgen als Erstes zum Tierarzt. Wer weiß, was für Milben, Flöhe oder Krankheiten sie sich auf euren Reisen geholt hat.«

»Es geht ihr gut«, protestierte Michael. »Tabor hat keine Krankheiten.«

»Ich will nicht, dass Gus sich irgendetwas einfängt«, erwiderte Walter scharf, angriffslustig wie ein Skorpion. »Er ist alt und schwach.«

»Aber Tabor ist vollkommen gesund.«

»Mach kein Drama daraus«, sagte Walter bestimmt. »Wir gehen mit ihr zum Tierarzt.«

»Okay«, gab Michael nach und ging dann mit Kyle zurück in die Küche. Mit Walter zu diskutieren war zwecklos.

KAPITEL 20

PORTLAND:
Sommergewitter bei Vollmond

Es war Nacht, und Sturmwolken zogen über den Dächern von North West Portland auf. Ein Blitz zuckte über den Himmel. Unter einer knallbunten Tiffany-Lampe auf einem Sessel mit Kunststoffüberzug saß eine kleine, alte Dame mit weißen Haaren wie auf einem Thron. Es handelte sich um Madeleine, ein Medium, das bekannt dafür war, verlorengegangene Tiere wiederzufinden – zumindest war es das, womit sie in ihrer Anzeige im Magazin *Cat Fancy* warb. Blaues Licht von der großen Neonhand, mit der sie auf ihre spirituellen Dienste wie Tarotkartenlegen hinwies, drang durch das Schaufenster in den Laden. An den Wänden hingen goldgerahmte Ölgemälde von Heiligen, und überall standen Kristalle, keltische Runen und sonstiger esoterischer Nippes herum.

Ron saß Madeleine gegenüber auf einem Sofa. Zwischen ihnen stand ein kleiner Kartentisch. Evan hatte Ron begleitet, war aber auf eine Zigarette vor die Tür gegangen. Ron erzählte Madeleine von Mata: Dass sie am letzten Morgen, an dem er sie gesehen hatte, auf der Anrichte gesessen und ihn dabei beobachtet hatte, wie er Rührei zubereitete. Dann war sie hinaus auf die Veranda gegangen, um sich zu sonnen. Seit diesem Zeitpunkt war sie verschwunden.

»Es gibt Tage, an denen kann ich nicht aufhören zu

weinen«, sagte er und sah aus dem großen Fenster. Es fing an, wie aus Eimern zu schütten, und die Leute eilten nach Hause, zurück in ihr eigenes Leben. »Das Schwierigste ist, dass ich nicht damit abschließen kann. Ich kann nicht weitermachen.«

Madeleine zeigte aus dem Fenster auf die Umrisse der Bäume draußen. »Sehen Sie, der Mond ist kaum zu sehen. Mit Menschen und Tieren kann es genauso sein, sie können hinter etwas anderem versteckt sein.«

»*Versteckt?*«, fragte Ron verwirrt. »Was meinen Sie damit?«

»Ich will damit sagen: Manchmal finden sich überall um uns herum Hinweise, zum Beispiel in unseren Träumen oder in unserer Intuition.«

Evan kam wieder herein und setzte sich neben Ron. Als Ron ihn gebeten hatte, ihn zu begleiten, hatte er gesagt: »Du brauchst einen Therapeuten, kein Medium. Die Geisterwelt ist eine einzige, fette Lüge.«

Madeleine sah Ron eindringlich an. »Ich sehe, dass Sie dieser ungeklärte Kummer schmerzt.«

»Ja, das stimmt«, bestätigte Ron und starrte auf ein Herz-Jesu-Bild mit Jesu in Flammen stehender Brust. Genau so fühlte sich sein gebrochenes Herz an – wie ein heftiges Brennen. »Es hört einfach nicht auf, weh zu tun.«

»Sie müssen Heilung zulassen«, sagte sie ruhig. Dann schwieg sie. Den Blick immer noch auf Ron gerichtet, fragte sie: »Was fühlen Sie spiritistisch, wenn Sie an Ihre verlorene Katze denken?«

»Dafür bezahlt er Sie«, murmelte Evan.

Ron warf ihm einen verärgerten Blick zu. »Ich weiß es nicht. Ich hoffe, dass irgendeine nette, alte Dame Mata gefunden hat und sie jemand anderen glücklich macht.

Aber ich weiß auch, dass es grausame Menschen gibt, die Tieren schreckliche Dinge zufügen. Seit ich mit Rachel gesprochen habe, die auch ein Medium ist und mir gesagt hat, dass Mata tot ist, kann ich an nichts anderes mehr denken.«

»Ein Medium hat Ihnen gesagt, Mata sei tot?«, fragte Madeleine stirnrunzelnd.

»So, wie sie den Himmel beschrieben hat, war es genau wie in *Ezechiel* und der *Offenbarung des Johannes*, und exakt so, wie ich ihn mir vorstelle: ein tropisches Paradies.«

»Sie meinte also, Ihre tote Katze befinde sich auf einer Tropeninsel?«

»Ja, in einem Tropenparadies, wo alle Menschen und Tiere glücklich sind. Es heißt in der Bibel ja auch, dass Gott alle Geschöpfe liebt und im Himmel alle friedlich vereint sind.« Ron atmete tief durch. »Ich will einfach nur wissen, ob Mata am Leben ist.«

Madeleine faltete die Hände über der Brust zusammen und sagte: »Ich spüre tief in meinen Knochen, dass Ihre Katze nicht tot ist.« Sie legte ein abgegriffenes Deck Tarotkarten auf den Kartentisch. »Bitte mischen Sie die Karten und ziehen Sie die erstbeste.«

Das tat Ron und wählte eine Karte aus. Als Madeleine sie umdrehte, sah Ron, dass es der Gehängte war, und er wurde blass. »O Gott, heißt das, sie wurde erwürgt?«

»Diese Karte sagt Ihnen, dass Sie sich an einem Scheideweg befinden. Sie müssen loslassen, und die Engel werden Ihnen helfen. Alles, was Sie loslassen, wird entweder von Ihnen fortgespült oder es kehrt geheilt zu Ihnen zurück. An diesem Punkt geben mir meine Klienten üblicherweise ein Foto des Tieres, das sie suchen, und ich sehe ihm in die Augen, um mich mit ihm zu verbinden und herauszufinden, wo es ist.«

Ron holte ein verknicktes Foto von Mata aus seiner Geldbörse. »Hier ist ein Bild von ihr.«

Madeleine beugte sich über den Tisch. Ihr Schmuck ließ sie wie einen knallbunten Kronleuchter funkeln. »Der Sturm und der Vollmond sorgen dafür, dass viel Spannung in der Luft ist. Das sollte es erleichtern, Kontakt zu Ihrer Katze aufzunehmen.«

Sie zündete weiße und schwarze Kerzen an, malte ein Pentagon in den dunklen Filz, mit dem der Tisch zwischen ihnen bedeckt war, und legte Matas Foto in die Mitte. »Okay, ich sage Ihnen nun, was ich sehe«, begann sie. »Ich spüre, dass Ihre Katze unruhig ist. Sie weiß, dass ihr Bruder und Sie sie vermissen.«

Sie schloss die Augen und fuhr mit einem Finger über Matas Foto. »Ich sehe eine Katze, die durch die Wüste wandert. Sie ist nicht allein. Es sieht aus, als wäre jemand bei ihr, der versucht, sie zu beschützen. Sie ist sehr, sehr weit weg von zu Hause, aber sie versucht, zu Ihnen zurückzufinden.«

KAPITEL 21

HELENA, MONTANA:
Tabors Geheimnis

Am Morgen des 13. Juni, zwei Tage nach ihrer Ankunft in Helena, fuhr Walter sie in seinem alten weißen Subaru Sedan zum Tierarzt. Kyle saß auf dem Beifahrersitz, Michael zusammengesunken auf der Rückbank mit Tabor, die sich, entspannt wie immer, auf seinem Schoß zusammengerollt und die Vorderpfoten locker ausgestreckt hatte. Zufrieden betrachtete sie den Himmel und die vorbeirauschenden Kiefern.

Michael machte sich Sorgen. Als er nach einer unruhigen Nacht aufstand, hatte er das schreckliche Gefühl, er werde Tabor verlieren.

Sie parkten vor der Tierarztpraxis, und Michael sah beim Aussteigen sein Gesicht im Seitenspiegel. Die Furchen um seinen Mund waren noch tiefer geworden und die Tränensäcke dunkel. Langsam bekam er Ähnlichkeit mit Bela Lugosi, dachte er.

Das weißblaue Gebäude, in dem die Tierarztpraxis von Helena untergebracht war, wirkte wie ein Ski-Chalet mit einem riesigen Pfotenabdruck auf der Außenmauer. Michael erwähnte seine Vorahnung weder Walter noch Kyle gegenüber, aber als sie die Praxis betraten, wurde auch Tabor nervös. Kyle wartete im Eingangsbereich, während Michael und Walter mit ihr ins Untersuchungszimmer gingen.

In dem kleinen Raum roch es nach Desinfektionsmittel. Als Michael die Katze auf den Stahltisch setzte, spannte sie ihren kleinen Körper an und versuchte herunterzuspringen. Michael fing sie mitten im Sprung, aber sie schlüpfte ihm aus den Händen, schoss in eine der Zimmerecken und quetschte sich dort in die offene Schublade eines niedrigen Medizinschränkchens.

Der Tierarzt, ein sanfter Mann mit dünner werdendem, graublondem Haar, vollen Wangen und einer runden Brille, holte sie vorsichtig aus der Schublade. »Ist doch alles gut, Mädchen«, sagte er und tätschelte sie beruhigend. »Alles gut.«

Dr. Bruce Armstrong war seit über 15 Jahren Walters Tierarzt. Bevor er in Montana seine eigene Praxis eröffnete, hatte er Tieren auf der ganzen Welt geholfen – von der Arbeit in einem Wildtierschutzgebiet in Kalifornien bis zur Katastrophenhilfe in Saudi-Arabien. Zusammen mit seiner Frau besaß er eine kleine Pferdefarm außerhalb von Helena, wo sie Heu und Alfalfa anbauten.

Dr. Armstrong fragte nach Tabors Geschichte, und Michael erzählte ihm alles – wie er sie im Regen draußen unter einem Tisch gefunden hatte, wie sie zusammen am Strand gelebt hatten und erst kürzlich einer Rinderstampede entkommen waren. Der Tierarzt lächelte und streichelte Tabor.

»Klingt nach einem aufregenden Leben.« Zu der Katze sagte er leise: »Jetzt untersuchen wir dich mal, junge Dame, um sicherzugehen, dass du rundum gesund bist.«

Er tastete Tabors Gelenke ab und hörte ihr Herz mit einem kleinen Stethoskop ab. »Sie ist sehr gut in Form. Sie haben sich offensichtlich hervorragend um sie gekümmert«, sagte er, während er ihr den Mund aufhielt, um ihre Zähne anzuschauen. »Ich würde sagen, sie ist zwischen zwei und vier Jahre alt.« Dann setzte er sie auf die Waage und runzelte die Stirn. »Sie wiegt zwölf Pfund, ein bisschen zu viel für ihre Größe.«

Michael lachte. »Ja, sie ist ein bisschen pummelig«, sagte er und strich ihr über den Kopf. »Das liegt daran, dass sie faul ist und überallhin getragen werden will. Aber ich habe mir gedacht, ein bisschen Übergewicht könne nicht schaden, weil wir draußen leben.«

»Wir sollten ihre Impfungen auffrischen«, sagte Walter.

Dr. Armstrong nickte und hob sie vom Untersuchungstisch, um sie im Nebenzimmer zu impfen. Über die Schulter des Tierarztes gelegt, warf Tabor Michael einen Blick zu, als habe er sie verraten.

Der Arzt blieb eine Ewigkeit mit Tabor nebenan, und Michael spürte, dass etwas nicht stimmte.

Als Dr. Armstrong mit der Katze auf dem Arm zurückkam, hatte er einen merkwürdigen Ausdruck im Gesicht. »Sie hat jetzt alle nötigen Impfungen«, sagte er und setzte sie wieder auf den Untersuchungstisch zwischen sie. »Aber da ist noch etwas.«

»Ist sie krank?«, fragte Michael beunruhigt.

»Sie hat einen Mikrochip.«

»Verdammt, ich wusste es«, sagte Walter.

Michael war wie vom Donner gerührt. »Einen *Chip*?«

»Ja, sie hat einen Besitzer«, sagte Dr. Armstrong. »Sie wurde im September 2012 in Portland als vermisst gemeldet.«

Michael hatte das Gefühl, ihm würde das Herz brechen. Tränen stiegen ihm in die Augen, und er entschuldigte sich, verließ das Untersuchungszimmer und ging nach draußen. Er war zugleich todunglücklich und wütend.

Er musste eine Zigarette rauchen und die Fassung wiedergewinnen.

Als Michael an Kyle vorbei durch den Wartebereich stürmte, wusste der sofort, dass etwas nicht in Ordnung war, und dachte: *O nein, Michael verliert Tabor.*

Walter setzte Tabor in ihre Box und sah den Tierarzt an. »Mike ist obdachlos. Er hat es nicht leicht. Und er hat eine starke Bindung zu der Katze aufgebaut.«

Dr. Armstrong schrieb die Telefonnummern auf, die zu dem Identifikationschip gehörten, und gab sie Walter. Dann fragte er ihn, ob er der Lokalzeitung von Michaels und Tabors Reise erzählen dürfe, weil es einige Menschen dazu inspirieren könnte, ihre Haustiere ebenfalls chippen zu lassen. Walter dachte, dass es vielleicht auch Michael helfen würde, mit dem Verlust zurechtzukommen, wenn er die Geschichte ihrer gemeinsamen Reise erzählte.

Dann brachte er Tabor nach draußen und fuhr sie und die beiden Männer nach Hause.

Kurz nachdem sie die Praxis verlassen hatten, wählte die Tierarzthelferin Maddie Parker, die Tabor gescannt und das Mikrochip-Unternehmen angerufen hatte, die Nummer von Matas Besitzer Ron Buss und hinterließ ihm eine Nachricht auf dem Anrufbeantworter: Die Tierarztpraxis aus Helena wolle ihn sprechen.

KAPITEL 22

Astral Weeks

Das Wasser war so klar, dass man die Fische und Schild-kröten sehen konnte, die tief unter ihnen schwammen. Mata saß neben Ron auf der Holzbank in einem kleinen Ruderboot und sah zu, wie sich das Wasser kräuselte. Auf einmal wurde sie nervös. Sie bleckte die Zähne, fauchte und kreischte und verkroch sich unter Rons Beinen. Ron lugte über den Rand des Bootes und sah einen dunklen, unförmigen Schatten. Als sie zum Ufer trieben, stellte er fest, dass es ein Krokodil war, das an den flachen Stellen durch das Schilf glitt.

Er schrie und packte seine Katze.

Ron schreckte aus seinem Traum hoch. Die Sonne schien durch die halboffenen Rollläden ins Schlafzimmer. Eine Weile rührte er sich nicht und betrachtete blinzelnd die Lichtstreifen an den Wänden. Dann stand er auf und ging in die Küche, um den Katzen ihr Frühstück zu geben. Creto und Jim saßen auf der Arbeitsfläche neben einer Schale voller Obst und miauten ungeduldig.

Nachdem er sie gefüttert hatte, machte Ron sich selbst einen Pfirsich-Orangen-Smoothie und stellte das Radio an. Sixties-Musik drang bis hinaus auf die Straße. Ron setzte sich in die Frühstücksecke und hörte sich benommen den Easybeats-Klassiker »Friday on My Mind« aus dem Jahr 1966 an. Er versuchte, sich an den Traum zu erinnern, und rief Miguel an.

»Ich sehe Mata immer am Wasser und in Wäldern«, erzählte er ihm von seinem Albtraum. »Ich habe nach wie vor das Gefühl, dass sie am Leben ist und entweder allein oder mit jemandem zusammen herumstreift. Meinst du, derjenige könnte sie ertränkt und dann im Wald an einem Fluss vergraben haben –«

»Ron, du musst aufhören, deine Träume zu analysieren«, sagte Miguel knapp. »Das hat alles keine Bedeutung.«

»Ja, du hast recht«, sagte Ron, um ihn zu besänftigen. Er strapazierte das Mitgefühl seiner Freunde. »Ich habe tausend Dinge zu erledigen, einkaufen, den Garten wässern … und ich muss überlegen, was ich packe.«

Ron war für das kommende Wochenende zu einer Trauerfeier für einen Freund in Texas eingeladen worden. Im vergangenen Sommer hatte er sich über sein Gitarrengeschäft mit ein paar Rock 'n' Roll-Typen aus Austin, Texas, angefreundet, die in einer Band namens Ministry spielten. Es handelte sich um eine Industrial-Metal-Gruppe, die in den neunziger Jahren mehrmals mit Platin ausgezeichnet worden war. Die Bandmitglieder waren bekannt für ihren exzessiven Lebensstil. Es war also keine allzu große Überraschung, dass ihr Gitarrist auf der Bühne zusammenbrach und im Alter von 47 Jahren an einem Herzinfarkt starb. Ein halbes Jahr später schmissen die verbliebenen Bandmitglieder nun ihm zu Ehren eine Party.

Ron verabschiedete sich von Miguel, legte eine Ministry-CD in der Küche auf, stellte eine eiserne Sphinx-Statue als Stopper vor die Tür und ging in den Garten. Creto und Jim hatten sich bereits auf dem Garagendach ausgestreckt und genossen die Sonne. Gordon, der robust wirkende, gelbäugige Kater seiner Nachbarin Ann, war auch dabei. Das Dach war wie ein Treffpunkt für tierische Sonnenanbeter. Ron rollte den Gartenschlauch ab, während aus dem Haus »Jesus Built My Hot Rod« wummerte.

Während er die Erdbeerpflanzen und Himbeerbüsche wässerte, dachte Ron daran, wie verrückt Mata nach dem Geruch von Erdbeeren war. Sie wälzte sich immer mit ausgestreckten Pfoten im Erdbeerfeld, schnupperte und rieb den Kopf an den Blüten und Blättern, als handele es sich um Katzenminze.

Es war bereits Mittag, als Ron mit einem frisch gepflückten dicken Strauß dunkellilafarbener Anemonen wieder ins Haus ging. Er arrangierte gerade die Blumen in einer Vase in der Frühstücksecke, als er sah, dass sein Blackberry blinkte. Er hatte zwei Anrufe verpasst, einer war von seiner Schwester und der andere hatte eine ihm unbekannte Vorwahl.

Jemand aus einer Tierarztpraxis in Helena, Montana, hatte ihm auf Band gesprochen, seine Katze sei gefunden worden. Ron brach in Tränen aus und rief sofort zurück. Er sprach mit Dr. Armstrong, der ihm berichtete, ein Obdachloser habe dort seinen Pflegevater besucht, die Katze zur Untersuchung vorbeigebracht, und sie hätten sie gescannt, wie sie es immer bei Streunern machten.

»Ich kann nicht glauben, dass Mata in Montana ist«, sagte Ron und lächelte, während ihm gleichzeitig die Tränen die Wange hinunterliefen. »Das ist das Verrückteste, was ich je gehört habe. Wie ist Ihre Adresse? Kann ich sie sofort abholen?«

»Wir sind nicht verpflichtet, das Tier zu behalten, wenn wir herausfinden, dass es jemandem gehört«, sagte

Dr. Armstrong. »Wir müssen nur den Besitzer informieren. Der Mann, bei dem Ihre Katze jetzt ist, hat gesagt, er will sie Ihnen zurückbringen. Ich habe die Telefonnummer seines Pflegevaters.«

Ron rief bei der Nummer an, die der Tierarzt ihm gegeben hatte, aber dort ging niemand ans Telefon. Er würde es später noch einmal probieren.

Ron war völlig überwältigt, wie im Rausch. Nach seinem Besuch bei Madeleine, dem Medium, hatte sich etwas in ihm verändert. Er hatte Creto als Therapiekatze registrieren lassen, wie er es seit Monaten vorgehabt hatte – seit ihm das Plakat mit dem verschwundenen Alpaka, das diesen Phil-Spector-Afro hatte, ins Auge gefallen war. So konnte er seinen Kater zu Patienten im Krankenhaus bringen und dazu beitragen, dass diese etwas Schönes erlebten.

Am vergangenen Wochenende hatte er auf dem Dachboden an seinen Gitarren herumgebastelt und Van Morrison in Endlosschleife gehört. Als »Astral Weeks« lief, hatte er eine Gänsehaut bekommen. Es war, als würde der Songtext, in dem es darum ging, sich einem Sog hinzugeben und wiedergeboren zu werden, eine tiefere Wahrheit enthalten.

Als Mata das erste Mal verschwunden war, hatte Ron Gott um Hilfe gebeten und ihm gegenüber das Versprechen abgegeben, ein besserer Mensch zu werden und anderen zu helfen, falls dieser die Katze zurückbringen würde. Aber dann hatte er sein Versprechen aus Bequemlichkeit vergessen, und Mata war wieder verschwunden. An jenem Abend und seither an allen weiteren betete er zu Gott, bevor er schlafen ging, dass er auf Mata achtgeben möge, wo auch immer sie war.

Nun schien es, als wären Rons Gebete für ihre Rückkehr erhört worden. Abwesend sah er aus dem Küchenfenster, und während er seine Augen zum makellos
blauen Himmel schweifen ließ, erinnerte er sich, warum
er dachte, dass Matas Rückkehr jetzt, wie schon beim
letzten Mal, einem göttliche Eingreifen zu verdanken
war. Er hatte seinen alten Freund Joe im kalifornischen
Bakersfiel besucht. Joe war nach Seattle gezogen und
dort in seiner Tätigkeit als Wachmann während eines
Überfalls angeschossen worden. Er war lange ins Koma
gefallen, und als er aufwachte, behauptete er, dass Gott
bei ihm gesessen und die ganze Zeit über seine Hand gehalten hatte. Ron war in Joes Haus, als er den Anruf der
Mikrochip-Firma erhielt, als Mata das erste Mal davongelaufen war.

Nachdem er seinen Flug nach Texas storniert hatte,
postete er ein Bild von Mata, wie sie in der Sonne auf
dem Rücken lag, die Augen halbgeschlossen, auf seiner
Facebook-Seite und tippte rasch ein paar Worte dazu:
*Meine geliebte Mata, vermisst seit dem Labor Day 2012,
ist in Helena, Montana, aufgetaucht.*

Er war überglücklich und unglaublich erleichtert – als
hätte er gerade eine Tür aufgestoßen und sich aus einem
brennenden Haus befreit.

Er lief zu Ann hinüber, um ihr die gute Neuigkeit zu
erzählen, und rief auf dem Weg den immer noch in der
Sonne dösenden Katern zu: »Mata kommt nach Hause,
Jungs.« Die drei hoben die Köpfe und sahen ihn verschlafen an.

Anschließend setzte er sich auf die Hintertreppe und
rief alle an – Matas Tierarzt, seinen Freund Randy aus
Kindertagen, Miguel, seinen Vater, Evan –, um ihnen zu

erzählen, was er selbst gerade erst von dem Tierarzt aus Helena erfahren hatte.

»Ein Obdachloser hat sie mit nach Montana genommen?«, hakte Evan nach.

»Nun, das Medium hat gesagt, Mata sei weit weg von zu Hause und erlebe Abenteuer,«

»Was konnte sie schon gewusst haben? Diese Frau war hundert Jahre alt und ziemlich sicher blind von all dem Mascara.«

»Mata ist sehr clever, und ihre Neugier bringt sie in Gefahr«, fuhr Ron fort. »Manchmal ist sie älteren Damen gefolgt, nachdem sie von ihnen gestreichelt worden war. Aber von allen Obdachlosen in der Welt, auf die sie treffen konnte, hat sie sich offensichtlich den allerbesten ausgesucht.«

KAPITEL 23

The Most Beautiful Girl

Walter sah aus dem Küchenfenster hinaus zu Michael, der auf einem Stapel Holz an der Garagenrückseite im Garten saß und Kette rauchte. Tabor spielte im trockenen Gras, jagte Motten im Dämmerlicht und ahnte nicht im Geringsten, dass ihr Leben sich wieder einmal grundlegend verändern würde. Der Tierarzt hatte Walter die Telefonnummer von Tabors Besitzer gegeben, und dieser hatte sie an Michael weitergereicht. Jetzt war es an Michael, ihn anzurufen.

Zehn Monate zuvor hatte Michael keine Katze gewollt, und nun konnte er sich nicht mehr vorstellen, ohne sie zu leben. Vor der Begegnung mit Tabor hatte er eine sehr lange Zeit das Gefühl gehabt, sein Leben sei sinnlos. Nichts bedeutete ihm irgendetwas. Als er Mercer verloren hatte, war alles auseinandergebrochen, aber diese kleine Katze hatte ihm geholfen, sein Leben zumindest teilweise wieder in die Hand zu nehmen. Tabor hatte ein wenig von der Einsamkeit verscheucht, die ihn wie eine dunkle Wolke überschattete. Er hatte sich etwas normaler gefühlt. Sie hatte Wärme und Fröhlichkeit in seinen Alltag gebracht. Bevor er Tabor gefunden hatte, hatten ihn die negativen Gedanken aufgefressen. Die Katze hatte sie zumindest so lange zum Schweigen gebracht, dass in ihm ein Funken Hoffnung aufgeglimmt war.

Kyle kam nach draußen und blieb stehen, um den

Stummel einer Selbstgedrehten aufzurauchen. Mit einer Handbewegung schüttelte er das Streichholz aus und ließ sich auf die Treppe gegenüber von Michaels Platz fallen. »Ich habe gerade auf Walters Computer meinen Facebook-Account gecheckt. Jemand hat ein Video von einem herumtorkelnden, betrunkenen Waschbären gepostet, der in ein Schnapslager eingebrochen war. Alle meinten, es sei wahrscheinlich Michael in einem Waschbäranzug.«

Michael sah ihn an und lächelte schwach, sagte aber nichts.

Kyle verstand, dass er nicht in der Stimmung für Witze war. »Das mit Tabor ist echt Mist«, sagte er mitfühlend.

»Ich hatte vorher kurz darüber nachgedacht, weißt du? Ich hatte diese Vorahnung, als wir bei dem Tierarzt reingegangen sind. Das Erste, was mir durch den Kopf schoss, war: *Wenn die Katze so einen Scheißchip hat, war's das.* Und sie hatte einen.«

»Vielleicht solltest du sie einfach behalten.«

»Ich kann nicht. Das ist nicht richtig. Sie hat es verdient, nach Hause zu gehen.« Michael wusste, dass er einfach losziehen und verschwinden könnte, so wie immer. Er könnte so tun, als seien sie nie beim Tierarzt gewesen. *Er hat sie verloren. Ich habe sie gefunden.* Aber Michael wusste auch, wie verzweifelt er selbst wäre, wenn Tabor plötzlich verschwinden würde. Das Letzte, was er wollte, war, jemandem diesen Schmerz zuzufügen.

Sie sahen Tabor zu, die Motten und Glühwürmchen hinterhersprang. »Sie ist so süß und cool«, sagte Michael wehmütig. »Mein erster Gedanke jeden Morgen ist: Warum zupft die Katze an meinem Bart und leckt mir über die Augen?«

»Weißt du noch, wie sie immer, wenn wir über den

Hawthorne Boulevard gegangen sind, zwischen deinem und Stinsons Rucksack hin und her gehüpft ist?«

»Ja, das war super. Manchmal hab ich mich wie ein Schiff auf hoher See gefühlt mit dieser ausgewachsenen Katze auf dem Rucksack. Ich bin herumgestolpert, und die Leute haben mich angeguckt, und ich hätte am liebsten gesagt: *Nein, ich bin nicht betrunken. Das liegt daran, dass die Katze herumhampelt.*«

Walter hatte sie durch die Fliegengittertür beobachtet und kam nach ein paar Minuten zu ihnen hinaus.

»Ich weiß, wie hart das für dich ist«, sagte er, als er durch den kleinen Garten zu Michael ging, um ihm die Hand auf die Schulter zu legen. »Und traurig. Aber nicht nur … Die Katze kann nach Hause. Wenn du möchtest, rufe ich den Mann für dich an.«

Michael nickte. Er fischte den Zettel aus der Tasche und gab ihn Walter zurück. »Aber ich will sie selbst zurückbringen. Eine letzte Reise mit ihr machen.«

Die untergehende Sonne tauchte den Garten in violettes Licht. Aus der Stereoanlage im Haus drang schwach Charlie Richs Song »The Most Beautiful Girl«. In Michaels Ohren das traurigste Lied der Welt.

Später am Abend mixte Walter sich ein Tonic mit Limettensaft und legte Dean Martin auf. Die alte Standuhr tickte.

Michael saß zusammengesunken auf dem Sofa und dachte, was für ein Glück er hatte, dass Walter da war. Er bewunderte dessen Widerstandskraft und Fähigkeit, allein zu sein. Walter brauchte nur sein Tonic, etwas Musik, und die Welt war in Ordnung.

Nun lehnte Walter sich in seinem gelben Sessel zurück, der von all den Katzen, die er gehabt hatte, bis auf das Gestell heruntergekratzt worden war. Tabor kam ins Zimmer, sprang auf den Couchtisch und von da in Michaels Schoß. Gus lag auf seinem Stammplatz auf der Rückenlehne von Walters Sessel, wetzte die Krallen und behielt den Eindringling im Auge.

Walter griff nach dem Telefon und wählte die Nummer aus Portland. »Hallo, ist da Ron Buss?«, fragte er. »Ich glaube, wir haben Ihre Katze.«

»O mein Gott, bin ich froh, dass Sie anrufen«, rief Ron am anderen Ende der Leitung. »Ich habe von einem Tierarzt in Montana erfahren, dass Sie mit ihr dort waren. Ich bin so dankbar. Ich kann sie sofort abholen, wenn Ihnen das recht ist.«

Walter sah hinüber zu Michael und Tabor. Sie kuschelte sich mit dem Kopf an seinen Bart, er streichelte sie liebevoll und starrte wie betäubt vor sich hin.

»Ich wusste es! Ich wusste, dass sie noch am Leben ist. Ich habe es gespürt«, fuhr Ron aufgeregt fort.

»Mike, mein Sohn, hat ihn auf der Straße gefunden, und sie sind zusammen die Westküste entlanggereist. Wir haben ihn zu meinem Tierarzt gebracht, um ihn impfen zu lassen, und, na ja, dann kam die große Überraschung, dass er ein Zuhause hat. Aber, zum Teufel, ich habe mich gefreut.«

Michael lächelte, weil Walter die ganze Zeit von Tabor als »er« sprach.

»Mike fühlt sich schlecht, weil er ihn mitgenommen hat«, sagte Walter, »und er will ihn zurück nach Hause bringen.«

»Die Mühe müssen Sie sich wirklich nicht machen«, sagte Ron. Er klang ein wenig besorgt. Mit dem Mikrochip hatte er eine Versicherung abgeschlossen, die in einem Fall wie diesem seinen Flug gezahlt hätte. »Ich kann morgen zu Ihnen fliegen und sie selbst abholen.«

»Es macht gar keine Mühe. Mike macht sich sowieso wieder auf den Weg in diese Richtung«, unterbrach ihn Walter. »Er lebt manchmal in Portland, da hat er ihn ja auch gefunden. Er würde gerne eine letzte Reise mit ihm machen. Sie haben die letzten zehn Monate zusammen verbracht. Eine zu plötzliche Trennung wäre für beide nicht gut.«

Walter spürte Rons Widerstand und erzählte ihm deshalb in den folgenden zehn Minuten Michaels Geschichte. »Mike ist ein guter Mensch. Er hat ein großes Herz. Sie können sich darauf verlassen, dass er Ihnen die Katze zurückbringt. Dafür lege ich meine Hand ins Feuer.«

Ron hatte am anderen Ende der Leitung geschwiegen, während Walter erzählte, und sagte dann: »Äh, klar. Ich bin einfach nur so glücklich, so unglaublich froh und dankbar, dass es ihr gutgeht. Wenn Mike sie zurückbringen möchte, ist das in Ordnung.«

Nachdem Walter aufgelegt hatte, stand Michael auf und ging in sein Zimmer. Auch Tabor stand auf, streckte sich, gähnte und ließ ein kurzes Miau hören. Dann tapste sie ihm hinterher. Michael fuhr den Computer hoch und postete eine Nachricht auf Facebook für seine Freunde aus Portland: *War mit Tabor beim Tierarzt. Sie hat einen Mikrochip, und ihr Besitzer will sie zurückhaben. Ein sehr, sehr trauriger Tag für Groundscore.* Auf der Stelle kamen lauter anteilnehmende Nachrichten herein, aber er brachte es nicht fertig, sie zu lesen. Er legte sich schlafen, mit Tabor dicht neben sich.

Am nächsten Morgen trieben versprengte Wolken über den Himmel, die auf Regen hindeuteten. Als Michael aufwachte, war er desorientiert und wusste überhaupt nicht, wo er sich befand. Er hörte Dean Martins schmachtende Stimme und glaubte zuerst, er befände sich in irgendeinem altmodischen italienischen Restaurant. Er brauchte einen Moment, bis er sich erinnerte, dass er bei Walter war –, und der war Frühaufsteher. Tabor, die neben Michael auf dem Kopfkissen lag, bemerkte, dass er die Augen geöffnet hatte, und sprang ihm auf die Brust, miaute und zupfte an seinem Bart.

Michael stand auf und fühlte sich wie ein Zombie. Er stolperte in die Küche, während Tabor ihm in die Fersen zwickte und sich um seine Beine wickelte. Mit ihrem kläglichen, rauen Miauen verlangte sie nach Futter. Michael sagte seinem Pflegevater, der mit einem Becher Kaffee am Fenster stand, guten Morgen und fütterte Tabor. Dann gesellte er sich zu Walter, und sie schauten gemeinsam aus dem Küchenfenster in den Garten. Ein Blauhäher mit struppigem Gefieder hockte auf der Vogelfutterstation. Walter hielt gerne Ausschau nach ihm und den anderen wilden Tieren, die seinen Garten besuchten.

Walter nahm einen Schluck Kaffee und blickte abschätzend in den Himmel. »Sieht aus, als würde ein Orkan aufkommen«, sagte er und wandte den Kopf, um Michael in die Augen zu sehen. »Den solltest du mit der Katze vermeiden.«

Frühsommer bedeutete in Montana das Ende der Regenzeit mit abrupten, dramatischen Wetterwechseln. Michael wusste, dass sie noch bleiben sollten, zumindest, bis der Regen vorbei war. Außerdem fand er den Gedanken tröstlich, dass er Tabor dann noch ein wenig länger behalten konnte.

Er nickte und fing an, Frühstück für Walter und Kyle zuzubereiten: Heidelbeer-Buttermilch-Pfannkuchen. Die drei saßen in der Küche und tranken schwarzen Kaffee, während draußen der Sturm losbrach und der »Prison Blues« von Johnny Cash aus der Stereoanlage tönte.

Da sie nun mindestens ein, zwei Tage länger bleiben würden, bis sie mit der Katze zurück nach Portland reisten, verbrachte Michael den Morgen damit, das Haus zu schrubben und ein paar Dinge zu reparieren. Walter ließ üblicherweise verschiedene Arbeiten im Haushalt für Michael liegen –, und das war im Endeffekt fast alles. Walter fasste niemals einen Besen oder Staubsauger an, wohingegen er den Rasen mähte und wässerte und die Vögel, Kaninchen, Eichhörnchen und Rehe fütterte, die sich täglich ihre Ration Brot, Nüsse und Körner abholten, die er für sie auslegte.

Als Michael fertig war, ging Walter mit Kyle und ihm einkaufen. Er bestand darauf, den beiden neue Rucksäcke und Schlafsäcke zu besorgen. Walter sagte gerne: »Wir müssen uns um die Notleidenden kümmern und sie beschützen.« In Vietnam waren er und ein paar Kameraden auf ein Waisenhaus und eine Leprakolonie gestoßen und geradewegs hineinmarschiert, um den Menschen dort zu helfen.

Am Nachmittag, als die Wolken aufrissen und die Sonne durchkam, wollte Michael Kyle die Innenstadt zeigen und mit ihm einen Ausflug in den Helena National Forest vor der Stadt machen. Eigentlich hatten sie vorgehabt, einige Wochen zu bleiben, aber nun war es wichtiger geworden, Tabor ihrem Besitzer wiederzubringen.

Bevor sie nach Helena fuhren, rief Michael Ron an, um ihn zu beruhigen. »Es tut mir wirklich leid, dass ich die Katze mitgenommen habe«, sagte er, nachdem er sich vorgestellt hatte. »Das Letzte, was ich wollte, war eine Katze, aber ich musste ihr einfach helfen. Ich weiß, Sie kennen mich nicht, aber ich würde gerne noch einmal trampen und ein letztes Abenteuer mit ihr erleben, bevor ich sie Ihnen zurückgebe. Ich werde ein Handy dabeihaben und versuchen, Sie jeden Tag anzurufen, damit Sie wissen, wo wir sind. Es ist nur wirklich wichtig, dass wir diese letzte Reise zusammen machen. Bitte vertrauen Sie mir.«

»Das tue ich«, antwortete Ron, und so war es auch. Er spürte, dass er sich auf Michael verlassen konnte, als er seine Stimme hörte.

Nachdem sie aufgelegt hatten, postete Michael ein Update auf Facebook: *Hab mit Tabors Besitzer gesprochen, echt netter Typ. Verlassen Montana wahrscheinlich Dienstag, und ich gebe ihm Tabor (Madda), wenn ich da bin. Seid nicht traurig, das ist ein Grund zum Feiern. Tabor kommt nach Hause.*

Der Helena National Forest war nur eine kurze Autofahrt von Walters Haus entfernt. Er umgab die Stadt im Osten, Westen und Süden. Nachdem Michael etwa 15 Meilen über kurvenreiche Bergstraßen durch dichte Wälder gefahren war, parkte er an einer hohen Klippe am Straßenrand, von wo aus sie ihre Wanderung beginnen konnten – über ihnen der weite, blaue Westhimmel und um sie herum die Big Belt Mountains.

Sie liefen über ein Stück Weideland und kletterten über einen Stacheldrahtzaun, um einen großen Hügel hinaufzusteigen. Tabor erklomm den steilen, mit Blumen übersäten Hang an der Leine trittsicher wie eine kleine Bergziege. Ab und zu blieb sie stehen, um an Mäuseverstecken zu schnuppern oder die fluffigen Samen der Pusteblumen mit der Pfote auffliegen zu lassen.

Wenn sie sonst zusammen unterwegs waren, wies Michael Kyle auf die verschiedenen Vogel-, Baum- und sonstigen Pflanzenarten hin, aber diesmal war er schweigsam und abwesend. Auf halbem Weg den Hügel hinauf nahm Michael Tabor auf den Arm und ging mit ihr zurück zum Auto, während Kyle den Rest bis nach oben lief.

Michael saß auf der Motorhaube. Tabor hatte sich an ihn gekuschelt und ließ wehmütig den Blick über das friedliche, kiefernbestandene Tal unter ihnen schweifen. Er staunte darüber, wie genau die Katze und er gegenseitig ihre Stimmungen erspürten. Er würde alles für dieses süße, kleine Tier tun, und fragte sich, wie er zurechtkommen würde, wenn Tabor nicht mehr bei ihm wäre. Sie erfüllte fast seinen gesamten Tag mit einer bedingungslosen Liebe, von der er vorher nicht gewusst hatte, dass er sie brauchte.

Tabor hatte in der Sonne gedöst, sprang aber plötzlich auf, und ihre Schnurrhaare und Ohren zuckten, als sie das Knirschen von Schotter unter Kyles Füßen hörte.

Er war außer Atem von der Klettertour. »Ich habe auf dem Hügel drei Steinhaufen gesehen und ein Foto davon gemacht«, sagte er und zeigte Michael das Bild. »Sie waren in einer Reihe aufgestellt ... kniehohe Gebilde ... sahen aus wie Schreine.«

»Das sind sie wahrscheinlich auch«, sagte Michael und schwieg für einen Moment. »Hier hab ich vor ungefähr 25 Jahren ein Reh angefahren. Ich war auf dem Heimweg, nachdem ich mit den Arbeiten an irgendeinem Garten fertig war. Wie aus dem Nichts kam dieser Bock angerannt, und ich fuhr ihn an. Er war schwer verletzt und schrie wie ein Baby. Er lag quer über der Straße, ein Bein war gebrochen. Ich musste ihm mit dem Taschenmesser die Kehle aufschlitzen.«

Kyle sah ihn schockiert an. »Hättest du ihn nicht zum Tierarzt bringen können?«

»Er war sehr schwer verletzt«, erklärte Michael, dem die Erinnerung offensichtlich zusetzte. »Du kannst dir nicht vorstellen, wie schrecklich ich es fand, einem Leben auf diese Weise ein Ende zu setzen. Danach hab ich mich drei Tage lang besoffen.«

Etwas später holte Michael ihre Sachen aus dem Auto. Er hatte etwas Essen, Wasser und Bier eingepackt. Immerhin hatte er, seit er bei Walter angekommen war, keinen Alkohol getrunken. Er führte sie an einen Platz, an dem er schon früher einmal gecampt hatte, am Flussufer mitten in einer Schlucht.

Sie fanden eine geschützte Stelle dicht am Wasser, inmitten von Fichten, Espen und Küstenkiefern, und rollten dort ihre Schlafsäcke aus. Unter Bäumen in der Wildnis fühlte Michael sich immer zu Hause –, und unter den leuchtenden Sternen und den Kiefern von Montana zu schlafen war unvergleichlich. Der intensive Geruch, den die Fichten und der Salbei ausströmten, war berauschend. Er weckte gute Erinnerungen an seine Zeit als Gärtner, als er manchmal genug Geld verdient hatte, um im Sommer nur noch zu zelten.

Kurz vor der Dämmerung, als die Sonne zwischen den Bäumen versank, holten sie das Radio und die Karten raus. Als es zu dunkel wurde, entfachte Michael ein Feuer und sie spielten weiter im Licht der Flammen. Tabor beobachtete verträumt die Funken und schlug immer wieder danach, ohne Michaels Schoß je zu verlassen. Später grillte Michael ein paar Burger, Kartoffeln, Bohnen und anderes Gemüse und stellte ein kleines Festmahl auf die Beine. Aber er selbst genoss nichts davon. Für ihn hatte es etwas vom letzten Abendmahl. Lange saßen Kyle und Michael mit Tabor zwischen sich am Lagerfeuer und sahen zu, wie es herunterbrannte.

Michael war unendlich traurig, und es gab nicht viel, was Kyle sagen konnte, um seinen Schmerz zu lindern. Auch er hatte Tabor inzwischen ins Herz geschlossen und scheute den Gedanken, sich von ihr zu trennen. Sie löschten das Feuer und gingen schlafen, Tabor wie immer in Michaels Schlafsack, leise schnurrend.

Nachdem Michael am nächsten Morgen aufgewacht war, fütterte er die Katze und ließ sie auf seinem Schlafsack in einem Sonnenstrahl, der durch die hohen Bäume drang, liegen. Er wollte jeden Moment mit ihr genießen, solange er konnte, aber sein Versuch, sich mental auf den Abschied von seiner besten Freundin, seiner Reisepartnerin, vorzubereiten, war überschattet von einer tiefen Melancholie.

Als er in ihren Vorräten kramte, weil er Kaffee kochen und Frühstück für Kyle und sich machen wollte, bemerkte er, dass etwas Dunkles, Pelziges hinter den Kiefern auf der anderen Seite des Bachs auftauchte und wieder verschwand.

»O Gott«, sagte er leise zu sich selbst. »Am Bach ist ein Bär.«

Auch Tabor hatte ihn bemerkt und ihre Augen weit geöffnet. Sie hielt schnuppernd ihre Nase in die Luft und drehte neugierig den Kopf in die Richtung, aus der die plüschige Gestalt durch die Bäume lief. Michael nannte es ihren »alten ›Ich rieche einen Bären‹-Blick«. Aber während er nervös wurde, blieb Tabor ganz ruhig. Sie beobachtete ihn nur. Als mittlerweile erfahrene Bärenkämpferin schien sie zu wissen, dass dieser hier harmlos war.

Als der Bär Michael sah, kletterte er rasch einen Baum hinauf. Sein schwarzer Pelz schimmerte im Licht wie ein Onyx. Er war viel kleiner und niedlicher als der Braunbär, dem sie im Yosemite-Park begegnet waren – weder erwachsen noch ein Baby, sondern irgendetwas dazwischen.

»Wir müssen gehen«, sagte Michael zu Kyle, der sich gerade die Schuhe zuband. »Wenn ein junger Bär hier herumstreift, ist sicher auch seine Mutter in der Nähe.« Obgleich es aufregend war, im Wald auf einen Bären zu treffen, entschied er, Kyle und Tabor lieber wieder zurück zu Walter zu bringen.

KAPITEL 24

Ein Regenbogen in einer dunklen Welt

Samstagnachmittag, als Michael, Kyle und Tabor nach ihrem Ausflug wieder bei Walter ankamen, saß ein eleganter älterer Herr mit einem grauen Schnauzer mit Walter am Küchentisch.

Walter erzählte ihm gerade die Geschichte, wie Michael und er sich bei einem AA-Treffen im Herbst 1981 kennengelernt hatten. Als die drei Ausflügler durch die Hintertür hereinkamen, hörten sie noch das Ende seines Berichts: »Damals kam Michael durch Helena, und so begann unsere gemeinsame Reise.«

Dann sah er hoch zu Michael und sagte: »Dieser Herr ist von der Zeitung und möchte mit dir sprechen.« Er stand auf und entschuldigte sich mit den Worten: »Mein Kater hat Hunger.« Gus saß auf der Schwelle zum Wohnzimmer und maunzte missgelaunt. Walter holte ihm sein Futter aus dem Schrank und füllte seinen kleinen Porzellannapf auf der Arbeitsfläche.

Der schnurrbärtige Reporter war Al Knauber vom *Independent Record*, Helenas Lokalzeitung. Er stand auf und gab Michael die Hand. Der Tierarzt hatte ihm von dem Obdachlosen, der mit einer Katze umherzog, erzählt, und nun wollte der Journalist mit Michael sprechen, bevor dieser sich wieder auf den Weg machte.

Kyle ging in den Garten, um eine zu rauchen. Tabor sprang auf den Küchentisch und ließ sich auf die Seite

fallen, glücklich und müde von ihrem Abenteuer. Ihr flauschiger Kopf, der ein bisschen aussah wie eine Chrysan-
theme, hing über die Tischkante.

»Sie ist kaputt. Mein Freund Kyle und ich waren mit
ihr in den Bergen zelten«, sagte Michael und erzählte
dann wieder einmal die Geschichte, wie er sie gefunden
hatte. »Ich sehe dauernd Katzen. Ich hab sie nicht mitgenommen, weil ich eine Katze wollte. Aber sie war nass,
verängstigt und mager.«

Er sah Tabor an, die ihn aus ihrer Position auf dem
Tisch mit ihren schrägen, halbgeschlossenen Augen beobachtete, und bekam einen Knoten im Hals.

»Ich hab ihre Gesellschaft wirklich gebraucht«, sagte er
mit Tränen in den Augen. »Ich bin obdachlos. Viele von
uns sind depressiv. Die Katze war wie ein Regenbogen in
einer dunklen Welt.«

Michael schwieg, und der Kater Gus verließ kurz die
Küche. »Sie wird nach Hause zurückkehren, wo sie hin-
gehört«, sagte Michael dann. »Das wird ein trauriger
Tag. Sechs oder sieben Männer werden weinen, weil ich
sie weggebe. Ich hänge sehr an ihr. Mein Rucksack wird
zwanzig Pfund leichter sein, aber im Herzen hab ich dann
ein großes, großes Loch.«

Nach ihrem Gespräch brachte er Al Knauber zur Tür
und verabschiedete sich. Träge hob Tabor den Kopf und
miaute. Ihr Blick folgte Michael, als er den Raum verließ.
Kurze Zeit später checkte er seinen Facebook-Account
und sah, dass ihr Besitzer, Ron, ihm eine Nachricht geschrieben hatte: *Sieh Dir Matas Babyfotos an, Mike, in
meinem Album MATA BITTE KOMM NACH HAUSE.
Zeit, den roten Teppich auszurollen und zu feiern.*
Michael antwortete: *Hi Ron, heute war jemand von*

der Lokalzeitung da, wollte einen Exklusivbericht. Am Montag soll er in der Zeitung erscheinen, dem Helena Independent Record.

Und Ron schrieb wieder zurück: *Danke, Mike. Die haben mich heute Morgen auch schon angerufen und mit mir gesprochen. Freue mich darauf, es zu lesen.*

Bevor Michael sich die Fotos von Tabor und ihren vier Geschwistern richtig ansehen konnte, klingelte es an der Tür. Es war der Fotograf vom *Independent Record*, Dylan Brown: groß, schlank und sauber rasiert, mit kurzen Locken und strahlend blauen Augen. Er war der einzige Fotograf, der samstags für die Zeitung arbeitete, und eilte deshalb von einem Termin zum nächsten. Walter ließ ihn herein, und Tabor kam aus der Küche zu Michael ins Wohnzimmer getrottet.

Als Brown rasch ein paar Bilder von Michael mit der Katze machte, beeindruckte ihn die tiefe Verbundenheit zwischen dem Mann und der Katze.

Tabor genoss das Theater, das um sie gemacht wurde, tänzelte und posierte im Blitzlicht.

»Ich liebe diese Katze«, sagte Michael und strahlte sie mit seinem zahnlosen Grinsen an. »Eigentlich sollte ich gar nicht auf das Foto. Jeder will die Katze sehen. Nicht einen dreckigen Penner wie mich.« Wie aufs Stichwort sprang Tabor auf den Fernsehtisch vor Brown und starrte mit ihren eukalyptusgrünen Augen warm und seelenvoll direkt in die Kamera.

Das war die Aufnahme, die zwei Tage später, am Montag, dem 17. Juni 2013, im *Helena Independent Record* unter der Überschrift DIE KATZE WAR EIN REGENBOGEN IN EINER DUNKLEN WELT abgedruckt wurde.

An diesem Montagmorgen saß Michael am Küchentisch und blätterte durch die Zeitung, auf der Suche nach dem Artikel über Tabor und sich. Er zeigte ihn Walter, der gerade dabei war, Kaffee zu kochen.

»Tabor sieht so schön aus«, sagte er. Als er den Text las, war er verblüfft, dass die Katze einmal in den Kofferraum eines Autos gesprungen war und Ron sie erst ein halbes Jahr später wiederbekommen hatte. »Oooh, das macht mich fuchsig«, sagte er. »Sie hat es schon mal getan.«

Genau in diesem Moment kam Tabor in die Küche gerast und huschte, eine Plastikflasche herumkickend, über die Fliesen. Kyle, der seinen Rucksack schleppte, folgte ihr.

»Ich bin froh, dass sie dieses Foto von ihr genommen haben«, sagte Michael und zeigte es Kyle.

Der sah ihm über die Schulter und lachte. »Du bist ja ganz unscharf im Hintergrund.«

»Genau darauf hatte ich gehofft.«

»Morgen«, sagte Walter zu Kyle und stellte ihm eine Tasse Kaffee und ein paar Waffeln auf den Tisch.

Sie tranken Kaffee und aßen schweigend. Tabor rannte ihnen um die Füße, bis sie müde war. Dann sprang sie auf den Tisch und ließ sich auf die Seite fallen. Walter stand auf und begann, ihnen Sandwiches für unterwegs zu machen. Außerdem bot er ihnen an, sie bis zum nächsten Highway zu fahren.

In der Nacht hatte Michael einen intensiven Traum gehabt. »Ich habe von zwei Elchen geträumt«, erzählte er. »Genau denselben Traum hatte ich schon mal in dem Winter, bevor ich Tabor gefunden habe. Da war ich auch bei Walter zu Besuch. Nachts hatte es geschneit. Als ich aus dem Fenster gucke, sehe ich zwei große Elchkühe bei der Schneewehe am Haus. Ich sehe, wie sie sich dort hinlegen, und gehe schlafen. Am nächsten Morgen gucke ich wieder raus, und die Elchkühe schütteln sich gerade die Schneeflocken vom Körper. Als sie aus dem Garten laufen, verwandeln sie sich in Regenbögen und dann in zwei amerikanische Ureinwohner, die in Tierhäute gekleidet sind.«

»Warst du betrunken?«, fragte Kyle grinsend.

»Du weißt doch, dass ich bei Walter nichts trinken kann.«

»Was glaubst du, bedeutet das?«

»Ich hab keine Ahnung«, sagte Michael. Ohne ein weiteres Wort stand er auf, räumte den Frühstückstisch ab und lud ihre Sachen in Walters Wagen. Auf einmal hatte er es eilig aufzubrechen.

Gerade als Walter die Sandwiches in braunes Wachspapier wickelte, klingelte das Telefon. Er ging ran und rief Michael durch die Hintertür zu: »Es ist Kathleen … deine Mutter.«

Michael kam herein und nahm den Hörer. Er konnte sich nicht erinnern, wann seine Mutter ihn das letzte Mal angerufen hatte, und fragte sich, woher sie wusste, wo er war. »Hi, Mom«, begrüßte er sie.

»Michael!«, rief sie mit ihrem spröden englischen Akzent. »Du bist in der Zeitung!«

Die Geschichte war im ganzen Land erschienen.

»Mein Nachbar hat dich und die Katze heute Morgen in der Zeitung gesehen«, sagte sie. »Und jetzt bringst du sie zurück?«

»Äh, ja … heute«, stotterte er. »Ich bringe Tabor zurück nach Portland … zu ihrem Besitzer.«

»Das ist sehr nett von dir, Michael.«

Das war der erste positive Satz, den sie seit langem zu ihm gesagt hatte. Es fühlte sich gut an, auch wenn er ihre Anerkennung nun nicht mehr nötig hatte. Er hatte Kyle, Stinson und eine große Familie von Obdachlosen, die über den ganzen Westen Amerikas verteilt waren. Er hatte Walter, und – zumindest im Moment noch – eine Katze, die er liebte. Sie alle gaben ihm die Wärme und Geborgenheit, die er in seiner Ursprungsfamilie nie gespürt hatte.

»Danke«, sagte er. »Nun, wir sind gerade auf dem Sprung.«

»Okay, mein Junge. Gute Reise.«

Er legte auf und sagte zu Kyle und Walter: »Sie hat die Geschichte bei sich zu Hause in der Zeitung gesehen.«

Walter nahm seinen Kaffee und die Zeitung und ging ins Wohnzimmer, um den Artikel im Sessel zu lesen. Gus folgte ihm.

Kyle sah Michael forschend an und sagte: »Ich wusste gar nicht, dass ihr Kontakt habt.«

»Ich rufe sie ab und zu an, um zu gucken, wie es ihr geht«, erklärte Michael und sah weg, wie er es immer tat, wenn er über etwas nicht reden wollte. »Sie ist die einzige Mutter, die ich habe. Ich muss ihr verzeihen. Sie ist 78 und ganz allein. Ich habe viel Zeit und Energie darauf verschwendet, sie zu hassen. Was auch immer sie mir angetan hat, es spielt jetzt keine Rolle mehr.«

Walter kam zurück in die Küche und sagte: »Jeder hat eine Geschichte. Wichtig ist, was man aus seinem Leben macht, nachdem man begriffen hat, dass man es schwer gehabt hat«, fuhr er fort. »Verbitterung ist sinnlos. Ich habe meinen Vater gehasst. Er war ein eigentlich liebevoller Mann aus Montana. Er war das älteste von fünf

Kindern, und sein Vater hat ihn regelmäßig verprügelt. In seiner Ehe und bei seinen Kindern hat er das weitergeführt, was er gelernt hatte. Als ich viele Jahre später zurückblickte, wurde mir klar, dass er erst 19 gewesen war, als ich zur Welt kam, und vor seinem dreißigsten Lebensjahr insgesamt schon fünf Kinder hatte. Er sorgte dafür, dass ich ein Dach über dem Kopf hatte, etwas zu essen im Magen, Kleider am Leib, und er schickte mich auf eine katholische Schule. Und ich rede schlecht über ihn – dabei hat er es so gut gemacht, wie er konnte. Als ich aufhörte zu trinken und mir überlegte, was dieser Mann geleistet hatte, schämte ich mich. Michaels Mutter hatte auch eine harte Kindheit. Sie hatte fünf Kinder, und Michaels Vater musste sie alle mit seinem Polizistengehalt durchfüttern. Natürlich war sie frustriert –, jeder normale Mensch wäre frustriert gewesen. Deshalb meine ich, dass man alles im Kontext sehen muss: Die Menschen tun das, was nötig ist, um zu überleben.«

Kyle erzählte ihnen seine Geschichte: »Meine Mutter hatte noch neun andere Kinder von sieben verschiedenen Vätern. Ich habe sie nie kennengelernt, ich weiß nicht mal, wie sie aussah. Wie ich gehört habe, ist sie 2007 gestorben. Einer meiner Halbbrüder, den ich zufällig bei einem Freund getroffen habe, hat mir gesagt, dass sie mit einem Typen zusammen war, der zuerst sie und dann sich selbst erschossen hat.«

»Das tut mir leid«, sagte Michael. »Das ist wirklich schlimm.«

»Sie war nie Teil meines Lebens«, sagte Kyle, »und nach allem, was ich über sie weiß, ist das wohl auch besser so.« Er fläzte sich in den Stuhl. »Hast du ein Foto von deiner Mutter?«

Während Walter und Kyle am Küchentisch sitzen blieben, verschwand Michael in seinem Zimmer und holte ein verblichenes Fotoalbum.

»Das ist meine Mutter am Tag ihrer Hochzeit in London«, sagte er und zeigte auf das Schwarzweißfoto aus den fünfziger Jahren, auf dem ein lächelndes, junges Paar vor einer alten grauen Steinkirche zu sehen war. Die Frau trug ein tailliertes Spitzenkleid mit hochgeschlossenem Kragen, das Haar in einer Welle hochgesteckt. Der jungenhafte, flotte Mann an ihrer Seite trug eine Army-Uniform und hatte dichtes, verwuscheltes Haar und dieselben hellen, strahlenden Augen wie Michael.

Michael klappte das Album zu, brachte es zurück in sein Zimmer und legte es unter sein Bett.

Dann schaute er kurz nach, ob sich bei Facebook etwas getan hatte. Er postete den Artikel aus dem *Independent Record* über sich und Tabor, damit seine Freunde sich vor seiner Rückkehr nach Portland darauf vorbereiten konnten, dass er die Katze abgeben würde.

Er las außerdem, was Ron am Abend zuvor geschrieben hatte: *Mata ist eine echte Streunerin. Habe mein erstes Zeitungsinterview gegeben, zu lesen als Titelstory ab Mitternacht unter Helenair.com.*

Und er sah, dass Ron an diesem Morgen ein Video gepostet hatte, das er mit »Mata Hari 007« betitelt hatte. Als er es abspielte, wurde ihm klar, dass Tabors Geschichte auf dem KGW Channel 8 ausgestrahlt wurde, dem Lokalsender von Portland. Das Bild von Tabor und Michael aus dem *Helena Independent Record* flackerte über den Monitor, und am unteren Bildschirmrand war zu lesen: MATA HARIS RÜCKKEHR.

Eine Nachrichtensprecherin in den Vierzigern mit glänzenden Haaren erschien im Bild und sagte: »Nach einer abenteuerlichen Reise quer durch den Nordwesten ist die Katze Mata Hari nun auf dem Heimweg. So etwas passiert nur in Portland«, sagte sie mit einem breiten Grinsen. »Mata Hari wurde von einem Wohnungslosen in Portland gefunden, er legte sie an die Leine und nahm sie mit auf eine Tour entlang der Westküste.«

»Am Ende landete sie in Montana«, fuhr ihr männlicher Kollege fort, »und wird in ein paar Tagen zurück nach South West Portland gebracht. Unsere Reporterin Erica hat heute Nachmittag mit ihrem Besitzer gesprochen.«

Nun wurde zu einer schlanken, jungen Journalistin mit blonden Haaren umgeschaltet. »Mata Hari, liebe Zuschauer, hat einen Hang dazu zu verschwinden, dann aber wiedergefunden zu werden. Ein Wohnungsloser, der sich Groundscore Mike nennt, sagt, er habe sie letztes Jahr im September in der Nähe der Ecke 38th Street und Hawthorne Boulevard gefunden. Er nahm sie mit nach Ventura, Kalifornien, in den Yosemite-Nationalpark und schließlich nach Montana, wo er sie zum Tierarzt brachte. Dieser stellte fest, dass die Katze einen Mikrochip implantiert hat, und rief ihren Besitzer in Portland an.«

Ein Bild von Ron Buss mit Bart (als er noch Haare hatte) auf dem Sofa, Mata und ihren schwarzweißen Bruder im Arm, wurde gezeigt. Dann kam Ron selbst zu Wort: »Sie ist über 3500 Meilen mit ihm gereist. Sie war mit ihm im Yosemite-Nationalpark, und sie haben überall in den USA gecampt. Ich hoffe, wenn sie zurückkommt, mag sie ihn nicht lieber als mich«, fügte er mit einem nervösen Lachen hinzu.

Erica, die hübsche, blonde Reporterin, ergriff wieder

das Wort. »Nun wird die Katze Mittwoch oder Donnerstag zurück erwartet. Dies ist übrigens nicht Mata Haris erster Roadtrip. Vor zwei Jahren tauchte sie in Vancouver, Washington, auf, nachdem sie sechs Monate lang verschwunden war.«

Im Fernsehstudio machten die beiden Moderatoren nun Witze über die trampende Katze. »Kaum zu glauben, diese Geschichte«, sagte die Frau und sah aus, als müsste sie ein Lachen unterdrücken.

Der grinsende männliche Sprecher sagte mit gehobenen Augenbrauen: »Nach diesem Abenteuer findet sie Mäusefangen wahrscheinlich langweilig.«

»Mäusefangen wird nie wieder so sein wie früher, so viel steht fest«, sagte Michael laut, schrieb genau diesen Satz auf Rons Seite und ergänzte: *Wir müssen immer noch zurück nach Portland trampen!!!*

Danach ging Michael wieder in die Küche und erzählte Walter und Kyle, dass sie im Fernsehen waren. Ihm schwirrte ein wenig der Kopf, als ihm klar wurde, dass ihre Geschichte nun im gesamten Nordwesten gesendet wurde.

Es war ein perfekter Sommertag, der Himmel war strahlend blau und die Sonne schien, als Walter sie am Stadtrand in der Nähe der Auffahrt zum I-90 absetzte. Er umarmte Michael und gab Kyle einen freundschaftlichen Klaps auf den Rücken.

»Bleib anständig«, sagte er zu Michael und kraulte dann Tabor. »Pass auf ihn auf und bring ihn sicher nach Hause.«

»Das mache ich«, sagte Michael und grinste, weil Walter von Tabor immer noch als Kater sprach. Er versprach anzurufen, sobald sie Portland erreichten.

Als Walter davonfuhr, setzten die drei sich an den Straßenrand und warteten. Kyle beschäftigte sich mit seinem Skateboard, Michael rauchte eine Zigarette nach der anderen, und Tabor hockte schnurrend auf seinem Rucksack. Michael dachte daran, wie sehr er sie und ihre ganzen drolligen Eigenarten vermissen würde: Wie sie ihm über das Gesicht leckte, um ihn zu wecken, ihn am Bart zupfte, wenn er ausschlafen wollte, und manchmal ihr Futter mit der Pfote löffelte. Über diese Dinge nachzudenken machte die Aussicht, sie bald nicht mehr bei sich zu haben, noch schmerzlicher.

Es dauerte keine zehn Minuten, und sie hatten eine Mitfahrgelegenheit nach Missoula. Und als sie dort ihr Schild NACH PORTLAND hochhielten, bekamen sie gleich die nächste. Ein kleines hellblaues Auto hielt an, gefahren von zwei lächelnden amerikanischen Ureinwohnerinnen. Sie hatten einen kleinen, hellen Welpen dabei, der aussah wie eine Baby-Version von Madisons Hund Bobby.

»Lange gewartet?«, fragte die Fahrerin, als sie ihr Fenster öffnete.

»Wow, ist das eine Katze?«, fragte die Beifahrerin, bevor sie antworten konnten.

Die beiden waren unterwegs nach Spokane, Washington, und boten ihnen an, sie den ganzen Weg mitzunehmen. Als Michael und Kyle einstiegen, warf die Fahrerin ihnen einen Blick zu, lächelte und sagte: »Wir sehen kaum noch Tramper.«

Michael lächelte zurück und dachte: *Du siehst sie nicht, weil sie immer mitgenommen werden.* Obwohl er und Kyle nach dem Besuch bei Walter ordentlicher und sauberer als sonst aussahen, war er sich sicher, dass die Frauen nur wegen Tabor angehalten hatten.

Michael saß auf der Rückbank und sah auf die Hinterköpfe der Frauen, riss die Augen auf und sagte leise zu Kyle: »Erinnerst du dich an den Traum mit den beiden Elchen? Kommt mir vor wie ein Déjà-vu.«

Kyle brauchte eine Minute, um den Zusammenhang zu verstehen, aber dann sagte er ebenso leise: »Wow. Das ist verrückt.«

Die Frauen waren redselig und freundlich, fragten die beiden über die Katze aus und boten an, ihnen etwas zu essen zu kaufen. Michael lehnte dankend ab und erklärte, sie hätten schon gegessen.

Tabor hatte sich auf seinem Schoß zusammengerollt, und er sah aus dem Fenster. Die Aussicht wurde weiter, der Himmel wirkte unendlich, und die Wolken jagten über die Prärie, Licht flackerte in Streifen durch die Kiefern, Rehe mit weißen Schwanzspitzen und Elche ästen in der Ferne. Michael bemühte sich, dieses letzte Abenteuer zu genießen, es war ein ganz besonderer Trip, eine Art Ehrenrunde, aber in Wahrheit war er einfach nur traurig.

Die Beifahrerin wandte den Kopf nach hinten und fragte: »Was hast du vor, nachdem du die Katze abgegeben hast?«

»Keine Ahnung«, sagte Michael und ließ den Kopf hängen. Er konnte seinen Herzschmerz nicht erklären. »Das wird hart. Ich hab die letzten zehn Monate mit ihr auf dem Schoß verbracht. Ich will nicht in Portland bleiben und mir wegen ihr die Augen ausheulen. Vielleicht verschwinde ich mit ein paar Freunden in die Wälder von Prineville, Oregon.«

Nach einer Stunde Fahrt merkte Kyle, dass Michael unruhig wurde und aus dem Auto raus wollte. Unter normalen Umständen wäre diese lange Mitfahrgelegenheit

Gold wert gewesen, aber in diesem Fall verringerte sich dadurch nur die Zeit, die Michael mit Tabor hatte, und er wollte die Heimreise möglichst in die Länge ziehen.

Schließlich bat Michael die Frauen, sie in St. Regis abzusetzen, einem winzigen Örtchen in den Bergen am Rand der Wildnis von West-Montana – Stunden entfernt vom nächsten Ort. Er sah Furcht in ihren Augen aufblitzen; immerhin hatte er sie mitten im Nichts anhalten lassen, noch bevor sie Idaho erreicht hatten. Sie dachten wahrscheinlich, sie hätten zwei Psychos aufgegabelt.

»Hier?«, fragte die Fahrerin unsicher, als sie vom Highway abfuhr, um sie aussteigen zu lassen. Ringsherum war nichts außer dichtem Kiefernwald zu sehen.

»Ja, hier ist super«, sagte Michael grinsend und öffnete schwungvoll die Tür. »Danke.« Er sprang aus dem Auto, holte ihr Gepäck heraus und schnappte sich Tabor.

Als die Frauen davonfuhren, und sie an der einsamen Landstraße in der Nähe der Abfahrt des I-90 standen, fragte Kyle: »Was bedeutet es wohl, wenn deine Träume wahr werden?«

Michael antwortete nicht. Er nahm Tabor an die Leine und setzte sie auf den Boden, damit sie sich die Beine vertreten konnte. Sie hockte sich an den Straßenrand, um zu pinkeln. Nachdem sie ein wenig Erde zusammengekratzt hatte, sprang sie wieder auf Michaels Rucksack.

Sie wanderten die von gewaltigen Kiefern gesäumte Landstraße entlang und kamen an einem großen gelben Schild vorbei mit dem schwarzen Piktogramm einer Kuh und der Warnung: SIE BETRETEN FREILAUF-WEIDE-LAND: KÜHE AUF DER STRASSE. Ein weiteres gelbes Schild, auf dem ein Hirsch einem Menschen einen Stoß versetzte, warnte vor Wildwechsel.

Kyle sah sich besorgt um.

Der Himmel verdunkelte sich, und violette Wolkenwirbel rasten über die Berge. Sommergewitter in Montana waren dramatisch und gefährlich. Manchmal verursachten sie Waldbrände. Es begann zu nieseln, und plötzlich goss es in Strömen.

Tabor murrte auf Michaels Schulter, und er steckte sie in seine Jacke, so dass nur noch ihr Kopf herausschaute. Er hielt sie fest und schlug Kyle vor, unter der nächsten Überführung der Schnellstraße Schutz zu suchen. Dort errichteten sie ihr Lager.

Michael sammelte alles, was er an Zweigen und Ästen in ihrer Nähe fand, und entfachte ein kleines Feuer. Dann rollte er die neuen Schlafsäcke aus, die Walter für sie gekauft hatte, und sie aßen die Sandwiches, die er zubereitet hatte. Tabor schmiegte sich ohne zu zögern in Michaels Schlafsack.

Es schüttete den ganzen Tag und die ganze Nacht – zwar nicht so heftig und bis auf die Knochen durchnässend wie in Portland, aber da sie sonst nirgendwohin konnten, verbrachten sie die Zeit im Lärm der über sie hinwegfahrenden Autos, unterhielten sich und lauschten dem fernen Donnergrollen. Nebenbei tranken sie, bis sie keinen Tropfen mehr übrig hatten, von der extragroßen Wodkaflasche, die sie für unterwegs gekauft hatten.

Michael war für jede Minute dankbar, die ihm mit Tabor blieb. Sie wechselte hin und her zwischen seinem und Kyles Schlafsack und verschlief die meiste Zeit gemütlich eingekuschelt.

»Ich hab das fast noch niemandem erzählt«, begann Michael. »Am Abend, bevor Mercer starb, war ich im hinteren Schlafzimmer. Das Wohnzimmer ist hier auf dieser Seite. Ich gehe in die Küche, und gleich um die Ecke ist Mercers Sterbezimmer. Ich sitze dort und bastele an irgendetwas herum, da höre ich den Fußboden knarzen, und es fühlt sich an, als wäre jemand ins Zimmer gekommen. Als ich hochsehe, ist da niemand. Aber auf einmal schweben drei Schatten vorbei. Ich falle fast in Ohnmacht. Der erste Typ trägt eine Brille und einen Hut. Der zweite Schatten ist eine alte Dame mit Locken. Und dahinter kommt ein etwas größerer Mann im Jackett. Ich dachte: *Sie kommen, um sich zu verabschieden.* Mercer starb am nächsten Tag.«

»Das ist krass.«

»Nach der Hochzeit hab ich einer von Mercers Schwestern davon erzählt, und sie meinte: ›Ach, das waren Onkel So-und-so, Mom und Dad.‹«

»Wow … So was kann man sich nicht ausdenken.«

»Ja. Deshalb rede ich nicht so gerne darüber. Es ist zu verrückt.« Michael schwieg eine Weile. »Es tut weh, auch nur an …«, begann er mit zitternder Stimme und brach ab. Selbst Mercers Namen auszusprechen fühlte sich wie eine Art Betrug an.

Fast zehn Jahre nach Mercers Tod und nun mit der Aussicht, Tabor zu verlieren, hatte Michael das Gefühl, dass Verlust und Leere seine ständigen Begleiter waren. Unter der Schnellstraße plagten ihn Albträume. Einer spielte sich kurz nach Mercers Beerdigung ab. Michael befand sich allein in ihrem Haus in St. Louis und bereitete gerade alles vor, um es endgültig zu verlassen. Er wollte mit irgendjemandem sprechen. Deshalb rief er seine Mutter an und erzählte ihr schluchzend, dass Mercer gestorben war.

Über ihm donnerten Autos und LKWs vorbei, als er aufgewühlt hochschreckte. Sein Schlafsack war an einer

Ecke durchnässt von Tränen. Das Tageslicht verschwand bereits, und ihm wurde klar, dass er fast den ganzen Tag verschlafen hatte.

Am zweiten Tag unter der Überführung kreisten Michaels Gedanken um all die traurigen Dinge, die ihm zugestoßen waren. Er wünschte sich, er könnte verschwinden. Benommen starrte er in den Regen hinaus. Die nasse Straße reflektierte die Autoscheinwerfer. Michael rauchte eine selbstgedrehte Zigarette und streichelte Tabor. Tabor sah ihm in die Augen und nahm offensichtlich wahr, wie traurig Michael war. Sie stand auf, dehnte sich und legte sich wieder auf den Schlafsack, ein Stückchen näher an ihn heran.

Als sie ihm schließlich mit strubbeligem Fell auf den Schoß kletterte, dachte er an ihre Tage unter dem Baum in Ventura, die schläfrigen Nachmittage und verträumten Sonnenuntergänge. Was ihm am stärksten in Erinnerung blieb, war das Bild, wie Tabor allein in der Meeresbrandung spielte und wie süß sie war, und er hielt es kaum noch aus. Niemand außer ihr verstand, wie sich sein gebrochenes Herz und die Leere in seinem Inneren anfühlten. Diese verschmuste kleine Katze mit ihrer bemerkenswerten Persönlichkeit, ihrer Lebendigkeit und der bedingungslosen Freundschaft zu ihm war für ihn wie ein tierischer Retter gewesen, ein großer Trost. Sie hatte seine Unruhe und seine düsteren Stimmungen vertrieben. Ohne ihre beständige, warme Gegenwart würde nichts mehr so sein wie vorher.

Obwohl Michael Tabor zweifellos ihrem Besitzer zurückgeben wollte, rangen in ihm das Bewusstsein, das Richtige zu tun, und seine tiefe Liebe zu ihr miteinander.

Er dachte noch einmal daran, was Walter zu ihm gesagt hatte, als er in seiner Jugend kranke und unterernährte Katzenbabys nach Hause gebracht hatte: »Indem wir für andere sorgen, finden wir uns selbst.«

Nach einer Weile brauchte Michael einen Drink, um seine Gefühle und Gedanken zum Schweigen zu bringen. Tabor war dabei, wieder einzuschlafen, als er sie hochhob und vorsichtig in ihre Box setzte. Er sah hinüber zu Kyle, der Radio hörte und sich mit einem Würfelspiel beschäftigte.

Dann stand er auf und zog sich die Kapuzenjacke über. »Ich brauche ein bisschen Bier … Bin bald wieder zurück«, sagte er und schlurfte durch den strömenden Regen davon. Kyle kannte ihn gut genug, um zu wissen, dass er mit Michael nicht zu diskutieren brauchte, wenn er in einer seiner schwarzen Stimmungen war.

Michael folgte der Straße von der Überführung aus. Er hoffte, irgendeinen Laden zu finden, wo Bier verkauft wurde, doch dann sah er ein riesiges rotweiß flackerndes Neonschild mit einem Büffel, das auf eine Kneipe hinwies: *Poker, Keno und Miller Light.*

Stunden später, als er völlig betrunken zurück in ihr Lager kam, hatte er ihr gesamtes Geld ausgegeben – ganze achtzig Dollar.

Am nächsten Morgen standen sie mit dem Sonnenaufgang auf. Der Himmel war strahlend blau und die Luft schwer vom frischen Duft nach Pinien und Salbei. Sobald sie gepackt, die Überführung verlassen, zur nächsten Auffahrt gelaufen waren und dort ihr PORTLAND, OREGON-Schild rausgestellt hatten, bekamen sie eine Mitfahrgelegenheit. Ein junger Typ mit wuscheligem Haar und freundlichem Gesicht in einem staubigen Kombi mit Washingtoner-Autokennzeichen hielt an.

»Ihr habt Glück, ich fahre bis Seattle«, sagte er, als er raussprang, um ihnen beim Einladen ihres Gepäcks zu helfen. Er sagte Michael, dass er angehalten hatte, weil er Katzen liebte, und brachte sie bis ins Zentrum von Seattle.

Während der vierhundert Meilen langen Fahrt hatte Michael ihm die ganze Geschichte über Tabor erzählt, und nun schlug der Typ vor: »Wie wäre es, wenn euer Trip genau hier endet und ich euch Bustickets nach Portland kaufe? Dann habt ihr es ein bisschen leichter.« Er hielt an der nächsten Kreuzung, nahm sein Handy und seine Kreditkarte zur Hand und kaufte Tickets für den Greyhound-Bus. Am Busbahnhof erfuhren sie jedoch, dass er nur eins bezahlt hatte.

Kyle zuckte mit den Achseln und sagte zu Michael: »Steig du ein. Ich komme schon klar.« Er winkte ihnen und ging davon, um sich allein nach Hause durchzuschlagen.

Zutiefst erschöpft stieg Michael in den Bus und setzte sich, Tabor in der Box auf dem Schoß, auf seinen Platz. Er war todtraurig, aber bereit, ihre Reise nun zu beenden.

KAPITEL 25

The Long and Winding Road

Portland stand in voller Blüte, als Michael und Tabor am 20. Juni zurückkehrten. Durch das üppige Grün, die benebelnden Düfte der Kiefern und Rosen, die Früchte, die an den Bäumen über den Gehwegen hingen und die warmen, fast schwülen Nächte hatten auch die Menschen von der Straße das Gefühl, ein gutes Leben zu haben.

Sie erreichten den Greyhound-Busbahnhof am frühen Abend, und Michael lief ernst durch die Stadt, Tabor auf dem Rucksack. Seine Schultern hingen herab, um die Augen hatte er tiefe Schatten. Das Gefühl von Leere und Trauer, das er unter der Überführung gehabt hatte, war nach wie vor da.

Am Ende waren drei Tage, vier Mitfahrgelegenheiten, zwei Liter Wodka, ein paar Sixpacks und eine Fahrt im Bus nötig gewesen, um nach Portland zurückzukehren.

Das orangefarbene Leuchten des Frühabends ließ jedoch alles weniger hart erscheinen. Die Innenstadt war überlaufen von Durchreisenden und Junkies, davongelaufenen Jugendlichen und Strichern. In großen Teilen der Stadt hatten sich Lager aus Pappkartons, Zelten und Einkaufswagen mit dem gesamten Besitz dieser Leute ausgebreitet. Wie in Zeitlupe bewegten sich Obdachlose rings um die Burnside Bridge.

Michael lief den Hawthorne Boulevard hinunter, vorbei an Art-déco-Ladenfronten, einem bunten Gemisch aus

Cafés, Buchhandlungen und Plattengeschäften. In einem Hauseingang gegenüber des Crossroads Music Stores sangen ein junger Mann und seine Begleiterin, beide in altmodischer Kleidung, zu Akustikgitarre und Tamburin ein Indie-Folk-Duett – passenderweise über Reisen durch die ganze Welt. Ein paar Türen weiter spielte ein gutaussehender Straßenmusiker mit langen Dreadlocks und hohen Wangenknochen allein eine stimmungsvolle Blue-Grass-Nummer auf einer elektrischen Geige.

Tabor und Michael waren auf dem Weg zu ihrem alten Schlafplatz an der UPS-Laderampe. Es war eine bittersüße Rückkehr. Michael liebte Portland, und der einzige Grund, weshalb er es verlassen hatte, war der eiskalte Winter gewesen. Aber nun erschien ihm die Stadt wie verdorben, kam ihm beklemmend vor. Während er durch den Fluss der Sommertouristen und freundlichen Einheimischen lief, merkte er, dass die meisten Passanten nach wie vor lächelnd die Katze registrierten. Er sah, dass sich das Graffiti mit seinem Namen noch immer auf dem Hydranten vor dem Supermarkt befand, vor dem er, Kyle und Stinson zu betteln pflegten.

»Tja, Tabor, da sind wir«, sagte er, als er bei der Laderampe ankam. »In unserem ersten Zuhause.«

Erstaunt riss die Katze die Augen auf, als sie sah, wo sie waren. Sie flog ihm förmlich von der Schulter, schnupperte in die Luft, durchstreifte die Büsche und rieb überall mit ihrer Wange gegen, um ihren Geruch zu hinterlassen –, als würde sie ihr verloren geglaubtes Königreich zurückerobern. Als sie sich die Krallen an dem Ahorn wetzte, um ihr Territorium zu markieren, dachte Michael an die Nächte, die er wach gelegen hatte, weil sie nicht schlafen konnte, daran, wie sie zusammen Verstecken gespielt hatten, wobei sie hinter einem Baum oder Busch verschwand und glaubte, unsichtbar für ihn zu sein, obwohl ihr Schwanz hervorschaute. Er fragte sich, ob Katzen auch solche Erinnerungen hatten.

Er gab ihr eine Dose ihres Lieblingsfutters und setzte sich in einen Türeingang, um zu rauchen. Tabor nahm etwas Futter auf und ließ es vor seinen Füßen fallen, um beim Fressen in seiner Nähe zu sein. Dann leckte sie ihren Napf sauber und verschlang zuletzt das verschleppte Stück. Anschließend schlief sie innerhalb von Sekunden auf Michaels Rucksack ein, und die Zunge hing ihr ein wenig aus dem Maul, und Michael musste lächeln.

Die Katze ließ ihn eine andere Welt sehen, eine, in der selbst die kleinsten Dinge schön waren.

Nach ihrem Nickerchen gingen sie noch einmal den gesamten Hawthorne Boulevard hinunter, obwohl es schon dunkel war. Sie trafen ein paar ihrer Freunde, erzählten ihnen, was passiert war, und zelteten zusammen mit ihnen im Park. Kyle hatte geschrieben, dass er unterwegs war, und Ron, dass er eine Willkommensparty schmeißen würde, wenn sie kämen. Michael wollte warten, bis Kyle auch da war, bevor er Tabor zurückbrachte. Es war ihm wichtig, dass seine Freunde ihn begleiteten.

Als Michael am nächsten Morgen aufwachte, rief er Ron an, um ihm zu sagen, dass sie in Portland waren und gegen drei Uhr bei ihm sein würden. Dann kehrte er mit Tabor auf der Schulter zur Laderampe zurück, um auf Kyle zu warten. Dort saß er den ganzen Morgen, rauchte und versank in Selbstmitleid. Tabor schien seine Traurigkeit zu spüren und sprang zwischen seinem Schoß und dem Rucksack neben ihm hin und her.

Kyle tauchte im Laufe des Vormittags auf. Michael saß zusammengesunken in der Einfahrt und starrte auf die Katze, die auf seinem Schoß döste. Sie hatte eine Pfote über die Augen gelegt, um sich vor der Sonne zu schützen. Das Licht beschien Michael wie eine Ruine.

»Das ging ja schnell«, sagte er. Er hatte rote Augen und sah ziemlich mitgenommen aus.

»Ja, es lief nicht schlecht. Ich habe meinen Vater angerufen, und er hat mir ein Busticket hierher gekauft«, sagte Kyle, während er sich neben Michael fallen ließ. »Hast du 'ne Kippe?«

Michael holte einen Zigarettenstummel aus der Tasche.

»Verdammter Mist«, sagte er. »Wenn ich die Katze nur ein bisschen mehr lieben würde, würde ich platzen und sterben. Kyle, wenn du jemals eine Katze so sehr magst, schlage ich dich grün und blau.«

»Ich werde versuchen, dran zu denken.«

Sie saßen schweigend nebeneinander, bis Tabor aufwachte, die Vorderläufe ausstreckte, schläfrig blinzelte, breit und faul gähnte und schließlich aufstand. Dann sah sie Michael erwartungsvoll an, als würde sie fragen: »Und jetzt?«

Michael setzte sie auf den Boden, erhob sich und warf sich den Rucksack über. »Okay, Tabor«, sagte er, während er sie mit Schwung hochnahm. »Zeit zu gehen.«

Tabor schmiegte sich an seine Brust und schnurrte so laut wie ein kleines Motorboot – wie immer bereit für ein neues Abenteuer. Michael spürte kaum den Boden unter den Füßen, weil er wusste, dass ihre gemeinsame Zeit in wenigen Stunden vorbei sein würde.

Die beiden Männer gingen den Hawthorne Boulevard hinunter zum Colonel Summers Park, zu den Gemeinschaftsgärten und dem alten Militärpavillon aus rotem Backstein, wo Stinson, Whip Kid, Jane und weitere Freunde auf sie warteten. Tabor schien sich besonders zu freuen, Stinson zu sehen. Sie sprang ihm auf die Schultern und zupfte an seinen langen, verfilzten Haaren.

»Ich habe gehört, ihr seid in der Wüste in Idaho gestrandet?«, sagte er zu Kyle, während er Tabors Pfote aus seinen Haaren klaubte und die Katze in den Arm nahm.

»Ja«, bestätigte Kyle. »Wir saßen ungefähr zwölf Tage am Straßenrand und niemand hat uns mitgenommen.«

»*Ernsthaft?*« Stinson lachte wiehernd. »Ich hatte auch schon solche Pechsträhnen, in Utah zum Beispiel, wo die Polizei versucht hat, mich draußen zu halten. Und, na ja, auch wegen des lahmen Verkehrs. Aber ich würde mich umbringen, müsste ich zwölf Tage an der Straße stehen!«

Michael ließ sich neben Madison und Bobby, Whip Kid und Jane ins Gras fallen. Sie konnten nicht glauben, dass Michael die Katze zurückgeben wollte und versuchten alle, ihn zu überreden, sie zu behalten.

Tabor gehörte zu ihrer Gang, sie war in gewisser Weise ihre gemeinsame Katze. Dieser kleine Sonnenschein strahlte so viel Fröhlichkeit aus, dass in ihrer Gegenwart jedem von ihnen warm ums Herz wurde.

Aber als es so weit war, nahmen alle ihre Rucksäcke und begleiteten Michael, der Tabor auf dem Arm trug. Sie wollten ihn unterstützen und freuten sich gleichzeitig auf die Party mit kostenlosem Essen und Alkohol. Dennoch bearbeiteten sie Michael auch unterwegs noch unablässig, er solle Tabor nicht zurückgeben.

»Kommt, wir drehen um«, sagte Stinson, der auf einer Seite neben Michael lief. Auf der anderen ging Kyle. Madison, Whip Kid, Jane und ein anderer Jugendlicher sowie drei Hunde folgten ihnen. »Du hattest sie schließlich fast ein ganzes Jahr. Sie gehört praktisch dir.«

»Natürlich hätte ich ein Arschloch sein und sagen können: ›Nee, ich behalte die Katze und trampe an die Ostküste‹«, erwiderte Michael. »Aber sie ist nicht meine Katze.«

Whip Kid holte zu ihnen auf. »Aber Groundscore, wir waren drei Monate mit der Katze auf dem Hawthorne Boulevard«, protestierte er. »Wir haben sie die ganze Zeit mit uns herumgetragen, und er hat sie nicht gesehen. Er verdient sie gar nicht.«

Kyle versuchte, sie zur Vernunft zu bringen, denn er merkte, dass sie es Michael nur noch schwerer machten. »Ich weiß nicht, ob Michael die Katze noch behalten könnte, selbst wenn er wollte, schließlich weiß mittlerweile die ganze Welt davon«, sagte er. »Die Geschichte steht in allen Zeitungen, sie war sogar im Fernsehen.«

»Man kann eine Katze sowieso nicht besitzen«, sagte Michael. »Ich passe bloß auf sie auf und sorge dafür, dass sie heil zu Hause ankommt.«

Tabor spürte die Unruhe und Anspannung um sie herum und sah immer wieder in Michaels Gesicht, als wollte sie herausfinden, was los war. Als sie sich dem Berkeley Park näherten, nur wenige Blocks von Rons Haus entfernt, schlug Tabor plötzlich die Krallen in Michaels T-Shirt. Für einen Augenblick hatte er das Gefühl, wieder mit ihr im Schnee zu sein, die Kapuzenjacke eng um sie herumgewickelt, auf dem Weg heraus aus Oregon. Er hatte einen Kloß im Hals und ging trotzdem unbeirrt weiter.

»Du kannst jederzeit eine neue Katze retten«, sagte Whip Kid, um die Stimmung etwas aufzuhellen.

»Das wäre nicht dasselbe«, sagte Kyle. »Es ist, als würde man sagen: ›Oh, meine Freundin ist gestorben. Na gut, dann such ich mir eben eine neue.‹ So funktioniert es nicht.«

An der Ecke, wo sich das Bagdad Theatre befand, ein Filmpalast aus den zwanziger Jahren, wandten sie sich nach rechts und gingen ein paar Blocks die South East 37th Avenue hinunter. Vor hübschen, mit Blumensträußen geschmückten Cafés standen Tische auf dem Gehweg, und es gab Trinknäpfe mit Wasser für die Hunde. Ein Stück weiter die Straße entlang befanden sich in leuchtenden Farben gestrichene, alte Bungalows mit Fensterläden, Blumenkübeln und Pflanzkästen mit Geranien. Die Rasenflächen in den Vorgärten waren gepflegt.

Tabor schmiegte sich zu einem kleinen Ball zusammengerollt an Michaels Brust, als sie sich ihrem Zuhause näherten. Der Rest der Obdachlosen schlurfte hinter ihnen her. Vor einem zweigeschossigen, halb hinter einem schönen, alten Wacholderbaum verborgenen weißen Haus mit goldfarbenen Säulen blieben sie stehen.

Das ist das passende Haus für eine so wunderbare Katze, dachte Michael.

Ron sah den kleinen Zug mit den abgerissenen Gestalten durchs Fenster und dachte: *O nein, er hat all seine Bekannten mitgebracht.* Er hatte nur mit Michael gerechnet – und das zudem eine Stunde später. Trotzdem rannte er die Verandatreppe hinunter und begrüßte sie mit Freudentränen in den Augen. »Mata!«, rief er.

Bevor Michael sich vorstellen konnte, hatte Ron nach Tabor gegriffen und sie auf seinen Arm gehoben.

»*Oh, Mata, Mata, my sweet potata, I wish I may, I wish I oughta*«, sang er und wiegte sie in seinen Armen.

»Das Lied habe ich für sie geschrieben.« Er sah Michael an. »Katzen bekommen gerne etwas vorgesungen:«

Michael dachte: *Sie sieht aus, als wäre sie seekrank.*

Eine Minute lang standen alle herum, während Ron um die Katze herumscharwenzelte, die ausnahmsweise einmal von der ganzen Aufmerksamkeit überfordert schien.

Auf dem Rasen neben dem Haus tauchte eine weitere Katze auf, ein schlanker, langbeiniger schwarzweißer Kater mit einem krummen Schnurrbart und denselben silbergrünen Augen wie Mata. Hinter ihm folgte ein großer, hell- und schokoladenbrauner Siamese mit verschiedenfarbigen Augen. Doch als Creto und Jim die Hunde vor dem Haus sahen, erschraken sie und rannten in den Nachbargarten.

»Der Schwarzweiße ist meiner«, erklärte Ron. »Er ist Matas Bruder.«

Mata hatte sich in Rons Griff gewunden. Plötzlich fauchte sie ihn an und sprang ihm vom Arm, um an Michaels Bein hinauf auf dessen Schulter zu klettern. Ron sah ein wenig traurig aus, aber in diesem Moment kam sein Mitbewohner Steve aus dem Haus, um Mata zu begrüßen. Inzwischen lag sie in Michaels Armen und ließ sich von Steve kraulen.

Ron stellte Steve vor, der freundlich lächelte und sie dann wieder sich selbst überließ.

»Kommt rein«, sagte Ron und winkte seine Besucher in sein makelloses Haus. Eilig drängten Michaels Freunde auf die Veranda, dicht gefolgt von den Hunden.

Michael hatte Tabor immer noch auf dem Arm und folgte ihnen zögerlich. Er war verlegen. Was sollte er sagen? »Tut mir leid, Ron, hier ist deine Katze. Tut mir leid, dass ich sie mit nach Kalifornien und Montana genommen habe?« Als er an der Schaukel auf der Veranda und einem Rankgitter mit Jasmin vorbeiging, stellte er sich vor, wie Tabor dort mit Ron und anderen Katzen an warmen Sommerabenden entspannte und dem Treiben auf der Straße zusah.

Ron hieß sie liebenswürdig mit seinem lockeren Charme willkommen. »Ich habe Pizza und Limos gekauft, damit wir eine kleine Party für Mata feiern können.«

Die Obdachlosentruppe und ihre drei Hunde bevölkerten das cremefarben dekorierte Wohnzimmer und machten es sich auf Rons gemütlichen Sofas bequem. Stinson setzte sich im Schneidersitz zwischen den Steinofen und den Couchtisch auf den polierten Holzboden. Die beiden größeren Hunde, ein brauner Mischling und ein graugescheckter Pitbullmix, umkreisten ihn.

Von einer Vase auf dem Kaminsims wehte der Duft frisch geschnittener Freesien herüber. Über dem offenen Erkerfenster klapperte ein Windspiel. Das Wohnzimmer war voller Kunstobjekte mit Katzenbezug. Silberne Skulpturen von Löwen und Leoparden standen unter saftig grünem Zierspargel, dessen Triebe von einem Bücherregal herunterhingen. Drucke von Pariser *Chat Noir*-Lithographien aus dem 19. Jahrhundert hingen an der Wand, daneben ein Foto von Mata im Silberrahmen. Sie sah darauf rundlicher und jünger aus, hatte aber schon dasselbe Funkeln in den Augen.

Michael saß auf einem Sofa unter dem Erkerfenster. »Da wären wir«, sagte er zu Tabor, als er sie auf den Boden setzte. Sie wirkte verwirrt und versteckte sich unter seinen Beinen.

Ron wirbelte aufgeregt herum und lächelte die ganze Zeit. Er lief in die Küche, um seinen Gästen Cola zu holen, doch dann lenkte ihn die Furcht davor ab, dass seine Katze ihn nicht mehr erkennen würde. Rasch rief er seine Freundin und ehemalige Nachbarin Stephanie an, die Mata und ihre Geschwister unter ihrer Veranda gefunden und Matas Bruder Hank bei sich aufgenommen hatte.

»Komm schnell, die Party hat früher angefangen«, sagte er leise am Telefon. »Ich fühle mich wie auf Drogen. Mata hasst mich. Und alle Obdachlosen aus Portland und ihre Hunde sind in meinem Wohnzimmer.«

Als Ron zurückkam, hatte er die Cola vergessen.

»Dann erzählt mal ein paar von euren Geschichten«, sagte er. »Wo war Mata die ganze Zeit?«

»Ich bin gerade irgendwie nicht ganz auf der Höhe … Mir fällt nichts ein«, sagte Kyle, der auf der Armlehne eines Sessels in einer Ecke neben dem Kamin saß. Whip Kid saß mit Bobby auf dem Schoß im Sessel und Madison auf der anderen Lehne.

Michael konnte nicht antworten. Er hatte den Blick auf die Katze gesenkt und kämpfte gegen die Tränen an.

Stinson, der sah, wie traurig sein Freund war, sprang für ihn ein und sagte: »Na ja, irgendwann sind wir spätabends den Hawthorne Boulevard runtergegangen, zu unserer Schlafstelle, und da haben wir sie unter einem Tisch vor einem Café gesehen. Sie war ziemlich durch den Wind, als wir sie fanden. Ich hab sie eingefangen, weil ich sie für eine Streunerin hielt. Mein Freund hatte seine Katze verloren, und so dachte ich, vielleicht will er sie haben. Sie blieb bei uns, und dann haben wir ein Foto von ihr auf Craigslist gepostet. Das war die meistgenutzte Plattform für verlorene Haustiere.«

»Und die einzige, auf der ich nicht nachgesehen habe«, sagte Ron. »Merkwürdig, oder?«

In diesem Moment lugte Tabor hinter Michaels Beinen hervor und sah sich ängstlich im Zimmer um. Dann sprang sie auf eine niedrige Anrichte aus den fünfziger Jahren in der Nische im Flur gegenüber der Haustür. Dort saß sie, sichtlich angespannt, und starrte auf die beiden Hunde hinunter, die immer noch Stinson belagerten.

Michael ging zu ihr und streichelte sie, um sie zu beruhigen.

»Die ersten ein oder zwei Wochen war Tabor, äh, Mata bei uns«, sagte Kyle. »Wir haben nachts auf einem Parkplatz am Hawthorne Boulevard geschlafen. In den ersten Tagen ist sie nachts abgehauen und dann wiedergekommen.«

»Ja«, sagte Ron lachend. »Hier ist sie auch im Umkreis von drei Häuserblöcken herumgelaufen, um Leute kennenzulernen und zu bezirzen.«

Jane übernahm den Faden: »Als ich Groundscore ein paar Wochen, nachdem er sie gefunden hatte, getroffen habe, hat sie sich benommen, als wäre sie schon immer seine Katze. Und sie wurde eine kleine Berühmtheit in der Gegend. Alle liebten sie.«

»Oh, Maaata, süßes Mädchen, Honey Bunny«, gurrte Ron.

»Michael hat sich gut um sie gekümmert«, fügte Kyle hinzu. »Als wir nach Montana kamen, hat Michaels Vater, äh, ich meine, Pflegevater, uns zum Tierarzt gefahren, damit die Katze untersucht wird. Er hat gesagt, dass sie komplett gesund ist, einwandfrei. Bis auf die Zähne, die waren ein bisschen schmutzig.«

Ron drehte sich um, weil er nach seiner Katze sehen wollte, die nach wie vor auf der Anrichte saß. Dabei merkte er, dass Michael immer aufgewühlter wirkte.

Für den Bruchteil einer Sekunde dachte er, wenn Mata unglücklich war und lieber bei Michael bleiben wollte, würde er sie ihm überlassen. Aber dann musste er daran denken, wie sehr Creto sie vermisst hatte, und kam zu dem Schluss, dass sie nur ein wenig Zeit brauchte, um sich zu erinnern, wo sie war, und sich wieder heimisch zu fühlen.

»Seht sie euch an – Groundscore und Mata«, sagte er nervös, um Michael abzulenken. »Ich fand es lustig, als du erzählt hast, wie sie in deinen Bart fasst und dich dann auf den Mund küsst.«

»Das hat sie bei Stinson und Kyle auch gemacht«, sagte Michael, ohne den Blick von Tabor zu wenden.

Stinson lachte. »Manchmal bin ich mit ihren Pfoten in meiner Hand aufgewacht.«

»Gibt es sonst noch irgendwelche Geschichten über sie?«, fragte Ron. »Ich habe gehört, ihr wart im Yosemite-Park zelten. Wie war das?«

»Ziemlich cool«, sagte Stinson, der sich auf dem Boden mit den beiden Hunden balgte. »Madison und Bobby waren auch dabei«, fügte er hinzu und zeigte auf die beiden im Sessel. Madison lächelte Ron an und winkte. »Wir haben einen Bären gesehen. Michael rief: ›Da ist ein Bär.‹ Und ich so: ›Quatsch, da ist doch kein Bär.‹ Tabor und Bobby sind total ausgerastet. Aber am Ende ist alles gut ausgegangen, der Bär hat uns nicht gefressen.«

»In Montana wurden wir einmal von einer Herde Kühe von unserem Lagerplatz verjagt«, erzählte Kyle.

Ron sah wieder hinüber zu Michael, der still neben Tabor stand und sie streichelte. »Ich kann dir gar nicht genug danken«, sagte er zu ihm. »Ich werde dir nie vergessen, dass du Mata so gut behandelt hast.«

»Sie war auch gut zu mir«, sagte Michael, ohne aufzusehen. »Ich hab sie 3600 Meilen auf meinem Rücken durch Oregon, Kalifornien, Idaho und Montana getragen. Sie ist wahrscheinlich höchstens eine halbe Meile selbst gelaufen. Sie war die Königin von Sheba.«

»Königin von Sheba – das gefällt mir.« Ron lächelte. »Das ist so toll.« Er war stolz auf seine verrückte, schöne Katze.

»Ich habe gelesen, sie ist schon einmal weggelaufen und irgendwie in einem Kofferraum gelandet?«, sagte Stinson.

»Sie wurde von einem Nachbarn entführt«, sagte Ron und erzählte ihnen die Geschichte. »Was wirklich seltsam ist: Dass ihr sie heute, am 21. Juni zurückbringt. Das erste Mal verschwand sie am 20. Dezember 2011, und das Tierheim aus Vancouver rief am 21. Juni an, um mir zu sagen, dass sie gefunden wurde. Die arme Mata hatte sechs Monate allein im Wald gelebt.«

»Wie hat sie denn da so lange überlebt?«, fragte Kyle.

»Wahrscheinlich hat sie Mäuse gejagt und gefressen.«

Das müssen aber arthritische Mäuse gewesen sein, dachte Michael. Er hatte Tabor nie jagen sehen, abgesehen davon, dass sie mal ein paar Möwen geärgert und die kleine Hirschmaus im hohen Gras gefangen, dann aber laufen lassen hatte. Er konnte sich nicht vorstellen, dass sie allein länger als einen Tag in der Wildnis überleben würde.

»Unglaublich, dass sie all die Kojoten, Falken und Gott weiß was noch überlebt hat«, plapperte Ron weiter. »Gegenüber hat ein schwarzer Kater gelebt, Raoul, der mit meinen Katzen befreundet war. Seine Besitzerin ist zurück in ihre Heimatstadt am Yellowstone-Park gezogen und hat ihn mitgenommen. Einmal ist er nach draußen entwischt und wurde von einem Kojoten gefressen. Die Frau hat seinen Kopf gefunden.«

Michael schauderte. Rons Erzählung brachte die Erinnerung an den Abend zurück, als die Kojoten Tabor und ihn unter den Bäumen in Ventura eingekreist hatten. *Hier hat sie es definitiv besser*, dachte er.

Jane, die bisher still auf dem Sofa gesessen und aus dem Fenster geguckt hatte, sah drei Autos vorfahren. Unvermittelt stand sie auf und sagte: »Wir sollten gehen.«

Auch die anderen standen sofort auf und eilten zur Hintertür. Die drei Hunde folgten ihnen.

»Ich kann jetzt nicht so gut mit anderen Leuten zusammen sein«, sagte Michael zu Ron, der plötzlich erkannte, dass dies der Grund dafür war, dass er eine Stunde zu früh gekommen war.

Tabor sprang von der Anrichte herunter und setzte sich auf die Schwelle zum Wohnzimmer. Sie sah Michael direkt in die Augen, als würde sie spüren, dass er sie verließ.

In diesem Moment kämpften die unterschiedlichsten Gefühle in ihm. Es war, als würde er einen Vogel, den er gesund gepflegt hatte, freilassen und davonfliegen sehen – traurig, aber definitiv richtig.

Michael nahm Tabor ein letztes Mal auf den Arm und vergrub sein Gesicht in ihrem seidigen Fell. Als er ihr einen Abschiedskuss gab, konnte er die Tränen nicht mehr zurückhalten. »Schön brav sein, Tabor«, sagte er sanft. »Ich hab dich lieb.«

»Hey, du kannst sie jederzeit besuchen«, sagte Ron gerührt. »Das ist überhaupt kein Problem.«

»Ja, das würde ich gerne machen«, sagte Michael mit einem Blick zu Ron. »Ich werde die Stadt bald verlassen, aber vorher würde ich sie gerne noch einmal sehen.«

Als er Ron die Katze übergab, fauchte sie diesen an. Als Michael aufbrach und Creto seinen Kopf ins Zimmer steckte, fauchte sie auch ihn an und sprang unter das Sofa. Nur ihre Augen waren zu sehen, als sie Michaels Weg zur Hintertür hinaus verfolgte.

Kurz nachdem Michael und seine Freunde gegangen waren, floh Mata von ihrem Platz unter dem Sofa in Rons Schlafzimmer, das von dem kleinen Flurstück zwischen Esszimmer und Küche abging. Ron zog die Vorhänge zu, damit es dunkel und gemütlich war und sie sich in Ruhe ein bisschen eingewöhnen konnte. Schälchen mit Futter und Katzenmilch standen ebenfalls bereit. Es war ihr Lieblingsessen – zerkleinertes Huhn mit Eigelb und Vitaminen –, das, was sie und ihr Bruder als Babys bekommen hatten. Aber sie fraß nichts davon.

Als Ron ihr eine Katzentoilette hinstellte, setzte sie sich sofort hinein, sah ihn traurig an, vergrub sich dann tiefer in die Streu und verbarg den Kopf unter den Pfoten. Sie zeigte Entzugserscheinungen – anscheinend litt sie darunter, dass Michael fort war.

Creto steckte den Kopf ins Schlafzimmer und schnupperte vorsichtig. Jim folgte ihm und ging dann selbstbewusst an Creto vorbei und strich argwöhnisch und herausfordernd auf Mata zu. Mata stand auf, spuckte und knurrte, und Jim jaulte. Einen Augenblick standen sie sich so gegenüber.

»Jii-immmmm, hör auf! Sei nicht so grob.« Ron hob ihn hoch, bevor er die Krallen ausfahren konnte, und schloss die Tür.

Dann sah er seine LPs durch. Seine Katzen liebten Musik. Es war ihm ein Rätsel, wie ihr Musikgeschmack sich entwickelte, aber alle, die bislang bei ihm gelebt hatten, schienen am liebsten melodiöse Songs aus den sechziger Jahren zu mögen – besonders von den Beatles. *Kind of Blue* von Miles Davis, das Ron immer für Mata und Creto hatte laufen lassen, wenn sie als junge Katzen allein zu Hause bleiben mussten, war auch sehr beliebt.

Ron legte seine »And I Love Her«-Single von den Beatles auf und sagte: »Das ist für dich, Honey Bunny.« Als sie das Kratzen der Nadel auf dem Vinyl und die ersten sanften Gitarrenakkorde hörte, sah sie ihn an, als würde sie in ihrer Erinnerung kramen.

Creto sprang aufs Bett und beobachtete sie leise schnurrend mit großen, fragenden Augen. Mata saß in ihrer Katzentoilette und starrte zurück, und in ihrem Blick schien so etwas wie ein Wiedererkennen zu funkeln.

Ron setzte sich neben Creto.

Nach einer Weile sprang auch Mata aufs Bett, und ihr Bruder und sie beschnupperten sich und stupsten die Näschen aneinander. Dann blickte Mata Ron an und schien urplötzlich zu begreifen, dass sie zu Hause war, denn sie rollte sich auf den Rücken und schnurrte.

Endlich war sie wirklich angekommen, und Ron wollte diese gute Nachricht verbreiten. Er holte sein Handy aus der Tasche seiner Shorts, machte ein Foto von Mata, wie sie sich auf dem Bett räkelte, und postete es bei Facebook:

Verschwunden am 20.12.2011   Wiedergefunden am 21.6.2012
Verschwunden am 1.9.2012   Wiedergefunden am 13.6.2013
Gott sei Dank gibt es Mikrochips.

Er schaute den beiden schmusenden Katzen zu und dachte, dass dies der beste Sommer seines Lebens war. Schließlich lud er noch ein altes Foto von Mata und Creto hoch, auf dem sie aus einem Busch mit roten Rosen in die Kamera starrten und schrieb rasch einen Text dazu:

Mata Hari, Creto von Bruiser und ich danken euch allen für eure Gebete und guten Wünsche für Matas Rückkehr. Das Team ist wieder vereint.

KAPITEL 26

NOCH EINMAL PORTLAND:
Sweet Emotion

Neun Monate, nachdem Tabor wieder zu Mata wurde, kehrte Michael ein weiteres Mal nach Portland zurück, diesmal mit dem Zug. Es war März 2014. Den Winter hatte er bei Walter in Montana verbracht und nun kam er, um mit Kyle und seinen Mitbewohnern zusammen in einem Haus zu wohnen. Er sollte ein Zimmer in ihrem baufälligen Bungalow mit lauter alten Möbeln bekommen. In dem verwilderten Garten vor dem Haus lebte eine Waschbärfamilie. Aber es war ein friedlicher Ort, der die Chance auf ein anderes Leben barg.

Als Erstes ging Michael nach seiner Ankunft jedoch zu dem Eckhaus an der South East 37th Avenue, wo Tabor lebte. Er sah sie schon von weitem faul ausgestreckt in der Sonne auf dem Picknicktisch liegen, die Pfoten schienen nach dem Himmel zu greifen. Ihr weißgetigertes Fell glitzerte im Morgenlicht.

Sie blickte in seine Richtung und beobachtete ihn. Ihre Ohren zuckten vor und zurück.

»Ta-bor … Ta-bor«, rief er, und sobald er die Straßenecke erreicht hatte, stieß er den Taborpfiff aus. Sie sprang vom Tisch herunter und rannte miauend auf ihn zu.

Bevor Michael seinen Rucksack absetzen konnte, war sie ihm wie gewohnt auf die Schulter gesprungen. Heiße Tränen liefen ihm übers Gesicht, als sie ihn anstupste, ihm die Wangen ableckte und ihr weiches Maul unter sein Kinn schob, wobei sie ununterbrochen schnurrte. Er weinte vor Freude, dass sie ihn nicht vergessen hatte.

Er schmuste mit ihr wie mit einem Baby. Ihre silbriggrünen Augen funkelten im Sonnenlicht wie Edelsteine, und er fand, dass sie das schönste Geschöpf der Welt war.

Nachdem er Ron die Katze im vergangenen Jahr zurückgegeben hatte, war Michael zwei Wochen fast ununterbrochen sturzbetrunken gewesen. Viele schlaflose, verweinte Nächte hatte er bei der UPS-Laderampe gesessen und sich vorgestellt, wie sie maunzend aus den Büschen geschossen kam, den Schwanz in die Höhe gereckt.

Er hatte diese dunkle Phase überstanden, und obwohl er Tabor nach wie vor vermisste, hatte sie sein Leben bereichert und ihn verändert. Er war nun ruhiger, mehr mit sich selbst und der Welt im Reinen.

Michael setzte sich an den Picknicktisch in Rons Vorgarten. Tabor sprang ihm auf den Schoß, miaute leise und knetete seinen Bauch. Er stellte fest, dass sie immer noch das rotorange karierte Hundehalsband trug, das er für sie gekauft hatte, aber die herzförmige Plakette mit ihrem Namen war gegen eine neue aus Kupfer ausgetauscht worden. Sie hieß nun wieder Mata Hari.

Ihr Bruder Creto starrte ihn aus einem dichten Busch feuerroter Wildblumen in einer Ecke des Gartens an. Bei ihm war eine junge Katze, eine Glückskatze – orange, braun und schwarz – mit gelben Augen. Das kleine Bündel aus Augen, Gliedmaßen und Fell sprang mit einem hohen Quietschen neben Michael auf die Bank und spielte mit den Bändern an seinem Rucksack. Tabor leckte dem Kätzchen den Kopf ab und legte ihm schützend eine Pfote auf den Nacken, als es ebenfalls auf Michaels Schoß gekrochen kam.

Michael nahm an, dass Ron sich eine weitere Katze angeschafft hatte. Allerdings wunderte er sich, dass er das tat, nachdem er Tabor zwei Mal verloren hatte. Und obwohl Michael sich freute, sie zu sehen, war er auch überrascht, dass Ron sie nach wie vor draußen herumlaufen ließ.

Eine Stimme hinter ihm sagte: »Sie heißt Puzzle.«

Er drehte sich um, und auf der Veranda stand Steve. Michael erinnerte sich an ihn von ihrer flüchtigen Begegnung vor Rons Haus an dem Tag, an dem er Tabor zurückgebracht hatte. Offensichtlich passte er auf die Katzen auf und dachte vielleicht, Michael sei gekommen, um sich Tabor wiederzuholen.

»Ich wollte ihr nur hallo sagen«, erklärte Michael müde. Halb rechnete er damit, dass Rons junger Liebhaber, oder wer auch immer er war, die Küchenmesser holen und nach ihm werfen würde.

Steve lächelte und sagte: »Sie ist das neueste Mitglied in unserem Haushalt. Jemand ist weggezogen und hat sie allein in einem leeren Haus zurückgelassen, also habe ich sie als Schwester für Jim zu uns geholt.«

Michael rutschte auf der Bank hin und her, lächelte ebenfalls und setzte erst Puzzle und dann Tabor auf ihren Sonnenplatz auf dem Tisch. Er stand auf und ging die Straße hinunter, drehte sich nach ein paar Schritten aber noch einmal um und schaute zurück. Tabor folgte ihm, das Kätzchen im Schlepptau. Aber Steve rannte ihnen barfuß hinterher und schnappte sich die beiden Katzen.

Und Michael genügte es zu sehen, dass Tabor in ihrem alten Leben glücklich war.

KAPITEL 27

Seven Steps to Heaven

Im darauffolgenden Herbst, genauer: kurz nach sieben Uhr morgens am 15. Oktober 2015, stand Michael vor einem Dutzend obdachloser Jugendlicher, die auf dem Rasen vor dem alten Militärpavillon im Colonel Summers Park saßen. Viele seiner alten Freunde lebten nun nicht mehr auf der Straße. Stinson war nicht länger obdachlos, er wohnte mit seiner Freundin zusammen und arbeitete in einer Fabrik, die asiatische Lebensmittel herstellte. Whip Kid und Jane hatten ebenfalls neue Jobs und eine eigene Wohnung. Aber es gab immer noch genügend junge Leute da draußen, die wie er Probleme hatten und sich verloren fühlten, und er würde sie nicht alleine lassen.

Vor zwei Jahren, drei Monaten und drei Wochen hatte Michael Tabor ihrem Besitzer Ron zurückgegeben. Wenn er jetzt über die Katze sprach, lächelte er und ihm kamen die Tränen, aber es gelang ihm immer wieder, sich zusammenzureißen, und er sagte dann mit neugewonnenem Abstand: »Wir alle vermissen irgendetwas im Leben.«

Aber heute fühlte er sich gut, als er den zusammengewürfelten Haufen beim sogenannten Sieben-nach-sieben-Meeting begrüßte. »Guten Morgen«, sagte er und ließ den Blick über die Gesichter der jungen Leute schweifen.

Zwei Jahre zuvor hatte Michael nach dem langen Besäufnis, das der Rückgabe von Tabor folgte, morgens vor dem Schnapsladen auf dem Hawthorne Boulevard gestanden und darauf gewartet, dass dieser um sieben Uhr öffnete. Eine Gruppe weiterer Alkoholiker und Drogenabhängiger wartete mit ihm. Sie verband eine etwas bittere Kameradschaft. Als die Türen aufgingen, schlurften sie hinein, kauften, was sie sich leisten konnten, und waren nun bereit, sich volllaufen zu lassen.

An jenem Tag schlug Michael jedoch etwas anderes vor: Er bot an, dass sie alle, nachdem sie sich Nachschub gekauft hatten, in den nahen Seawall Crest Park gehen und sich unterhalten könnten. Sie konnten trotzdem trinken, aber vielleicht wäre es gut, wenn sie sich darüber austauschten, was bei ihnen los war. So bekamen die Sieben-nach-sieben-Meetings ihren Namen: Sie wurden abgehalten, gleich nachdem der Schnapsladen um sieben Uhr öffnete, und es dauerte sieben Minuten, um von dort zur Tribüne im Park zu laufen. Michael moderierte die Treffen ein-, zweimal in der Woche, wenn er in der Stadt war. Sie gaben seinem Leben einen Anker, einen Zweck.

Die meisten der dünnen, verwahrlosten Jugendlichen Anfang bis Mitte zwanzig, die im Park herumhingen, waren augenscheinlich breit. Sie rauchten was auch immer, hielten sich an Bierdosen fest oder tranken in Papiertüten verborgenes Starkbier. Viele von ihnen stammten aus instabilen, lieblosen Elternhäusern und wanderten mit dem Wechsel der Jahreszeiten die Westküste hinauf und hinunter. Manche betrachteten sich als Ausgestoßene, dennoch wollten alle irgendwo dazugehören, und sie fanden untereinander etwas Familien- und Gemeinschaftssinn. Sie stolperten von Hauseingang zu Hauseingang, bewegten sich in kleinen Gruppen, teilten sich das, was sie an Lebensmitteln, Getränken oder Zigaretten hatten, und passten gegenseitig auf ihr weniges Hab und Gut auf.

Michael kannte die meisten von ihnen ziemlich gut. Üblicherweise begann er die Treffen damit, dass er bei jedem Einzelnen nachfragte, wie es ihm ging. »Shane, wie sieht's aus?«, fragte er einen schlaksigen jungen Mann mit langen, verfilzten Haaren. »Hast du mit deiner Mutter gesprochen?«

Als Shane zugab, dass er seit einer Weile schon nicht mehr mit ihr geredet hatte, reichte Michael ihm das Prepaid-Handy, das Walter ihm vor Jahren gegeben hatte. Es war inzwischen ziemlich ramponiert, und der Bildschirm war zerbrochen, aber es funktionierte noch. Shane hatte es schon mehrmals ausgeliehen, um seiner Mutter etwas Geld aus den Rippen zu leiern, aber Michael wollte, dass er mit ihr sprach, ohne sie um irgendetwas zu bitten.

»Komm schon«, forderte er Shane auf und drückte ihm das Handy in die Hand. »Rede einfach mit ihr.«

Shane nahm das Telefon und ging ein paar Schritte beiseite. Andere in der Gruppe sprachen über ihre Probleme. Auch Michael erzählte ein wenig von sich. Tabor erwähnte er allerdings nicht.

In den vergangenen zwei Jahren hatte er ab und zu bei Ron vorbeigeschaut. Dann stieß er auf dem Gehweg seinen Taborpfiff aus und legte sein Gepäck ab, und die Katze kam die Verandatreppe heruntergeschossen, sprang auf den Rucksack und bearbeitete ihn mit den Pfoten.

Bei Michaels letztem Besuch im Frühjahr, nachdem er sie wieder neun Monate nicht gesehen hatte, merkte er, dass sich etwas verändert hatte. Mata schlich über den Rasen im Vorgarten, als er ankam, und schlenderte auf ihn zu. Er erwartete die übliche herzliche Willkommenszeremonie, aber die Katze war zurückhaltend und starrte ihn nur an. Dann stieg sie die Verandatreppe hinauf, zog die Fliegengittertür mit einer Pfote auf und verschwand im Haus.

Michael meinte fast, sie denken zu hören: »Auf keinen Fall nimmst du mich mit nach Idaho auf einen weiteren Viertausend-Meilen-Roadtrip.« In diesem Augenblick war er traurig, dass sie ihn nicht mehr brauchte – und zugleich froh, dass sie zu Hause und in Sicherheit war.

Im Park ermunterte Michael einen Heroinabhängigen, in eine Methadonklinik zu gehen. Einem Crystal-Meth-Konsumenten riet er, bei Gras und Alkohol zu bleiben. Michael wusste, dass es für ihre Probleme kein Wundermittel gab. Diese Menschen hörten ihm unter anderem deshalb zu, weil er nicht besser dran war als sie: Auch er trank noch und lebte auf der Straße. Sie kamen zu den Treffen, weil sie spürten, dass sie Michael nicht egal waren.

Am Nachmittag hielt – wie jeden Tag – ein Auto von der Obdachlosenhilfe am Pavillon, um Essen auszugeben. Die Freiwilligen, von denen viele selbst auf der Straße gelebt hatten, verteilten Kaffee, Sandwiches, Chips, Äpfel und Bananen an die Obdachlosen im Park.

Nachdem er gemeinsam mit seinen Kumpeln gegessen hatte, sagte Michael, er müsse los. In der Luft lag eine gewisse Frische, das Wetter wurde kälter. An diesem Nachmittag würde er in eine wärmere Gegend aufbrechen. Er hatte weniger als zehn Dollar in der Tasche. Damit konnte er allenfalls einen Stadtbus oder Lokalzug nehmen –, aber es war genug für einen Anfang.

Am 20. Juni 2013 recherchierte ich für einen Artikel und stieß dabei auf die Überschrift *Obdachloser reist 3600 Meilen, um Katze nach Hause zu bringen*. Als ich die Geschichte über die streunende Katze und den Vagabunden, die zusammen durch Amerika getourt waren, gelesen hatte, wusste ich, dass ich diesen Mann finden musste. Seine Geschichte steckte voller Liebe, Verlust, Abenteuer, Geheimnis und Zärtlichkeit.

Zuerst rief ich Michael Kings Pflegevater Walter Ebert in Helena, Montana, an. Ich sagte ihm, dass ich ein Buch schreiben und Michael helfen wollte, sein Leben zu ändern.

Er lachte nur und sagte: »Viel Glück. Ich habe jahrelang versucht, ihn von der Straße zu kriegen, und irgendwann aufgegeben. Geld rinnt Michael durch die Hände wie Wasser. Er ist ein guter Mensch, aber auch ein starker Trinker.« Zu diesem Zeitpunkt trampte Michael zurück nach Portland, um die Katze ihrem ursprünglichen Besitzer zu bringen. Walter versprach mir aber, Michael zu sagen, dass ich mit ihm sprechen wollte, wenn er von ihm hörte.

Danach kontaktierte ich Ron Buss in Portland. Am selben Tag noch rief Michael mich von unterwegs an und schüttete mir, einer völlig Fremden, sein Herz darüber aus, dass er Tabor abgeben musste und dies das Schwierigste war, was er je getan hatte. Als ich ihn drei Wochen später in Portland traf, wirkte er sehr niedergeschlagen, und seine blauen Augen wurden feucht, sobald das Gespräch auf Tabor kam.

Seitdem habe ich Michaels und Matas Leben verfolgt und Michael, seine Freunde von der Straße und Ron für dieses Buch interviewt. Im Mai 2014 lud Michael mich ein, Walter in Montana zu besuchen. Kyle war auch dort; er und Michael planten einen Campingtrip in Montana, da sie den letzten Versuch mit Tabor hatten abbrechen müssen.

Als ich mit den dreien in der Küche saß, fragte ich Michael, ob er immer noch trank. Er schwieg eine Weile und sagte dann: »Ja, aber fast nur Bier. Das macht es erträglicher, in kalten Hauseingängen zu schlafen. Ich wollte Tabor nicht verlieren, deshalb musste ich mich ein bisschen zusammenreißen, als ich mit ihr unterwegs war.«

Walter merkte, dass Michael aufgewühlt war, und erzählte von seinen eigenen Schwierigkeiten als Alkoholiker. »Es ist nicht leicht aufzuhören«, sagte er. »Wenn man es leid ist, darunter zu leiden, ändert man vielleicht etwas. Ich hatte Zweiliterflaschen in der Garage, eine draußen auf dem Baumstumpf und eine auf der Fensterbank in der Küche. Wenn ich rausging, um den Rasen zu mähen, wusste ich genau, wo mein Nachschub war. Bis ich eines Tages an einem heißen Sommertag in den Spiegel sah, einen Freund anrief und ihm sagte: ›Das war's. Ich will nicht mehr.‹ Ich ließ mich selbst in eine Klinik einweisen und trank auf dem Weg dorthin eine halbe Flasche. Als wir aus dem Auto stiegen, versteckte ich sie unter einem Baum auf dem Parkplatz. Ungefähr fünf Minuten später dachte ich, ich bräuchte einen Schluck und verließ das Wartezimmer, um die Flasche zu suchen. Aber jemand hatte sie weggenommen, und ich war stinkwütend deswegen. Jeder, der einen Entzug macht, hat diesen Aha-Moment. Und alles Reden hilft nicht. Wie mein Freund, Pater Joe Martin, der auch Alkoholiker war, gesagt hat: ›Manche werden in diesem Leben nicht mehr trocken.‹«

Im Sommer 2015 reiste ich wieder nach Portland, wo ich mit Michael, Ron und Mata verabredet war. Michael traf ich im Colonel Summers Park. In dieser Zeit sah er wieder einen Sinn in seinem Leben und betrachtete es als seine Aufgabe, den obdachlosen und von zu Hause davongelaufenen Jugendlichen vom Hawthorne Boulevard zu helfen.

Er trank nach wie vor und kämpfte mit seiner Depression. Kurz zuvor war er aus Montana zurückgekehrt, wo er fünf Monate lang Walter, der sehr krank war, zur Seite gestanden und für Gus und eine neue gerettete Katze gesorgt hatte. »Walter hat eine junge schwarzweiße Katze aufgenommen, Winnie, die von einem Hund attackiert worden war«, erklärte Michael. »Ich habe neulich mit ihm darüber gesprochen, dass ich mit diesem Leben aufhören muss. Er hätte gerne, dass ich mich bei ihm in Helena zur Ruhe setze, aber ich weiß nicht, was ich da soll. Wenn überhaupt, suche ich mir was in Portland.«

Während er Walter pflegte, blieb er die ganze Zeit völlig nüchtern, aber als er zurück nach Portland kam, rutschte er wieder in die alten Gewohnheiten des Obdachlosenlebens zurück. »Ich hab es satt. Bald ist Schluss damit«, sagte er. Und er erzählte, wie er im Oktober zuvor versucht hatte, das Trinken aufzugeben. »Ich ging in die Wälder in Sisters, Oregon, und hab zwei Tage lang einen kalten Entzug gemacht. Ich hab mich hundeelend gefühlt und mir die letzten fünf Jahre vor Augen gehalten. Ich will niemand sein, der ständig besoffen in irgendwelchen Gassen einpennt und nicht weiß, wo er ist. Vielleicht lasse ich mich zum Pfleger ausbilden. Ich hab mich schließlich um Mercer und um meinen Vater gekümmert.«

Aber er brauchte weitere 18 Monate, bis er eine Entziehungskur in einer Klinik machte. Eines Tages traf es ihn wie ein Schlag, dass viele seiner Freunde entweder tot waren oder im Gefängnis saßen, und er hatte sein Leiden endlich leid, wie Walter es ausgedrückt hatte. Ihm wurde klar, dass er sich seiner Abhängigkeit stellen musste.

Michael war auch klar, dass seine Tage auf der Straße gezählt waren. Mit fünfzig sah alles etwas anders aus, sagte er. »Ich kann nicht mehr draußen herumhängen. Ich vertrage die Sonne nicht mehr.« Obwohl er häufig zurückdenkt an die Wochen mit Tabor am Strand in Ventura, in denen er mit am glücklichsten in seinem Leben war. Und die Begegnung mit Linda Tabor, der Rentnerin, die ihm und Tabor regelmäßig etwas zu essen gebracht hatte, war der Beginn einer echten Freundschaft gewesen. Sie schreiben sich immer noch Briefe, und Michael besucht sie jedes Mal, wenn er in Kalifornien ist.

Michael, Kyle und ihre Freunde vermissen Tabor nach wie vor. Der Sommer mit ihr hat sie näher zusammenrücken lassen. Das Temperament und die Energie der Katze waren überall spürbar, und sie war oft Gesprächsthema, wenn Michael, Stinson, Kyle oder einer der anderen sich an sie an einem bestimmten Ort, im Park oder in einem Hauseingang, oder an etwas Lustiges erinnerten, was sie getan hatte.

Kyle behauptete, dass Michael den Verlust der Katze nie wirklich überwunden hat. »Als er sich alleine von Tabor verabschiedete an dem Morgen, nachdem wir sie zurückgebracht hatten, gab Ron ihm zum Dank ein wenig Geld, aber er hat nichts davon behalten. Er kam ziemlich deprimiert zurück zu unserem Schlafplatz und warf mit Tränen in den Augen zerknüllte Zwanzigdollarscheine auf die Leute.«

Michael zuckte mit den Schultern und lachte. »Ich hab mich wohl in eine Katze verliebt«, sagte er. Eine Zeitlang war sie sein Glück, aber im Rückblick meint er, er habe sie wohl gefunden, um sie Ron zurückzubringen.

Kyle lebt wieder auf der Straße, nachdem sich die Wohngemeinschaft mit seinen Freunden aufgelöst hat. Er weiß noch nicht, was er als Nächstes machen will. »In kalten Hauseingängen aufzuwachen und sich nutzlos zu fühlen, ist nicht besonders romantisch«, sagte er, als sich seine Freunde in alle Winde zerstreuten. Aber er hofft, wieder eine Schule besuchen zu können, um herauszufinden, wie es für ihn weitergehen soll. »Ich will nicht mit vierzig sterben. Aber wieder Teil der Gesellschaft zu werden, macht mich nervös.«

Als ich Ron besuchte, winkte er mich rein, damit ich den Katzen hallo sagen konnte. Er öffnete die Schlafzimmertür, um mir einen von Matas Lieblingsplätzen zu zeigen. Aus dem Zimmer klang »Norwegian Woods«, und auf der Kommode kuschelte Mata in einem Lichtfleck mit der Glückskatze Puzzle, die inzwischen eine ausgewachsene Schönheit war.

Mata sprang von der Kommode, rannte zu mir und kletterte an mir hoch, als würde sie eine alte Freundin begrüßen. Ron sagte: »Mata entwickelt sich zu einer regelrechten Stubenhockerin, sie geht kaum noch raus, wie sie es früher so gern getan hat.«

Im Garten hinter dem Haus rief Ron nach Creto, der

sich auf dem Dach des Gartenhäuschens im Nachbargarten sonnte. In der Nähe buddelte Jim, der Siamesenkater mit dem schokobraunen Gesicht, unter einem Rosenbusch in der Erde.

Es war ein windiger, sonniger Tag im Juni, und Ron hatte die Idee, mit den Katzen ans Meer zu fahren. Auf der Fahrt nach Sauvie Island, nördlich der Stadt am Columbia River, verhielten sich beide Katzen entspannt wie erfahrene Reisende. Mata sprang mir auf den Schoß und blieb dort sitzen. Ganz offensichtlich liebte sie Ausflüge. Sie schaute hin und her zwischen der Windschutzscheibe und dem Fenster auf der Beifahrerseite, um möglichst viel von der vorbeirauschenden Landschaft mitzubekommen.

Ron brachte uns zu einem ruhigen Strandabschnitt am Waldrand, wo keine Hunde erlaubt waren, wir breiteten eine Decke aus und machten es uns bequem. Mata legte sich zwischen uns, und Creto versteckte sich im Schatten direkt hinter uns.

Während wir dort saßen, unser Picknick aus vegetarischen Sandwiches und Root Beer genossen und die untergehende Sonne und vereinzelte Spaziergänger am Strand beobachteten, kam auf einmal ein verwahrlostes schwarzes Katzenbaby miauend aus dem Dickicht. Es hatte die anderen Katzen und das Essen bemerkt und schlich vorsichtig auf uns zu.

Die Katze war ein jämmerlicher Anblick: runde, traurige Augen, die fast ihr gesamtes herzförmiges Gesicht einzunehmen schienen, spitze Ohren und Pfoten, die viel zu groß waren für ihren mageren Körper. Dieses winzige, kurz vorm Verhungern stehende Wesen war augenscheinlich sich selbst überlassen worden. Sie wirkte erschöpft, aber Verzweiflung und Hunger trieben sie vorwärts. Als ich sie rief, kam sie sofort herübergetapst. Sie schlang zwei Portionen Sheba herunter und rief dann nach mehr. Mata und Creto konnten den Blick nicht von ihr wenden. Mata sah aus, als hätte sie Mitleid mit der Kleinen.

»Wir müssen ihr helfen«, sagte ich zu Ron, während wir zusahen, wie das Katzenbaby, ohne einmal den Kopf zu heben, eine weitere Ration Sheba verputzte und dann einen Becher Wasser leer trank.

»Auf jeden Fall«, antwortete er. »Das arme Ding. Mit all den Kojoten, Fischadlern und Eulen hier würde sie nicht viel länger überleben.«

Ungefähr eine Stunde lang blieb ich mit den Katzen allein, während Ron am Strand auf und ab lief und herumfragte, ob jemand etwas über die kleine Streunerin wusste. Als er zurückkam, sagte er: »Ich habe jeden angesprochen, den ich gesehen habe, vielleicht fünfzig Menschen –, und nur einer hat gesagt, er habe einen älteren Mann mit einem schwarzen Katzenbaby gesehen, der dann ohne das Tier wieder gegangen sei. Dann kommt sie wohl mit uns ... Wie machen wir es am besten?«

»Wir sollten ihr keine Angst einjagen«, sagte ich, öffnete eine Dose Thunfisch und stellte sie in Matas Box, woraufhin die kleine Katze sofort freiwillig hineinging. Als Ron die Tür hinter ihr schloss, blickte sie kurz über die knochige Schulter und aß dann einfach weiter.

Nachdem sie aufgegessen hatte, rieb sie ihre Schnurrhaare an den Gitterstäben, stupste unsere Hände an und schnurrte die ganze Zeit laut. Ich sprach leise mit ihr, und sie steckte ihren dünnen Vorderlauf durch das Gitter und berührte mein Gesicht mit der Pfote. Ihre Ballen waren wund und verbrannt, wahrscheinlich, weil sie tagelang über den heißen Sand gelaufen war.

Ron nahm die Box, und wir gingen zurück zum Auto. Ich stolperte durch den Sand hinterher und versuchte, mit ihm Schritt zu halten, obwohl ich die beiden anderen Katzen an der Leine hatte, die in verschiedene Richtungen zogen. Creto war zufrieden damit, nach Hause zu gehen, aber Mata wollte noch nicht weg. Im Endeffekt musste ich sie tragen, und sie wand sich und schrie den ganzen Weg bis zum Parkplatz.

Ron stellte die Box mit dem Katzenbaby auf den Rücksitz, und Creto sprang hinterher. Ron sah mich an und sagte: »Beinahe wären wir gar nicht hierhergekommen. Ich hatte überlegt, zum Rooster Rock Beach zu fahren, aber im letzten Augenblick habe ich mir gedacht, ich sollte dir diesen Ort zeigen. Es war Schicksal. Aber Mata hat genauso viel dazu beigetragen, sie zu retten, wie wir.«

Er nannte die Katze Sauvie und nahm sie mit zu sich nach Hause. Am nächsten Morgen brachte er sie zum Tierarzt. Dieser sagte, sie sei ungefähr vier Monate alt, stark dehydriert und habe wahrscheinlich zehn bis 15 Tage nicht gefressen. Ron glaubte, sie zu finden sei ihm vorherbestimmt gewesen.

Am folgenden Wochenende hängte er Plakate mit KATZENBABY GEFUNDEN darauf im Supermarkt von Sauvie Island und an den Bäumen am Strand auf, aber da niemand reagierte, wurde Sauvie ein weiteres festes Mitglied in Rons Katzenhaushalt.

Wie er sagte: »Das perfekte Ende für eine ziemlich phantastische Geschichte.«

Retten statt kaufen

Ich hoffe, *Strays* wird Sie dazu inspirieren, jedem Tier in Not zu helfen, das Ihnen über den Weg läuft.

Wie wir diejenigen behandeln, die verletzlich sind und nicht für sich selbst sprechen können, ist ein Spiegelbild für den Anstand unserer Gesellschaft. Während wir *manche* Tiere inzwischen besser behandeln, haben wir immer noch einen weiten Weg vor uns. Die Tierheime sind überfüllt mit ungewollten Tieren, und mehr als 70 Millionen streunende Katzen durchstreifen allein in den USA hungrig und elend die Straßen.

Obdachlos zu sein ist ein Todesurteil für Tiere. Jedes Jahr landen fast 6,5 Millionen verlorengegangene, verlassene oder misshandelte Katzen und Hunde in den Tierheimen der Vereinigten Staaten.[1] Die Glücklichen von ihnen werden adoptiert, ein paar mit ihren Familien wiedervereint, aber viele verlassen das Heim nicht lebend. Von den Katzen und Hunden, die ins Tierheim kommen, werden niederschmetternde 70 Prozent getötet – entsetzlicherweise manchmal vor den Augen ihrer Leidensgenossen. Viele öffentliche Tierheime finden es einfacher, gesunde und eigentlich vermittelbare Tiere einzuschläfern, als sie zum Preis von rund zwei Milliarden Dollar Steuergeldern

---

1   American Society for the Prevention of Cruelty to Animals.
    http://www.aspca.org/animal-homelessness/shelter-intake-and-surrender/pet-statistics

jährlich am Leben zu halten.[2] Meine Recherchen haben ergeben, dass mutterlose Katzenbabys systematisch umgebracht werden, weil die meisten Tierheime keine Ressourcen auf sie verschwenden wollen. Jedes einzelne dieser Leben ist wertvoll; die Tiere brauchen bloß jemanden, der ihnen eine Chance gibt. Keines von ihnen, ob Haus- oder Wildtier, sollte leiden müssen und um sein »kleines Stück vom Glück« gebracht werden, wie es der große Tierrechtsautor Matthew Scully so eloquent in seinem beeindruckenden, bewegenden Buch *Dominion: The Power of Man, the Suffering of Animals, and the Call to Mercy* formuliert hat. Erfolgreiche Tierheime wie die Best Friends Animal Society, die North Shore Animal League und NKLA (No-Kill Los Angeles) verfolgen schon lange das Ziel, keines der ihnen anvertrauten Tiere zu töten.

Wenn Sie darüber nachdenken, ein tierisches Familienmitglied ins Haus zu holen, kaufen Sie keins, sondern adoptieren Sie eins. Bewahren Sie eine Katze oder einen Hund vor einer traurigen, ungewissen Zukunft. Kaufen Sie NIEMALS von Züchtern oder Tierhandlungen, denn diese tragen dazu bei, dass es insgesamt zu viele Haustiere gibt und den Tieren in Zuchtfarmen schreckliches Leid zugefügt wird. Vielen Menschen ist nicht klar, dass die Tiere, die sie in einer Zoohandlung oder im Internet kaufen, höchstwahrscheinlich von einer solchen Zuchtfarm – einer »Fabrik« für die Vermehrung von Katzen und Hunden – stammen, in denen Mütter gezwungen werden, einen Wurf nach dem anderen zu gebären, bis sie tot umfallen. Die Tiere dort leben unter schmutzigen, en-

---

2   Laut AmericanHumane.org werden etwa 71 Prozent der Katzen und 57 Prozent der Hunde, die ins Tierheim kommen, getötet.

gen, trostlosen Bedingungen, und die Welpen sind in den meisten Fällen krank, schwach und von Infektionen geplagt. Dieser grausame, unmenschliche Millionen-Dollar-Handel ist ein weltweites Problem, und der einzige Weg, ihm ein Ende zu bereiten, ist, Katzen und Hunde immer zu kastrieren und keine mehr zu kaufen. Der Humane Society of the United States zufolge stammen jedoch nur etwa 30 Prozent der Haustiere aus Tierheimen oder von Tierschutzorganisationen.[3] Im Lichte dieser nicht enden wollenden Katastrophe besehen, existiert auch so etwas wie eine verantwortungsvolle Zucht nicht, sondern es herrschen nur unterschiedliche Grade schmarotzerhafter Gier und Abscheulichkeit. Selbst wenn Sie einen Narren an einer bestimmten Rasse gefressen haben, wie Maine Coone oder Siamesen zum Beispiel, können Sie sich an die Tierheime und Tierschutzorganisationen wenden, denn dort warten die verschiedensten Rassen auf ein Zuhause. Jedes Mal, wenn ein Haustier in einer Zoohandlung oder beim Züchter gekauft wird, wird ein anderes in einem Tierheim dazu verdammt zu sterben, das anderenfalls hätte gerettet werden können.

Ja, diese Zahlen ungewollter, weggegebener Tiere, die ihr Dasein in Käfigen fristen oder getötet werden, sind verstörend. Deshalb schlage ich vor, ihnen etwas Positives entgegenzusetzen. Wir alle können dazu beitragen, einem obdachlosen Tier ein besseres Leben zu ermöglichen: Unterstützen Sie das lokale Tierheim oder eine Tierschutzorganisation, indem Sie Geld spenden, Schlafplätze, Futter oder Spielzeug, indem Sie sich als Pflegefamilie an-

---

3   Humane Society of the United States. http://www.humanesociety.org/assets/facts-pet-stores-puppy-mills.pdf

311

bieten oder ehrenamtliche Arbeit leisten. Helfen Sie dem armen, hungrigen Streuner vor Ihrer Haustür. Sorgen Sie dafür, dass die Katzen der wilden Kolonien in Ihrer Gemeinde, deren Existenz von Ihrem Mitgefühl abhängen, gefüttert, versorgt und kastriert werden (AlleyCat.org ist eine geniale, sehr hilfreiche Quelle).

Es sind seit jeher die zahllosen kleinen guten Taten einzelner Menschen, die die Welt dauerhaft verändern.

DANKSAGUNG

Ich möchte mich bei Michael King und Ron Buss für ihre liebenswürdige Hilfe bedanken, für ihre außergewöhnlichen Geschichten, ihren schwarzen Humor und ihre Geduld in den scheinbar endlosen Interviews. Ohne ihre Großzügigkeit und Freundlichkeit hätte ich dieses Buch nicht schreiben können. Walter Ebert, Kyle Brecheen, Steven Stinson, Linda Tabor, Kathleen King, Xavier Armand, Rockwell Mills, Dr. Bruce Armstrong, Maddie Parker, Al Knauber und Dylan Brown danke ich für ihre wertvollen Beiträge. Mata Hari, Creto und Sauvie für ihre eigenen unglaublichen Abenteuergeschichten und charmanten Katzencharaktere.

Meiner Agentin Bonnie Nadell verdanke ich so viel: Sie hat an *Strays* geglaubt und gleich bei Atria Books ein Zuhause für das Buch gefunden. Ich danke ihr für ihre Klugheit und ihren Rat. Auch Joshua Davis schulde ich meinen Dank: Er war es, der *Strays* ursprünglich für das Magazin *Epic* eingekauft hat. Sein Interesse an Michaels, Matas und Rons Geschichte half mir, die Stränge zusammenzuführen und gegebenenfalls zu entwirren. Außerdem danke ich ihm dafür, mich seiner Agentin Bonnie vorgestellt zu haben.

Ich konnte mich blind auf meine brillante Lektorin Leslie Meredith verlassen. Sie hat diese Geschichte von Anfang an gemocht und mit leichter Hand, sorgfältigen Kürzungen und absoluter Genauigkeit außerordentlich viel dazu beigetragen, das Beste aus ihr herauszuholen. Ihre Liebe zu und ihr Wissen über Katzen war ein zusätzliches, unerwartetes und gern angenommenes Geschenk.

Großen Dank schulde ich meiner neuen Lektorin Jhanteigh Kupihea, die am Ende eingesprungen ist, für ihre durchdachten Anmerkungen und dafür, dass mein Wunsch nach einem Umschlagbild, das die Geschichte bestmöglich erzählt, erfüllt wurde. Ich möchte Patricia Callahan für ihre exakten und klugen Korrekturen danken, die jede einzelne Seite verbessert haben, ebenso dem Production Editor Mark La Fleur. Ich danke dem Art Director Albert Tang und dem Graphiker Kyoko Watanabe für ihren Perfektionismus sowie Leslie und Jhanteighs reizenden Assistentinnen Natasha Rodriguez, Melanie Iglesias-Perez, Loan Le und dem restlichen Team bei Atria/Simon & Schuster dafür, dass sie ihr Können und ihre Begeisterung für dieses Buch eingesetzt haben.

Tiziano Nero danke ich für seine unerschütterliche Liebe, seine Unterstützung und seine aufschlussreiche Kritik – und dafür, dass er diesen unglaublichen Trailer für das Buch gedreht hat. Unendlich viel Liebe und Dankbarkeit gilt meinen wunderbaren Freunden, weil sie immer für mich da waren und nie ihren Humor verloren haben: Stewart Brotherton, Chris Brock, Chrissy Iley, Julia Snell, David Garner, Sibéal Nic Ginnéa, Ludovica Niero, Steven Ludwin, Marion McKeone, Harriet Green, Sharon Walker, Caroline Carpenter, Marc Walker, Dawn Chapman, Jill Starley-Grainger, Jennifer Johnson, Sharon Parham, Trevor Bowen, Stephanie Theobald, Babette Kulik – und ganz besonders Victoria Clarke und Jasmin Naim, die ich wahrscheinlich in den Wahnsinn getrieben habe mit unzähligen Bitten, das Manuskript zu lesen.

Mein besonderer Dank gilt Jeffrey Moussaieff Masson dafür, dass er das Vorwort für *Strays* geschrieben hat und vor allem, weil er furchtlos und eloquent seine Stimme für die schutz- und machtlosesten Mitglieder unserer Gesellschaft erhoben hat. Seine umwerfenden, nachdenklichen Bücher über die komplexe Gefühlswelt von Tieren haben Freude und Inspiration verbreitet und erinnern uns daran, dass Katzen, Hunde, Kühe, Schweine und andere Geschöpfe uns in ihrer Verletzlichkeit Demut, Anstand und bedingungslose Liebe lehren können – also alles, was wirklich wichtig ist.

Darüber hinaus bin ich dankbar, Andrew Tyler, Celia Hammond, Francis Battista und Michael Mountain kennengelernt zu haben, und zutiefst beeindruckt, dass sie ihr Leben der Rettung von Tieren gewidmet haben und dem Kampf für deren Recht, mit Respekt, Einfühlungsvermögen und Würde behandelt zu werden und nicht ihr Leben für unsere Launen und Bedürfnisse geben zu müssen. Ihr tiefempfundenes Mitgefühl und ihre Hartnäckigkeit inspirieren mich nachhaltig.

Und schließlich danke ich Bobby Seale, meiner schönen, lebhaften, rotgetigerten Katze, die das Leben und die Menschen liebte. Sie wurde am 24. September 2009 im Alter von sechs Jahren in London von ein paar jugendlichen Rowdys ermordet, die aus Spaß ihren Pitbull auf sie losließen. Bobbys brutaler Tod hat mich erschüttert und mich umso entschlossener gemacht, mich für die misshandelten, verlassenen und notleidenden Tiere einzusetzen.

Und nicht zuletzt danke ich meinen anderen verlorenen Katzen, Tallulah, Edie Sedgwick, Coco, Dylan, Halo, Reverend Baloo, Pixie, Tad, Mowgli, White Baloo und besonders Honey, meine ebenso kluge wie sanftmütige rote Maine-Coon-Katze, die den Krebs besiegte –, sie hatte mehr Charakter als irgendjemand sonst, den ich je getroffen habe. Sie alle haben mich die Bedeutung von Moral gelehrt, mir so viel Freude bereitet und ihre Pfotenabdrücke in meinem Herzen hinterlassen.

Ich bin unglaublich dankbar für meine aktuellen kleinen Wildkatzen: Lola, Jimmy Ciambella, Shadow, Stevie Tigerface Wright und der kleine Murzik Meerkat, die auf ihre ganz eigene subtile Art und Weise ihre Spuren in diesem Buch hinterlassen haben. Sie bedeuten mir alle so viel. Mit den Worten meines Lieblingsautors, Charles Bukowski: »Ich denke, die Welt sollte voller Katzen sein und voller Regen, das ist alles. Nur Katzen und Regen, Regen und Katzen.«

Maike van den Boom
Wo gehts denn hier zum Glück?
Meine Reise durch die 13 glücklichsten Länder der Welt
und was wir von ihnen lernen können
352 Seiten. Gebunden

Maike van den Boom reist in die 13 glücklichsten Länder der Welt. Von Australien über Panama bis Island entdeckt sie einen anderen Umgang mit der Zeit, mehr Vertrauen, Respekt, mehr Konsens, mehr Gelassenheit und Humor, einfach ein unerschütterliches Wir-Gefühl.

»Wenn Sie möchten, dass das Glück länger bei Ihnen verweilt als nur auf eine Tasse Kaffee, dann bieten Sie ihm etwas mehr an als fünf Minuten Pause, eine Woche Urlaub oder zwei Mal wöchentlich Sport. Die Menschen in den glücklichsten Ländern der Welt haben mir gezeigt, wie wir das Glück dazu überreden können, unser Leben dauerhaft zu begleiten.«

Das gesamte Programm gibt es unter
www.fischerverlage.de

Björn Kern
Das Beste, was wir tun können, ist nichts
Band 03531

»Nichtstun heißt ja nicht, dass ich nichts tue. Nichtstun heißt, die falschen Dinge sein zu lassen.«

In seinem Buch ›Das Beste, was wir tun können, ist nichts‹ erzählt der preisgekrönte Schriftsteller Björn Kern, wovon wir alle träumen: Mehr Zeit, weniger Arbeit, mehr Leben. Wunderbar komisch und charmant schildert er seinen ganz eigenen Abschied von Fleiß und Tatendrang hin zu mehr Gelassenheit.

»Einziges notwendiges Selbsthilfebuch der Geschichte.«
Boris Pofalla, Frankfurter Allgemeine Sonntagszeitung

Das gesamte Programm gibt es unter
www.fischerverlage.de